改訂版

自動車クロニクル

Car Chronicle

はじめに

　ガソリン・エンジンを使う自動車が誕生してから、およそ120年になります。

　その間に自動車はたくさんの技術者によって発展を続け、人々の生活を豊かにしてきました。20世紀は自動車の時代だといわれていますし、実際、T型フォードの普及によって、アメリカ大陸は狭くなったのです。

　そのいっぽうで、普及すると、クルマは"走る凶器"といわれたり、大気汚染の元凶として糾弾されたりするようになりました。

　また、近年では地球温暖化という深刻な問題をおこす二酸化炭素の排出源として、化石燃料を使うクルマが問題視されはじめました。そうした社会への対応案として、ハイブリッド技術やディーゼル・エンジンの排ガス対策、電気自動車や燃料電池車の開発が急速に進んでいることは、すでにご存じのことと思います。

　いま近未来の自動車の姿として注目されているのは、電気自動車（EV）とハイブリッド車です。世界中のメーカーが躍起になって開発にしのぎを削っています。それでは、これらの"最新技術"のルーツを探ってみることにしましょう。

　電気自動車が初めて実用化されたのは、実は1886年にベンツのガソリン・エンジン搭載車が誕生する以前、1873年のことでした。そして1899年、電気自動車は自動車として初めて100km/hの壁を破ります。

　電気自動車の研究で名高いのは、あのフェルディナント・ポルシェ博士です。博士は1899年に世界で初めて4輪のハブにモーターを組み込んだ電気自動車のローナー・ポルシェを完成させています。車輪の中にモーターを組み込んで駆動する方法は、現在も電気自動車や燃料電池車にとって有効な駆動方法です。

　ポルシェ博士は、バッテリーだけに頼っていたら走行距離が限られると考え、エンジンで発電器を回し、電気モーターで走行するローナー・ポ

ルシェ・ミクステと名付けたクルマを1902年に完成させました。まさに今日のハイブリッド車の原点がここにあるのです。それから95年後の1997年、トヨタ・プリウスが誕生し、ハイブリッド車が急速に身近になりました。

　本書はガソリン自動車が発展してきた過程を、ごく簡単に時系列を追って記したものです。もし、120年間のクルマの発展史をすべて記そうというなら、何千、何万ページを費やしたとしても、とうてい収めきれるものではありません。ここにあるのは代表的なものだけを、さっと記してみたものです。

　この本が手引きとなって、今、貴方が乗っているクルマの背景にどんな事実があったのか、少しだけ関心を持っていただければ、これ以上の喜びはありません。

　本書は、自動車文化検定のための参考書として、2008年春に刊行されたものです。ところが嬉しい誤算が起こり、検定受験を意図していない多くのクルマ好きの方々にも喜んでいただくことができました。そこでさらに内容を充実させるべく、大幅に加筆訂正し、改訂新版を出版することになりました。

　改訂版を編集するにあたって加筆したかったのは、2008年9月に起こったリーマン・ショックに端を発する世界的な自動車不況についてです。二酸化炭素削減問題に加え、急激な自動車需要の減少という大きな問題に直面し、自動車の歴史は今大きな転換点を迎えています。またクルマの歴史に新しい1ページが加わろうとしています。

自動車文化検定実行委員会
テキスト作成グループ

改訂版 自動車クロニクル

Contents
目次

はじめに ———————————————————— Page 2

自動車前史 ガソリン車が作られるまでの400年 ———————— Page 6

01章
1886年 → 1888年
ガソリン自動車の
歴史が始まる
Page 11

02章
1889年 → 1906年
自動車普及を
加速させたフランス
Page 23

03章
1907年 → 1928年
T型登場と
大衆車の時代
Page 53

04章
1929年 → 1945年
世界大恐慌と
自動車
Page 83

05章
1946年 → 1954年
戦後復興と新しい潮流
Page 115

06章
1955年 → 1969年
モータリゼーションの波
Page 135

07章
1970年 → 1979年
公害問題とオイルショック
Page 177

08章
1980年 → 1989年
日本車が世界を席捲 1980年代
Page 205

09章
1991年 → 1996年
「失われた10年」と日本車
Page 225

10章
1997年 → 2008年
自動車業界再編成の嵐
Page 237

自動車前史
ガソリン車が作られるまでの400年

1480年頃	レオナルド・ダ・ヴィンチが自走車を考案

解説

イタリア・ルネッサンスを代表する天才、レオナルド・ダ・ヴィンチ（1452〜1519年）も自動車を考えていた。芸術家であり科学者であり、哲学者でもあったダ・ヴィンチは、人類の夢を叶える様々な機械を考案しているが、その中には空を飛ぶ機械（ヘリコプター）や、自走車（クルマ）もあった。

自走車の実物は造られなかったようだが、スケッチ（設計図と意想図）は残されている。それによるとダ・ヴィンチが考えた動力源は、原動機ではなく、いわばゼンマイのようなものだった。弾性に富む木材でできたゼンマイを人が巻き上げることで力を蓄え、それが元に戻る力を取り出して走ろうと考えたのだ。5個の車輪（そのうち1輪は操舵用）のシャシーに、複数のゼンマイを備えていた。この図面に基づいて造られた模型はトヨタ博物館に展示されている。

1769年 仏ニコラ・ジョゼフ・キューニョーが蒸気自走3輪車、前輪駆動車を製作（1771年とする説もある）

解説

人の力や、馬や牛などの動物の力に頼らない機械的な動力源を持った自動車が実際に走行したのは、ニコラ・ジョゼフ・キューニョーが考案した蒸気自動車が初めといわれている。

フランスの軍事技術者であったキューニョー（1725〜1804年）は、軍部から大砲牽引用の蒸気自動車の製作を命じられ、1769年から70年にかけて1台を設計、これをブレザンが製作した。それは全長7.2m、全幅2.3mと大きな前1輪、後2輪の3輪車で、前輪の前に巨大な50ℓのボイラーを備え、前輪の両脇にシリンダーを備えて前輪を駆動した。1782年にジェームズ・ワットが蒸気圧を利用した往復蒸気機関を発明する以前であったから、水の消費量が多く、15分ごとに補給しなければならなかった。4人の大人を乗せて9.5km/hで走ることができた。またフロントオーバーハングに重いボイラーを備えるにもかかわらず、前輪は1輪しかなく操舵角が狭かったことから、曲がることは不得手で、テスト中に城壁に衝突してしまった。その後放置されたままだったが、1798年にナポレオンが発見し、1801年にパリの国立工芸博物館に収められている。現在でも展示されている。

この年、イギリスのジェームズ・ワットがロータリー式蒸気機関を考案している。

1791年 プラハ（チェコ）で、ヨーロッパ初の産業博覧会が開催される。レオポルト2世の戴冠式にあわせて行われた

1783年 仏モンゴルフィエ兄弟が無人ながら熱気球の浮遊に成功。場所はベルサイユ宮殿広場。兄弟は紙袋業を営んでいた

1800年 （寛政12年）伊能忠敬が蝦夷地測量のために江戸を出発

1800年頃 ジョン・エリクソン（スウェーデン人技師）がシリンダー内に高圧の空気を送り込んでピストンを動かすヒートエンジンのアイディアを発表

1803年 蒸気自動車が走り始める

解説

イギリスのリチャード・トレヴィシックが、高圧の蒸気機関を搭載した史上初の蒸気自動車を製作した。直径が3.2mもある巨大な後輪と小さな前輪の上に馬車のような箱型の客室を載せた蒸気乗用車で、ロンドン市中を「馬より速い速度」で走ってみせ、

人々を驚かせた。トレヴィシックは1801年に、すでに14km/hで走る実用的な蒸気自動車の製作に史上初めて成功している。

また彼は、1804年に鉄製レール上を走る蒸気機関車の走行に成功した。だが、当時のレールは馬車鉄道用のもろい鋳鉄製で折れやすく、このため本格的な実用化には至らなかった。その後、ナポレオン戦争による軍馬の需要で馬の価格が高騰、蒸気機関鉄道の研究が進む。トレヴィシックは鉄道用蒸気動車の研究開発に努め、蒸気機関車の父とされている。

1805年	米国の発明家エヴァンズが蒸気自動車を製作
1808年	トレヴィシックが蒸気機関車での興行を始める
1814年	英国のスティーヴンソンが最初の炭坑用蒸気機関車を造る。1825年には、英ストックトン～ダーリントン間に営業路線を開設
1817年	独ドライスが世界最初の自転車を製作し特許を申請、翌18年に独・英で特許登録。ドライスは英馬車製造業のデニス・ジョンソンに特許製法使用許可を与え「ドライジーネ」が誕生。ペダルはなく、足で地面を蹴る
1829年	英国のサー・ゴールズワージー・ガーニーが、W.グリフィス考案の蒸気トラクターが牽引するバス（乗合自動車）を製作
1830年頃	米国で蒸気機関鉄道が開業
1831年	大型の蒸気機関乗合自動車による旅客輸送開始

解説

イギリスの産業革命は1760年代から1830年代まで漸進的に進行していった。その間、各地に散らばっていた工場間の物流を効率化させるため、舗装された道路網が整備されていった。この道路網を使って、物資だけでなく人も輸送しようと考えるのは当然の成り行きで、1831年サー・チャールズ・ダンスが、グロスター～チェルトナム間の十数kmで定期旅客輸送を始めた。車両は1829年にサー・ゴールドワージー・ガーニーが製作した、3台の20人乗り大型6輪のスチーム・コーチだ。

また同じ年、ウォルター・ハンコックも、10台のスチーム・コーチによってロンドン中心部と郊外の間の定期旅客輸送を開始した。蒸気自動車による大量輸送が始まると、その存在を脅威に感じた馬車組合との間に抗争が起こり、これが「赤旗法」制定を招いた。スチーム・コーチのスピードは10km/hくらいだった。

1832年頃	フランスで蒸気機関鉄道開業
1834年	トーマス・ダベンポートが史上初の電気自動車を発明
1834年	ゴットリープ・ダイムラー誕生。4ストロークエンジン、4輪自動車の祖
1835年	ドイツで鉄道開業
1841年	英国で鉄道用の腕木式信号機が考案される
1844年	カール・ベンツが生まれる
1851年	仏のアンリ・ジファール（1825～82年）水素で浮力を得て、蒸気機関で推進する飛行船を完成、飛行に成功
1851年	世界初の万国博覧会が英国ロンドンで開催される。5月～10月までの141日間に604万人が来場した。会場になったパクストン設計のクリスタル・パレスは公共建設の先駆け。以後、万博には次々と新発明の技術や機械が登場した

自動車クロニクル

自動車前史

ガソリン車が作られるまでの400年

1852年	パリにアリステッド・ブシコーが世界初のデパート、ボン・マルシェを開店。客が商品を手に取って見ることができるというシステムを初めて導入
1853年	インドで鉄道開業
1853年	ニューヨーク博でE.G.オーチス発明のエレベーター登場
1858年	ニューヨークに「メーシー」デパートがオープン
1859年	アメリカで初めての石油の地下貯留池（ペンシルバニア油田）が発見される。のちのガソリンエンジン車普及の後押しとなった
1860年	仏のエティエンヌ・ルノアールがガスエンジンの特許取得。石炭ガスをシリンダー内で爆発させて動力を得る。工場用定置エンジンとして成功を収める
1861年頃	仏のミショーが、初めて前輪のペダル・クランクが取り付けられた最初の量産自転車を考案した。馬に代わる個人の移動手段として普及するきっかけとなった
1862～63年	エティエンヌ・ルノアールがガスエンジン搭載の3輪車を製作。パリ～ジョアンヴィル・ル・ポン間の2マイルを走行
1863年	ロンドンで地下鉄が営業開始。蒸気機関だった
1864年	アメリカで世界最初の石油井戸の掘削
1864年	オーストリアのジークフリート・マルクスが石油ガスエンジン車を試作するが、未完成に終わる
1865年	英国で「赤旗法」制定、実質的な蒸気乗用車の締め出し

解説

"赤旗法"こそ広義の自動車の進歩と普及を妨げる正真正銘の悪法だった。英国は言うまでもなくジェイムズ・ワットの蒸気機関などによって、いち早く産業革命を起こした国である。その産物を全国に行き渡らせるために、簡易舗装のハイウェイ網が津々浦々まで張り巡らされた。もちろん輸送手段の中心は馬車であったが、1830年代に入るとようやく実用化の域に達した蒸気自動車が走り始める。

それに危機感を抱いたのは馬車業者や、それに馬を供給する馬匹業者たちで、様々な形で自動車を弾圧した。例えばリヴァプール～プレスコット間の有料道路の通行料は4頭立て馬車の4シリングに対して、スチームコーチには2ポンド8シリングを課していた。その大義名分は、速くて重いスチームコーチは道路を傷めるというものであったが、12倍とはひどい差別であった。

馬車業者らの圧力に屈した英国議会は1861年"ロコモーティヴ・オン・ハイウェイ・アクト"を成立させ、1865年に全面的に施行する。これがいわゆる"レッドフラッグ・アクト"(赤旗法)である。同法は「いかなるロード・ロコモーティヴも3名で運行し、うち1人は操縦を、1人は釜焚きを担当、もう1人は昼間は赤旗、夜間は赤ランプを掲げて6m前を走ること。速度は町中では3.2km/h以下、郊外では6.4km/h以下とするという厳しいものあった。これはその名が示すように、当時の蒸気自動車が機関車のように大きく、大きな音を立てるので馬を驚かせて事故の原因になり、また制動能力も低かったからである。 (SCG No.50より引用)

1866年	米国のバルボリン、純鉱物性潤滑油を精製。エンジンバルブの膠着と腐蝕の問題を解決し、"バルブオイル"として世に認められる。バルボリンは1868年に、これを石油製品第1号として登録（世界初の公認オイル）
1867年	パリ万博。ナポレオン3世発案で鉄道が敷かれた。日本館が大ブームに
1868年	仏のミショーが蒸気機関を動力とした自転車を開発。モーターサイクルの原型
1868年	仏でパナール・エ・ルヴァッソール社創立。前身は木工機械の製作をしていたペラン社。パナールは共同経営者となってペラン・パナールとなるが、社長のペランが亡くなったため、パナール・エ・ルヴァッソールに改めた
1870年	米国でスタンダード石油会社が設立される
1871年	英国のR.L.マドックスがゼラチン利用の写真乾板を発見
1872年	（明治5年）10月24日（旧暦の9月12日）に新橋—横浜間に鉄道が開通。グレゴリオ暦の採用によって、明治5年12月30日が明治6年1月1日になる
1873年	英国のR.デイヴィッドソンが電動式4輪トラックを完成させ電気自動車の初の実用化に成功。4ストローク・ガソリンエンジンより5年前に電気自動車が実用化されている

解説
英国のデイヴィッドソンが電気自動車（4輪トラック）の実用化に成功した。ニコラウス・アウグスト・オットーの4ストロークのオットー式エンジンが市販される3年前のことである。オットーのエンジンは全高が人の身の丈ほどもあったといい、まだまだクルマに搭載できるような代物ではなかったから、1880年代に登場した自動車の動力源は電気または蒸気機関しかなかったわけだ。

電気自動車の進歩にはもうひとつの要因がある。1877年にアメリカのセルデン弁護士が、"ブレイトン式の2ストローク・ガスエンジンで走る馬車"についての特許を申請、この特許が1896年に許可された。この特許を買ったALAMは、ガソリン車を製作しようとした者に対してパテント料の支払いを求めた。このため、ガソリン車の開発は足踏み状態となり、蒸気自動車や電気自動車の開発に拍車が掛かった。

1887年にベンツが3輪ガソリン車を発売して以降も、しばらくは電気または蒸気機関が幅をきかせていた。とりわけ電気自動車は1880年代から1910年ごろまでアメリカで盛んに生産・販売がされた。当時、アメリカの電気自動車メーカーはウッズを始め計6社あり、なかでも蒸気自動車の生産ではロコモビル社が大手だった。 |

1875年	レミントン社がタイプライターを製造
1876年	独のニコラウス・アウグスト・オットーが、4ストロークのオットー式エンジンを完成、1878年に市販。高さが人の身長ほどあった
1876年	米国のグラハム・ベルが実用的電話を発明
1876年	日本で廃刀令布告（明治9年）
1877年	弁護士のセルデンが"ブレイトン式の2ストローク・ガスエンジンで走る馬車"の特許を申請

自動車クロニクル

自動車前史

ガソリン車が作られるまでの400年

解説

この通称"セルデン・パテント"を支払いたくないと蒸気自動車や電気自動車の生産に集中した会社もあったが、猛反発したメーカーもあり、その代表格がヘンリー・フォードであった。彼らは数次に亘る巡回裁判の末、1911年に至って「セルデンの特許が2ストローク・エンジンに限られる」とする判決を勝ち取った。

同じくイギリスでは、1896年にドイツでダイムラー・カンパニーを立ち上げた投資家のハリー・ローソンが、イギリスでのガソリン自動車の製造権を独占しようと画策したが、これは失敗に終わった。

1878年	仏のアメデ・ボレー、蒸気自動車のマンセル号を製作。さらにボレーは、車輪を方向転換させるリンク機構、すなわちステアリング装置を考案
1878年	パリ万博においてミシン、電話、電灯が登場
1879年	ジーメンス・ウント・ハルシュケ社が、史上初の電気機関車をベルリン貿易博覧会で発表
1879年	エジソンが炭素線電球を発明
1880年代	米国で鉄道建設が盛んに行われる。年間1万kmのペース
1881年	ベルリンで世界初の電車の営業運転開始。独墺露、三帝国同盟成立
1882年	ダイムラー社設立。カール・ベンツが2サイクルエンジンを完成
1882年	独のコッホが結核菌を発見
1883年	ゴットリープ・ダイムラーが高圧点火式4ストローク・ガソリンエンジン（オットー式エンジン）を完成。翌84年に特許取得
1883年	ドディオン・ブートンがスチームカーを生産開始
1883年	（明治16年）日本で鹿鳴館が完成
1884年	エドアール・ドラマール・ドブットヴィル（仏）がガスエンジン自動車を発明
1884年	英国のパーソンズが蒸気タービンを発明
1885年	カール・ベンツが3輪自動車を完成。翌86年に特許取得
1885年	ダイムラーがガソリンエンジン2輪車を完成。これが世界初のモーターサイクル
1885年	英ジェームズ・スターリーがペダルとチェーン方式の自転車発明

1886年	自動車元年

ゴットリープ・ダイムラーが4輪モートルワーゲン完成（冬）
カール・ベンツの3輪自動車が特許取得（1/29）
米国のタムソンが電気溶接法を発見

01章

ガソリン自動車の歴史が始まる

1886年

↓

1888年

私たちの周囲にある、ガソリンや軽油などの化石燃料を使った自動車が研究室を飛び出して広く世に認められたのは、今からおよそ120年前の1886年だ。
正確に言えば、1886年1月29日、ベルリンのドイツ帝国特許庁が、カール・ベンツが考案したガソリンエンジン搭載の3輪自動車に特許第37435号を発給したときであった。
この年を自動車元年として話を進めていくことにしたい。

明治19年

1886年

自動車元年

メルセデス・ベンツの3輪車に特許が与えられたこの年が、
自動車元年といえよう。

　ベンツの3輪車が誕生する以前、ヨーロッパを中心とした多くの発明家たちによって、さまざまな動力発生機関が研究されてきた。その中で、1876年にドイツのニコラウス・アウグスト・オットーが4ストロークのオットー式エンジンを完成したことによって、時代は大きく動いたといっていい。

ベンツの3輪車"パテント・モートル・ヴァーゲン・ベンツ"

ニコラウス・オットー

　ガソリンエンジンが実用化される以前は、産業革命の原動力にもなった蒸気機関が主力であった。重く大きいことや、機関を始動してから動き出せるまでに時間がかかるという難点はあったものの、馬車に代わる大量移動手段として求められた自動車の動力源は蒸気機関しか存在し得なかった。

　その蒸気自動車はといえば、まだ個人の移動手段（自家用車）といえるものは少なく、スチームコーチと呼ばれる大型の"バス"が一般的であった。それは、道路を走る蒸気機関車のように大きく重かった。

　ガソリンエンジン車はまだ実用化には遠く、蒸気自動車の開発が止まることはなかった。中でもフランスのボレー父子は蒸気自動車の発展に大きく寄与したことで知られている。彼らが力を注いだのは大型のスチームコーチではなく、個人の移動手段としての小型車であった。また、電気自動車の存在も無視することはできない。4ストロークのオットー式エンジンが市販される5年前には、電気モーターを動力源とするトラックが実用化されている。

Column
産業革命と蒸気機関

ガソリンエンジンが出現するまで最も有望な動力源は、1769年にスコットランドの数学者で技師であったジェームズ・ワットがグラスゴー大学の助手時代に考案した復水器付きの蒸気機関であった。この効率の良い蒸気機関によって工業化社会への歩みが加速されたのだ。ワットの蒸気機関の燃料となったのは石炭であった。

世界のうごき
- □ イギリスがビルマを統合
- □ ノルマントン号沈没で25人の日本人が死亡
- □ アメリカ労働統合同盟（AFL）結成

カール・ベンツの3輪車が特許取得

2サイクル・ガソリンエンジンの製品化に成功したベンツは、次いでそれを路上の乗り物に応用することに興味を転じた。ダイムラーがガソリンエンジンを陸、海、空の乗り物に使おうとしたのに対し、ベンツは初めから馬車に代わる個人的なロードトランスポートに使うことだけを

ベンツ3輪車のリア。単気筒エンジンは横置き、巨大なフライホイールが水平に備わる

Column
ドイツが先かフランスが先か

歴史的な事実からみて、自動車を発明したのはドイツが先であることが明らかになっている。だがフランス人だけはそうは考えていないようだ。フランスでは、1884年にエドアール・ドラマール・ドブットヴィルがガスエンジン自動車を発明したということになっているのだ。したがって自動車を最初に作ったのはフランス人だと主張し、1984年に独自に自動車100周年イベントを開催した。また同様にフランスのマランダンが自動車を発明したとされるが、こちらにいたってはかなりあやしい。

Chronology
ガソリン車誕生に至るまでの動き

1884年	ゴットリープ・ダイムラーの4ストローク・ガソリンエンジンが特許を取得
1885年	カール・ベンツが3輪自動車を完成（走行速度は13km/h、子馬程度？あるいは自転車より遅いくらい）
1885年	ダイムラー、ガソリンエンジン2輪車を完成、世界初バイク
1886年	自動車元年　カール・ベンツの3輪自動車が特許を取得
1886年	ダイムラーが4輪自動車を開発
1887年	ベンツが3輪ガソリン車を発売。約1馬力、15km/h
1888年	カール・ベンツの妻ベルタが子供2人とともに史上初の長距離ドライブを敢行、マンハイム-プフォルツハイム間の約100kmを往復
1888年	ダイムラーがシュトゥットガルトに世界初のタクシー会社を設立
1888年	英国のジョン・ボイド・ダンロップが空気入りタイヤを考案、特許を取得
1888年	仏アルマン・プジョーがゴットリープ・ダイムラーと会見、自動車の世界へ参入
1889年	ダイムラーがマイバッハ設計のシュタールラート・ワーゲン3輪車をパリ万博に出品

自動車クロニクル

明治19年

1886年

自動車元年

カール・ベンツ（左）とゴットリーブ・ダイムラー（右）

考えていたようだ。おりしも、1884年にオットーの4ストローク・エンジンの特許を無効とする告訴が起こされ、どうやら特許が解除されそうな気配であった（1886年1月30日に無効となる）。

そこでベンツも4ストローク・エンジンの開発に取り組んだ。彼は、初めからエンジンがシャシーの一部として有機的に収まるようにと考え、シリンダーを横に倒し、大きなオープン・フライホイールが水平に回るようにした。フライホイールを垂直にすると、ジャイロ効果によってステアリングに悪影響が出ると考えたからである。

このカール・ベンツの"ガスエンジン駆動（内燃機関）の乗り物"は1885年に完成し、1886年1月29日には、ドイツ帝国特許第37435号が与えられた。有名なベンツの3輪車、世界最初の自動車の誕生であった。

アッカーマン式ステアリング

ベンツが前1輪、後2輪の3輪車としたのは、前2輪操向の技術的な安全性が確立されていなかったからである。既に1816年に前2輪操向の方式は開発されていた。すなわち、前車軸を（平面図上では）固定し、キングピンにより前2輪だけを操向、その車軸の延長線を後車軸の延長線上の1点で交わらせるアッカーマン式ステアリングは、ミュンヘンのゲオルグ・ランケンスペルガーによって発明されている。ランケンスペルガーは、その方式のイングランドとウェールズにおける使用権をロンドンの書籍発行者、販売業者のルドルフ・アッカーマンに与えたことで、今日ではアッカーマン式ステアリングと呼ばれている。

このアッカーマン理論を4輪車としてベンツが実用化したのは1890年代の初めのことで、1893年には特許を取得している。

車両重量263kg、最高速度15km/h

ベンツの3輪車のシャシーは引き抜き鋼管製で、ステアリングヘッドから伸びる1本のバックボーンが床の所で左右に分かれ、後方で後車軸

をよけてキックバックし、その間にエンジンを抱くという、きわめて洗練された設計であった。これに対して、後述するダイムラーの4輪車は、馬車に無理矢理エンジンを押し込んだようなものといえよう。

984cc、0.89hp/400rpmのエンジンは、プーリーとベルトで前方のアイドラーシャフトを回し、そこからチェーンで後輪を駆動した。クラッチはない代わりに、1次駆動のベルトをアイドラープーリーにスライドさせる断続機を持ち、スピードは表面気化器からの混合気の量を調節し、専らエンジンスピードの変化でコントロールした。冷却は水冷だが気化の潜熱による方法で、シリンダーの上方に水タンクと蒸気のコンテナーを備えていた。

ベンツは早くから電気点火を信奉しており、この車でも初めダイナモでスパークプラグを働かせていたが、すぐにバッテリー・イグニッションに改めた。当時はホットチューブ・イグニッションの方が優れているとされていたが、電気式の優位は時間が証明しているとおりである。ベンツ3輪車は車両重量263kg（うちエンジンが96kg）で、最高速度は15km/hに達した。特許を取得したこの3輪車は"パテント・モートル・ヴァーゲン・ベンツ"と名付けられ、ベンツ＆C.ライニッシェ・モートレン・ファブリークから売り出された。販売されたモデルでは3輪を結ぶリーチバーが設けられ、その上に3個の全楕円バネを介してボディが載るように改められ、車輪もワイアにソリッドのゴムタイヤを履いたものから帯鉄を巻いた木製に改められた。

ダイムラー・ベンツの
4輪自動車誕生

一方、1885年にモーターサイクルを完成させたダイムラーとマイバッハは、次なるステップとして、4輪車の開発に着手した。シャシーやボディまで造る能力のない彼らは、宮廷用の馬車を造ってきたシュトゥットガルトのコーチビルダー、ヴィンプフ・ウント・ゾーン社に"アメリカ型"の馬車を注文する。その時ダイムラーは4輪自動車を製作中で

初の四輪車、ダイムラー・モートルヴァーゲン

自動車クロニクル

明治19年

1886年

自動車元年

あることが一般に知られるのを恐れて「妻への誕生祝い」だとし、「形よく、しかも頑丈に」と注文を付けたというエピソードが残っている。美しいブルーと赤に塗られたピカピカの馬車が届けられると、早速、温室を改造した工場に運び込み、大胆にも後席の床中央に大きな穴をあけ、そこからシリンダーヘッドが首を出すように、462cc 1.5hp／600rpmのエンジンが取り付けられた。

クランクシャフトから、トルクはベルトとプーリーで後端のカウンターシャフトへ伝えられ、その両端に付いたピニオンが大径の木製ホイールのスポークに取り付けたリングギアに噛み合って駆動した。1次伝動のプーリーは大小の組み合わせが2種ある2段変速であった。ディファレンシャルは既にフランスのオネシフォール・ペクールが1827年に発明していたが、ダイムラーはそれではなく、カウンターシャフトとピニオンの間にスリップカップリングを入れて逃げている。エンジンは水冷なのでシャシー後端に斜めに積層式のラジエターを付け、ウォータージャケットとの間をポンプで循環させている。シャシー兼ボディは馬車そのもので、馬に牽かせるための轅(ながえ)を取り去っただけのものである。したがって操向はセンターピボット式で、前席のT字形のバーハンドルでステアした。この車のテストランの記録は残念ながら残っていないが、マイバッハの操縦で実験室周辺を走り、最高16km/hを出したと伝えられている。

このテストランが行われたのは1886年のことだと長く信じられてき

Episode
ガソリン自動車の特許

1895年にアメリカの特許法律家のジョージ・ボールドウィン・セルデンなる人物が、ガソリン自動車の特許を取得し、1911年に敗訴するまで、アメリカでガソリン自動車を製造販売する者は彼に特許料を支払わなければならなかった。このためアメリカでは電気自動車と蒸気自動車の開発が進み、電気自動車は1920年頃まで、蒸気自動車は1930年頃まで造られていた。

Episode
コカ・コーラと自動車は同い年

自動車が誕生した1886年、アメリカのジョージア州アトランタで、コカ・コーラが誕生した。発明したのは、薬剤師のジョン・S・ペンバートン博士(1831年生)。当初、コカ・コーラのシロップを水で割って飲んでいたが、ある時、ある店が、間違って炭酸水で割ってお客に出してしまったところ、これが好評となり、炭酸が加えられることになったという。

たが、近年になってダイムラーから発表された資料によってこれが覆された。この資料によれば、ヴィンプフ・ウント・ゾーン社からダイムラーに馬車が納品されたのは1887年春のことで、その馬車にエンジンを搭載した4輪自動車を世間に公表したのは1888年夏という。

（CG掲載 人間自動車史より引用・加筆）

Column
史上初のガソリン・エンジン付き"乗り物"は2輪車

ダイムラーとマイバッハによる水冷直立単気筒、密閉クランクケースのダストフリー・エンジンは、1885年4月3日、ドイツ帝国特許第34926号になった。

さて、こうして真の実用性を獲得したガソリンエンジンを何に使うかである。ダイムラーには初めから自動車に使おうという強い考えがあったわけではなく、ただ、巨大な割に低効率のガスエンジンの効率を高め、小型化していった結果としてガソリンエンジンに到達したのであった。しかしそれは小さいばかりではなく軽かったから、陸、海、空の交通機関のパワーソースとして有望であることは、誰の目にも明らかであった。ダイムラー自身も陸上、水上、空中の乗り物に彼のガソリンエンジンを応用しようと試み、モータースレイ（エンジン付きのソリ＝スノーモービルの元祖？）やモーターボートも造った。モーターボートは最大11人までが乗れ、シュトゥットガルト市内を流れるネッカー河に浮かべ、しばしば市の名士を招いてデモンストレーションをして好評を博した。さらに鉄道車両や気球、果ては消防車や発電機にまで装備し、デモを行った。

しかし、やはりガソリンエンジンは路上を走る自動車に用いられるよう、初めから運命づけられて生まれてきたようだ。1885年、マイバッハが引いた12枚の図面がベルリンの帝国特許庁に提出され、1885年の8月29日、特許第36423号が与えられた。それは木製の頑丈そのものの2輪車に、264cc、0.5ps/600rpmのエンジンを取り付けたもので、すなわち世界最初のガソリン自動車は、世界最初のモーターサイクルでもあった。Reitrad（自動車）とニックネームされたこの車は、並行して実車が造られ、その年の11月10日、ゴットリープ・ダイムラーの長男パウルの操縦でバート・カンシュタットからウンタートュルクハイム（現在ダイムラー・ベンツ社の本社工場のある所）まで、少なくとも3kmのテストランに成功した。その時、最高速度は12km/hにも達したと伝えられている。ダイムラーとマイバッハは、このライトラートを、初めは老人や身体に障害のある人々のための乗り物と考えていたが、帯鉄のタイヤを履いた木製車輪と、まったくサスペンションのないバイクでは、それは無理であった。そこで彼らは安定、乗り心地ともによりよい4輪車へと目標を進めたのだった。

（CG掲載 人間自動車史より引用）

自動車クロニクル

明治20年

1887年

フランスの自動車はラブロマンスで始まった

フランスにもガソリンエンジンの技術が伝わり、
自動車工業が芽生えた。

「自動車を発明したのはドイツ人だが、それを発達させたのはフランス人だ」とよくいわれる。確かに実用的な可搬型ガソリンエンジンを作ったのはゴットリーブ・ダイムラー（1883年）だし、ガソリン自動車を作ったのはカール・ベンツ（1886年）で、このふたりのドイツ人から今日に至る連綿たる自動車の歴史が流れ出していることは事実である。しかし同時に、ドイツの隣人フランスが、自動車の発達と、その製造、販売の企業化に大きく貢献していることもまた事実である。1883年にダイムラー（とマイバッハ）が発明したガソリンエンジンは、小型軽量な割に高回転、高出力で、車両や船にも使えるというので世界的に注目され、各国でライセンス生産された。フランスでのライセンシーはエデュアール・サラザンという人物で、彼は1887年にダイムラーから製造権を得ている。サラザンはもともとオットー・ウント・ランゲンのガスエンジンのライセンシーでもあったから、かつてそこの工場長だったダイムラーとは旧知の

ルイーズ・サラザン

仲であったろうことは想像に難くない。製造権を獲得しはしたものの、自ら工場を持たないサラザンには自力でエンジンを製造することはできないので、友人のエミール・ルヴァッソール（1843～1897年）の工場に製造を依頼した。技術屋のルヴァッソールは、企業家のルネ・パナール（1841～1908年）と組んで1845年にパリ郊外のイヴリーに木工工場を設立、初めは家具を作っていたが、やがて木工機械も製造、この頃にはミシンの製造にも成功していた。工員50名ほどの工場は、技術も優れ、経営も安定しており、信頼されていた。

サラザン未亡人と
ルヴァッソールが結婚

しかし、サラザンはそのエンジンが回るのを見ることなく、同じ1887年の暮れに突然亡くなってしまった。47歳の若さであった。普通なら、主を失った計画は頓挫してしまうところだが、どっこい生き続けることになる。新しい主人公はサラザンの未亡人のルイーズである。南仏生まれの彼女は、なかなか魅力に富んだ人で、しかもかなりのしっかり者だっ

18　　　01章／ガソリン自動車の歴史が始まる

世界のうごき

- ザメンホフがエスペラント語を発表
- 鹿鳴館に電灯がともる
- 最初の国際電話がパリ-ブリュッセル間に開通

たようだ。彼女はダイムラーに手紙を書き、1888年2月4日付けの返書で、サラザンの製造権の正式な継承者であることを認めさせた。

こうしてパナール・エ・ルヴァッソール工場におけるダイムラー・エンジンの製作（といっても実際には図面を基に新開発するに等しい作業であったろう）は続けられた。そうこうするうちに、なんとルヴァッソールとサラザン未亡人ルイーズが恋に落ち、ふたりは2年後の1890年5月に正式に結婚するのである。結果としてエミール・ルヴァッソールと、そして彼が共同経営するパナール・エ・ルヴァッソール社は、ダイムラー・エンジンのフランスにおける製造権所有者となったのである。サラザン夫人からルヴァッソール夫人となったルイーズは、カール・ベンツ夫人ベルタ（後述）にならんで、自動車の発達に大きく貢献したふたりめの女性となったのである。それにしても、自動車の歴史にラブロマンスが出てくるところは、いかにも世紀末のフランスならではである。

(CG掲載 人間自動車史より引用)

Column
自動車誕生前夜のヨーロッパ

自動車誕生前夜のヨーロッパの様子を見てみよう。1861年にイタリアの統一が成って王国が誕生、エマヌエレが国王に即位。1871年にはドイツ帝国が成立、ヴィルヘルム1世が皇帝となる。同じ年フランスではパリ・コンミューンが生まれ、アメリカ大陸では、大酋長ジェロニモに率いられたアパッチ族が反乱を起こす。このアメリカン・インディアン最後の抵抗戦争は、ベンツの3輪車が特許を取得する1886年まで続く。

前後するが、1870年には、アメリカのロックフェラーがスタンダード石油会社を設立している。

1878年ベルリン会議が開かれ、オーストリアがボスニアとヘルツェゴヴィナを併合、イギリスがキプロスを獲得、セルヴィア、モンテネグロ、ルーマニアが独立、大ブルガリアが分裂してブルガリアのみの自治が承認される。1882年にはドイツ、オーストリア、イタリアの三国同盟が成り、1877年からヴィクトリア女王がインド皇帝を兼ねることになったイギリスは、この年事実上エジプトをも支配した。1884年のベルリン会議では列強がアフリカの分割を協議、ドイツの南西アフリカにおける植民地政策が始まる。ダイムラーが2輪車を造る1885年にはレセップスがパナマ運河の建設に着手している。要するにヨーロッパでは現在の国割りが整い、各国が盛んに植民地政策を進めていた頃で、ヨーロッパの最も豊かな時代であったといえよう。

自動車クロニクル

明治21年

1888年

ベンツ夫人の長距離ドライブ

発明されたばかりの自動車にとって
このドライブは初めての実証テストとなった。

カール・ベンツが製作した最初のガソリン3輪車が、技術者の自己満足でも、ましてやギミックでもおもちゃでもないことを立証したのは、良妻賢母の誉れ高いベンツ夫人、ベルタであった。彼女はこの車で当時としては破天荒な大旅行をやってのけたのである。

時は1888年8月のある晴れた日の早朝5時、所はマンハイムのベンツ私邸だ。カール・ベンツがまだ深い眠りについたままであることを確認すると、彼女はふたりの子息、15歳のオイゲン、13歳のリヒアルトとともにガレージから秘かに3輪車を引き出し、直線で65kmほど離れたフォルツハイム

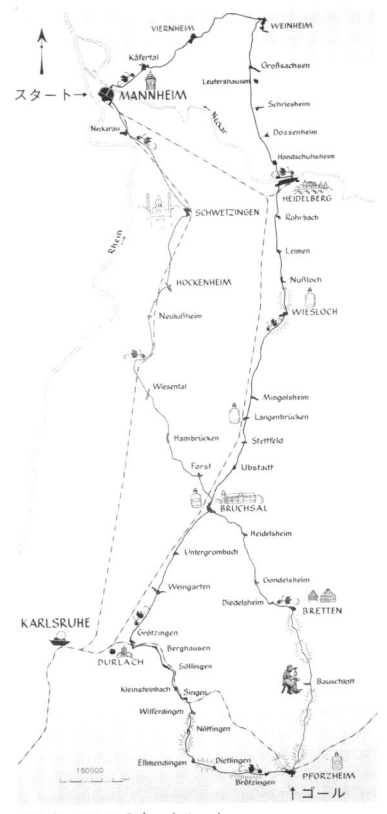

カール・ベンツ

ベルタ夫人

ベルタ・ベンツの走ったルート

01章／ガソリン自動車の歴史が始まる

世界のうごき
- 東京朝日新聞創刊
- ロンドンで殺人犯「切り裂きジャック」出現
- ブラジルが奴隷制度を廃止

へ向けて出発した。この地はベルタの故郷で、カール・ベンツとめぐり逢った想い出の地でもある。そこではベルタの母が健在であった。

敵は馬車が刻んだ轍

"パテント・モートル・ヴァーゲン"のティラーを握るのはオイゲンで、隣りにベルタが座り、補助席のリヒアルトが、時々兄と代わった。

彼らはまずヴァインハイムへ向かったが、最大の敵は馬車が刻んだ深い轍であった。馬車は馬が行く方向に引っ張られていけばよかったが、ベンツの3輪車は細い車輪で自ら進路を選ばなければならなかった。

しかも3輪車の前1輪は馬車の左右の轍の間の峰の部分を通らなければならず、その1輪のキャスター角はゼロであった。エンジンも悪路と戦うにはあまりにも非力で、まさしく悪路に翻弄され続けた。

薬局でガソリンを補給

ヴィースロッホという村で最初の小休止を取り冷却水を補給、薬局で燃料を求める。当時ガソリンスタンドなどあるはずもなく、ガソリンは小さなガラスビンに入れてベンジンとして薬局で売っているだけであった。ブレテンの村を通過、バウシュロットへの登り坂では力が足らず、軽いリヒアルトに運転させてベルタとオイゲンは降りて押さなければならなかった。

バウシュロットでは、靴屋に寄ってブロックブレーキの革を張り替えさせ、もう1度水を補給する。ヴィルファーディンゲンでは宿屋のおやじに行く手を阻む山を迂回する道を尋ね、ブレッツィンゲンへの道を教えられる。ブレッツィンゲンへ着いた3人はフォルツハイムが遠くないこと

薬局でガソリンを買う母子

明治21年

1888年

ベンツ夫人の長距離ドライブ

を知り、最後の力を振り絞って出発する。日はとっぷりと暮れてしまったが、ベンツの3輪車にランプの備えはなく、手探りのように走った。

初め腹を立て後に誇る

このように難渋を重ねて、3人はついにフォルツハイムに到着した。ベルタにとってかって知ったる町だが、ほこりにまみれて疲れ果てた彼らには、とても祖母や親戚を訪ねる元気はなく、イスプリンガー通りにある郵便馬車の常宿に投宿した。

小さな町のこと、たちまち噂が町中に広まり、大勢の人々が彼らの"馬なし馬車"を見に集まってきた。中には「暴挙」と批判する人もないではなかったが、ほとんどはその快挙を称賛した。もちろん母ベルタはふたりの息子を誇りに思ったし、彼らも自ら成し遂げた壮挙に満足していた。彼らは伸び切ってスプロケットから外れたチェーンや、振動で外れた燃料パイプ、点火系統のショートなどを自分達で修理し、ブレーキシューの革を何度も張り替えた。

チェーンやブレーキを修理

一方マンハイムのカール・ベンツはといえば、その日のうちにフォルツハイムからの電報でその事を知らされた。彼自身の回顧録によれば、「初め大いに腹を立てたが、やがてこの家族の快挙を秘かに誇るようになった」という。3人は大目玉を食らわずに済んだのである。

ただ「その車に付いているチェーンは、ミュンヘンの博覧会に出すために製作中の車に使う新品なので、大至急鉄道便で送り返すよう」命じられた。代わりに2本のスペアチェーンがフォルツハイムに向けて発送されたことはいうまでもない。ベルタとオイゲンとリヒアルトは、数日後同じ車で、別のルートを通ってマンハイムへ帰り着いた。3人はカール・ベンツに、坂道では絶対的にパワーが足らないと訴えた。ベンツはこの批判を快く受け容れ、早速ローギアを取り付けた。

チャーミングで、しかも賢いベルタは、その後も内助の功を尽くし、人々にしばしば"ムター・ベンツ"(母ベンツ)と呼ばれて尊敬され親しまれた。カール・ベンツは1929年4月4日に84歳で他界したが、ベルタは長生きし、1944年5月、95歳の誕生日の2日後にこの世を去った。

(CG掲載 人間自動車史より引用)

02章

自動車普及を加速させたフランス

| 1889年 |

↓

| 1906年 |

ドイツで誕生したガソリン自動車は
パリ万国博覧会に展示され、多くの人々の前で披露された。
期待に反して万博見物の人々からは
大きな注目を浴びることはなかったが、
自動車の発展は確実に進んでいった。

明治22年

1889年

世界のうごき
☐ パリ万博・エッフェル塔建設
☐ 日本帝国憲法発布
☐ 東海道本線全線開通

ダイムラーがパリ万国博覧会に自動車を出展

ダイムラーが画期的なVツイン・エンジンを完成。4輪自動車が初めて大衆の前に姿を現した。

　ダイムラーは1889年のパリ万博に、2HPの発電機、ヴィオレットとパス・パルトーの2隻のモーターボートなどとともに、V型2気筒の565ccエンジンを搭載した4輪自動車（シュトールラートヴァーゲン）を出品した。

　13個の電灯を灯した発電機や、博覧会場からサン・クロードやシュレズネまでセーヌ河を何往復もし、客を運んだモーターボートは大好評を博したが、シュトールラートヴァーゲンはほとんど話題にならなかった。万博を訪れた貴顕紳士は、世紀末の爛熟したデザインの馬車には目を瞠ったが、ダイムラーの質素な姿には見向きもしなかったのだ。

シュトールラートヴァーゲン

　しかし、この車に注目する人がまったくいなかったわけではない。「博覧会の入場者の誰も、この隠されたコーナーで近代的な技術革新の種が発芽しつつあることに気づかなかった……」1894年に史上初のモータースポーツ・イベント、"パリ～ルーアン"トライアルを主催する新聞"プティ・ジュルナール"の編集長、ピエール・ジファールの一文である。

　さらにこの会場の目立たないコーナーで、ダイムラーの車をじっと見詰める六つの目があった。ルネ・パナール、エミール・ルヴァッソール、それにエデュアール・サラザンの未亡人ルイーズであった。

（CG掲載 人間自動車史より引用）

Events
出来事 1889

● プジョーが3輪蒸気自動車（Serpollet-Peugeot）をパリ万博に出品

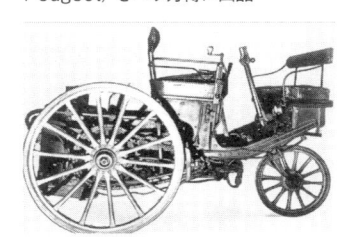

● イギリス・ダンロップの前身となる"The Pneumatic Tyre and Booth's Cycle Agency Ltd"がベルファストで設立される

02章／自動車普及を加速させたフランス

明治23年 **1890年**

世界のうごき
□第1回衆議院議員選挙
□教育勅語発布
□画家ゴッホが自殺

最初のパナール・エ・ルヴァッソール車が完成

ガソリン自動車はフランスに伝播し、ダイムラー製のVツイン・エンジンを搭載したフランス初のガソリンエンジン搭載車が誕生した。

1889年、本家ダイムラーは画期的なVツイン・エンジンを完成、それを用いたシュトールラートヴァーゲンを製作した。たまたまカンシュタットを訪れたルヴァッソールはつぶさにその車を見る機会に恵まれたが、スライディング・スパーギアによる多段ギアボックス以外には、彼はほとんど興味を示さなかった。

パリへ帰ると、ルヴァッソールは自製のダイムラーVツイン型エンジンを用いて独自の自動車の設計に着手した。それは1890年の初めに完成、幾多の改良の末、パリ～ポント・デュ・ジュール間のテストランに成功した。

パナール1号車

最初のパナール・エ・ルヴァッソール車は、ホイールベースのほぼ中央にエンジンを備え、その前後に背中合わせに座席を配した"ドザド"（フランス語で背中合わせに座る、の意）であった。すなわち、最初のパナール・エ・ルヴァッソールは"ミドエンジン"であった。

この年に設立されたパナール・エ・ルヴァッソール社は、翌1891年から実質的な自動車生産を開始する。

（CG掲載 人間自動車史より引用）

Column
ミシュラン誕生

現在のミシュランの前身は1832年に設立されたゴム製品と農耕器具の工場だったが、1889年に社名がミシュランと命名された。ミシュランが自転車のタイヤ修理をきっかけにタイヤと関わりを持つようになったのは1891年のことだ。

サイクリストがミシュランのもとに修理部品を買いに来たことをきっかけに、修理と着脱の容易なタイヤを開発してみせた。このタイヤを装着した選手が、パリ～ブレスト往復の自転車レースで優勝したことで世間の注目を集めた。ミシュランは1895年に世界で初めて自動車に空気入りタイヤを装着した。

Events
出来事 1890

- プジョー、自動車生産開始。ダイムラー製エンジン搭載の4輪車Type 2を開発し、蒸気機関から移行
- ダイムラー自動車会社がカンシュタットで設立される
- フランスの蒸気機関車クランプトンNo.604が143km/hの速度記録を達成

明治24年 **1891年**

"システム・パナール"の誕生

現代のクルマまで続く、フロント・エンジンによる
後輪駆動レイアウトが誕生。ドライバーの運転環境が改善された。

1890年の初めに完成した最初のパナール・エ・ルヴァッソール車が、"ミドエンジン"であることは1890年の稿に記した。

だが、この型式ではドライバーも乗客もエンジンの上に座ることになるから、振動や騒音や熱が直接伝わって苦痛を与えた。しかもエンジンの上に乗客を縦に積み重ねているわけで、それだけ重心が高く、安定も悪かった。

それにもうひとつ、けっして軽視できないのが、心理的な要素だ。当時の人々が、生まれたばかりの自動車を"馬なし馬車"と呼んだことでもわかるように、それらは馬車に代わるものであった。しかし馬車なら目の前に馬がいて引っ張ってくれるが、馬なし馬車では目の前に何もない。これは馬車に馴れ親しんだ人々には、ひどく物足りなく、空虚な感じがしたに違いない。「まさか、そんなこと大した問題じゃない」と思う人のために付け加えれば、当時、それらの"リア・アンダーフロア・エンジン"車の前に付ける張子の馬の首さえアクセサリーとして売られたほどなのだ。それにはご丁寧に手綱まで付いていた。

というわけで、エミール・ルヴァッソールは彼の自動車の根本的な成り立ちにまで遡って、より合目的的なシステムを模索した。その結果として彼が到達したのが、1891年の"システム・パナール"である。この型式は本来設計者の栄誉を称えて"システム・ルヴァッソール"と呼ばれてしかるべきだが、たまたま社名も車名もパナール・エ・ルヴァッソールとパナールが先に出ていたがために、そう呼ばれることになってしまったのである。

フロントエンジンの祖

ともあれ、ルヴァッソールの"システム・パナール"は、それまでのエンジンと座席の"縦の積み重ね"を、前にエンジンを搭載、その後ろに座席を置くという風に、前後に水

初めてフロントにエンジンを搭載した自動車

02章／自動車普及を加速させたフランス

世界のうごき
- ロシアでシベリア鉄道着工
- ジャワ原人発見
- 大津事件

平に展開したのである。

すなわちVツイン・エンジンを、ほぼ前車軸の真上に、クランクシャフトが前後を向くように搭載、クラッチ、ギアボックスを一直線上に並べたのである。その結果1891年のパナール・エ・ルヴァッソールではまだそうはなっていなかったが、その気になれば座席をぐんと低くすることが可能になった。ということはルヴァッソールはフロントエンジンの祖であり、今日に至るほとんどすべての自動車は、この"システム・パナール"を踏まえて発達してきた、ということができるのである。

たとえば本家のダイムラー・モトーレン社は1895年に直列2気筒のフェニックス・エンジン（その名付け親はエミール・ルヴァッソール）を完成、2年後にはそれを搭載したフェニックス・ヴァーゲンの製造を開始するが、それはまごうかたなき"システム・パナール"によるものであった。そして1900～01年の冬、既に死の床にあったゴットリープ・ダイムラーの監修のもと、パウルとマイバッハが設計した最初のメルセデス35PSレンヴァーゲンが、"システム・パナール"を基本として20世紀型ともいえる近代的な自動車の形を確立するのである。

（CG掲載 人間自動車史より引用）

プジョーがガソリン自動車の販売を開始

この年、社名を「Les fils de Peugeot freres」（プジョー兄弟の息子達の会社）に変更したプジョーが、1890年に完成させたガソリン自動車の販売を開始した。プジョー家は代々、モンベリアールの町でコーヒーミルや鳥籠、女性のペチコートの骨まで、さまざまな鉄製品を造る鉄工場を営んできた。

アルマン・プジョー

この工業家の一族に生まれたアルマン・プジョー（1848～1915年）は、工業先進国のイギリスに留学。ここで高度に発達し、普及した自転車の姿を目の当たりにすると、帰国後、自転車の製造に着手、1888年には最初の製品を出荷した。1台の価格は、当時の労働者の5カ月の給料に相当したというが、販売は好調で、4年後の1892年には年産8000台に、1900年には2万台に達した。

明治24年

1891年

"システム・パナール"の誕生

　自転車で成功したアルマンは、次のステップとして自動車への進出を企てた。まず定評の確立した蒸気自動車に注目するが、テストを繰り返した結果、計画は白紙撤回された。だが、エミール・ルヴァッソールの勧めで、プジョー、ルヴァッソール、ダイムラーの3者会談が実現した。その結果、プジョーがルヴァッソールからダイムラー・エンジンの供給を受けて自動車を製造する、という基本的合意に達した。

　ルヴァッソール社からの最初のエンジンがプジョーに届いたのは1890年3月17日。それから間もなく、565cc 2HPのVツイン・エンジンを座席の下に備えた2人乗り4輪車の試作車が公開された。翌1891年には4人乗りのヴィザヴィ(フランス語で「向かい合い」のこと)に発展、94年にかけて64台を生産した。こうしてベンツ、ダイムラー、パナール・エ・ルヴァッソールに続く4番めの自動車メーカーが誕生した。

プジョー初のガソリン車

明治25年

1892年

世界のうごき
□ ノイシュヴァンシュタイン城完成
□ 第2次伊藤博文内閣成立
□ 東京日日新聞、萬朝報創刊

アッカーマン式ステアリングの採用

馬車時代から引き継いだものではなく、
自動車独自のステアリング技術が発明された。

カール・ベンツは1892年、キングピンにより首を振るアッカーマン式ステアリングを再発明、単気筒1730cc、3hpのエンジンを備えたひと回り大型の4輪車"ヴィクトリア"を造った。そのステアリングは1893年2月28日に特許73515号を与えられた。再発明と記したのは、アッカーマン式ステアリングは1818年、ミュンヘンのゲオルグ・ランケンスペルカーによって発明されていたものだからだ。それまでのステアリング機構は馬車時代のままだったが、アッカーマン式のシステムを採用したことで、確実な操舵が可能となった。"ヴィクトリア"は2人乗りであったが、間もなく前方に後ろ向きを2座設けた4人乗りの"ヴィザヴィ"も造られた。　(CG掲載 人間自動車史より引用)

ベンツ"ヴィクトリア"

Events
出来事 1892

● プジョー、世界で初めてゴムタイヤを装着した4輪ガソリン車を発表

明治26年

1893年

世界のうごき
□ アメリカがハワイに侵攻
□ イタリアがエチオピアに侵攻
□ レストラン「マキシム・ド・パリ」開店

圧縮発火式エンジンが開発される

ルドルフ・クリスチアン・カール・ディーゼル(1858年生)が、圧縮発火によるエンジンの仕組みを開発。1893年「合理的熱機関の理論および構造」という論文で原理を発表し、1893年2月に特許を取得。研究を続け、MAN社で働いていた1897年に完成させた。

出来事 1893

● アメリカ、シカゴ万博でダイムラー4輪車を展示。遊園地が登場
● アメリカ初のガソリン自動車ドゥリエ完成

自動車クロニクル

明治27年

1894年
モータースポーツの芽生え

ガソリン車と蒸気自動車、そのほかの動力源を持つ自動車が、同一条件で性能を競い合うことになった。これが世界初のモータースポーツだ。

パリに"プティ・ジュルナル"という進歩的な新聞があり、毎年長距離の自転車ロードレースを主催していた。1891年の同レースには、生まれたばかりのプジョーが随行車として参加、2400kmを実動16km/h平均で完走した。その性能に感激した同誌の編集主幹ピエール・ジファールは、「自転車レースを1894年から"馬なし馬車"によるトライアルに切り換える」と発表した。

その当時は、長い歴史に裏付けられた蒸気自動車に新参のガソリン自動車と電気自動車が戦いを挑み、互いに自らの優位を主張し合っていた。機を見るに敏なジファールは、この3者の中でどれが最も優れているかを見極めることは社会的にも大きな意味があるし、読者にも興味があろうと考えたのである。だから、彼はこの催しを相対的な速さを競い合わせるスピードレースとはせず、信頼性、安全性、軽便性などを競わせるトライアルの形にした。「旅行者にとって安全で操縦しやすく、かつ走行経費の少ない車」を捜し出そうというのである。コースはパリを発って北西のルーアンまでの126kmが選ばれ、それを最低10時間半以内に走破することが義務づけられた。すなわち平均10km/h以上で走ることが要求されたわけである。

20種類の原動力

エントリー締め切りまでに参加を申し込んだ車は102台に及んだが、その原動力は何と20種類にも達した。102台のおよそ半分はガソリン自動車（30台）と蒸気自動車（20台）であったが、そのほかにもさまざまな動力源が申し込まれた。圧縮空気、ゼンマイ、ペダル、レバーなどはまだわかるが、引力とか水力モーター、振り子、果ては乗員の体重とか、動物と機械モーターの組み合わせ、などというものまであった。しかし1894年7月19〜21日の予備テストに自力で辿り着いたのは、蒸気車7台、ガソリン車14台、その他4台の

参加車（者）のスタイル

世界のうごき
- □ロンドンのタワーブリッジが完成
- □日清戦争勃発
- □ブラジルにサッカー伝来

計25台にすぎなかった。予備テストでは初め50kmを3時間で走ることになっていたが、参加者から平均16.7km/hは苛酷すぎるという意見が出され、結局4時間、平均速度12.5km/hに引き下げられた。

予備テストを通過し、7月22日朝、晴れてパリ、ポルト・マイヨの出発地点に集まった車は総勢20台であった。内訳はガソリン車14台、蒸気車6台で、ガソリン車のうち7台がプジョー（うち5台はファクトリーがエントリー）、5台がパナール・エ・ルヴァッソール（4台がファクトリー）であった。蒸気車ではド・ディオン・ブートンが多く、4輪の蒸気自動車が、まるで馬車のような2輪フェートンを牽引するセミトレーラーであった。

トライアルは150m間隔でスタートし、その間隔を保ったままルーアンまで走ることになっていた。しかしいったん走り始めてみると、それは困難なことが判明した。車の性能に極端な差がある上に、ドライバーもスピードの誘惑に勝てなかったのである。パリから約40kmのマントの町が昼食と休憩に指定されていたが、そこに指定より1時間も早く到着したものもあれば、1時間も遅れたものもあった。ジファールは、150m間隔の縦列行進を諦めルーアンまでの自由競争を許した。

その結果トライアルはめっぽう速いド・ディオン・ブートンと、プジョー群とによるスピードレースになってしまった。そして真っ先にルーアンのフィニッシュに到着したのは、ド・ディオン伯爵自身の駆るド・ディオン・ブートン蒸気自動車であった。伯爵は最初に昼食会場に到着、最後までそこに居たにもかかわらず、途中飛ばしに飛ばし、ジャガイモ畑に飛び込んだりしながら、平均18.7km/hで1着になった。トルクの強いスチームエンジンゆえに、特に登り坂では他の追随を許さなかった。

高い完走率のガソリン車

2着は平均18.5km/hのプジョー、3着は17.9km/hのパナール・エ・ルヴァッソールであった。4着になったのはモーリス・ル・ブランの駆るセルポレのスチーム・オムニバスで、平均は11.8km/hにすぎなかった。しかしこの9人乗り蒸気バスは、途中で立往生した先行車のクルーやジャッジを拾って来て、大いに感謝

明治27年

1894年

モータースポーツの芽生え

された。ところでここに○位としないで、○着としたのには理由がある。トライアル終了後、この催しの趣旨に沿ってジャッジングした結果、1着のド・ディオン・ブートンは2位（賞金2000フラン）に落とされ、1位（賞金5000フラン）は2着のプジョーと3着のパナール・エ・ルヴァッソールに分かち与えられたのである。

その理由はド・ディオン・ブートンがドライバーのほかにボイラーマンを必要として簡便でなく、また蒸気車全体の完走率も低かったからである。これに対しガソリン車はドライバーひとりで動かせる簡便さに加えて、プジョーで7台中5台、パナール・エ・ルヴァッソールで5台中4台という高い完走率を示し、信頼性と耐久性を立証したからだ。しかしド・ディオン・ブートンも3位ではなく2位だったし、賞金の2000フランも1位2台の各2500フランと大差ないというわけで、ジファールの裁定はなかなか粋なものであった。ちなみに3位（賞金1500フラン）はセルポレの蒸気バスに与えられた。純粋のレースとはいえないが、モータースポーツはかくしてそのスタートを切ったのである。

（CG掲載 人間自動車史より引用）

Column
世界初の量産車

1894年にベンツが発売した"ヴェロ"は、水平単気筒1050cc、1.5hp/700rpmのエンジンを座席後方の下に装備し、基本的に3輪車や"ヴィクトリア"と同じ構成を持っていた。

"ヴェロ"はフランス語で自転車のことで、自転車のように手軽に使える軽快な車、という意味であった。すなわち、ずっと後にイギリス人たちが生み出す"サイクルカー"という語を、すでに先取りしていたことになる。小さく、軽く、女性にも扱い易いところから"ヴェロ"は大好評を博し、ベンツは1895年に134台の自動車を造ったが、そのうちの62台は"ヴェロ"であった。それのみならず、1898年までに実に1200台もが造られ、世界初の量産車となった。"ヴェロ"はひとりベンツ自身のヒット作となったばかりでなく、ヨーロッパ諸国やアメリカへも輸出され、何カ国かではライセンス生産さえ行われて広く普及した。また人の世の習いで、成功したものには必ず模倣者が現われる。かくして19世紀末から20世紀の初めにかけては、世界中の道路をベンツのコピーが走り回ることになった。

（CG掲載 人間自動車史より引用）

明治28年

1895年

世界初の自動車レース"パリ〜ボルドー〜パリ"開催

前年に行われた"機械の信頼性を競う競技会"ではなく、
純粋にスピードを競う"レース"が開催されることになった。

　1894年のパリ〜ルーアンで1着になりながら、2位に落とされたド・ディオン伯は、表面ではそれを甘受しながら、内心穏やかではなかったようだ。彼はガソリン車への雪辱を期して、翌1895年にパリ〜ボルドー往復1180kmノンストップという大レースを計画、一気にうっぷんを晴らそうとした。政治力のあるド・ディオン伯は、アメリカの大新聞ニューヨーク・ヘラルドの社主、ジェイムズ・ゴードン・ベネットを口説き落とし、開催費6万9000フランを引き出すのに成功した。

　97台の参加車のうち、6月11日の正午にヴェルサイユのプラス・グルム（軍隊広場）のスタートに着いたのは21台であった。内訳はガソリン車11台（パナール・エ・ルヴァッソール4台、プジョー3台を含む）、蒸気自動車6台、電気自動車1台、モーターサイクル3台であった。

　この史上初の純粋なスピードレースを催すに当たって、当然ながら幾つかのレギュレーションが設けられた。たとえば、途中での車の修理は許されたが、工具は車載の物以外は使ってはならず、部品の交換も禁じられた。また、ペースについても1180kmを100時間以内、すなわち平均11.8km/h以上と指定していた。したがって遅い車では4昼夜前後もかかることが予想され、途中でのクルーの交代が認められた。

ガソリン車が圧倒的優位

　これに対し、パナール・エ・ルヴァッソールやド・ディオン・ブートンなどのチームは、全行程を3セクションに分けて2クルーで交代するという作戦を立てた。プジョー・チームの作戦はもっときめが細かく、全体をほぼ200kmずつの6セクションに分け、各地点ごとにクルーの半分ずつを交代させる、というものであった。パリ〜ボルドー〜パリの参加車は最低4人乗りでなければならなかったから、必ずふたりのクルーを乗せ、そのうちのひとりだけを交代させて、常に前セクションでの車の調子を次のクルーに伝達していこうというわけである。

　このほか、各車に主催者側のインスペクターがひとりずつ乗り組むことになっていた。アメデー・ボレーの"ラ・ヌーヴェル"は8〜10人乗りの蒸気バスだったので、クルーは車上で交代して睡眠を取ることがで

自動車クロニクル　　　　　33

明治28年

1895年

世界初の自動車レース "パリ～ボルドー～パリ" 開催

き、そのため簡単なキッチンとトイレさえ備えていた。

　この史上初のモーターレース、結果から先にいえば、またしてもガソリン車が圧倒的優位を示すことになった。すなわちアメデー・ボレーの"ラ・ヌーヴェル"が90時間03分でテールエンダーの9位になったほかは、すべての蒸気自動車、電気自動車、モーターサイクルがリタイアを喫し、上位8位はガソリン車が占めたのだ。

　特に1、2着になったパナール・エ・ルヴァッソールとプジョーは、ともにダイムラーの新しい直列2気筒1206cc 4hpのフェニックス・エンジンを備えており、圧倒的速さを誇った。しかしともに2人乗りで、4座を要求したレギュレーションに合致していなかったので、2、3位に落とされ、3着のプジョー（Vツイン・ダイムラー・エンジン付き）が1位とされた。

ひとりで1180kmを走り抜く

　しかし、なんといってもこのレースのヒーローは、自らダイムラー・フェニックス・エンジン付きのパナール・エ・ルヴァッソールのティラーを握り、ひとりで1180kmを走り抜いて、48時間47分5秒、平均24km/hで1着になったエミール・ルヴァッソールであった。彼もコースを3セクションに分け、2交代する作戦を立てていたが、ペースが速すぎて、パリから405kmの交代地点リュフックに夜中の3時半に着いてしまい、約束の場所に交代ドライバーが出迎えていなかった。

　ホテルまで行って起こす時間を惜しんだ彼はそのまま走り続け、翌朝10時にトップでボルドーのチェックポイントに到着。シャンパンを1杯飲むと10分後には再びパリに向けて出発した。帰途のリュフェックでは交代ドライバーが待機していたが、彼は交代を拒否。そのまま走り続け、丸2昼夜と47分半後の5月13日12時57分30秒、大観衆の歓呼に迎えられてポルト・マイヨのフィニッシュラインを踏んだ。

　予想外に元気なルヴァッソールは、到着のサインを済ませると、熱いブイヨンを1杯飲み、ゆで玉子を二つ食べ、シャンパンを2杯飲みほすと、「夜のレースは危険だ、今後このようなレースをやる場合には夜は走らない方がいい」といった。時にルヴァッソール52歳だった。

　丸2昼夜を要した1180kmの道中では、100kmごとに冷却水を補給しなければならない上に、エンジン、

世界のうごき
- レントゲンがX線を発見
- リュミエール兄弟がパリで『汽車の到着』を公開
- 三国干渉

シャシーの各部にしょっちゅう注油しなければならなかった。車輪には細いソリッドタイヤしか履いていない代わりに、バネは柔らかく、しかもダンパーなどないから、きっと木の葉のようにゆれたに違いない。ブレーキが不充分なら、ティラーのステアリングにもキャスターアクションなどなかった。そんな車に、エミール・ルヴァッソールは2昼夜も乗り続けたのである。そして、時は、そんな男達の大冒険時代であった。

(CG掲載 人間自動車史より引用)

ミシュラン兄弟の空気入りタイヤが走る

パリ～ボルドー～パリ・レースには、中古のプジョー・シャシーにダイムラーの船舶用エンジンを搭載した"レクレール"という車が同行し

ミシュランの空気入りタイヤが初めてレースを走った

ている。エントラントはエデュアールとアンドレのミシュラン兄弟で、一説によると操縦したのはエデュアール・ミシュラン自身であったという。またレースより1日遅れてスタートしたという説もある。ミシュラン兄弟は、自ら製造するニューマチックタイヤ（空気入りタイヤ）のキャンペーンのためにこの車を走らせたのであり、ほかのコンペティターの邪魔になることを避けたのかもしれない。

空気入りタイヤの起源はかなり古く、イギリスのR.W.トンプソンが何台かの馬車にそれを取り付けたのは1845年のことであった。しかし作りが不完全だった上に、速度の遅い馬車では顕著な効果はなく、いったん忘れ去られる運命にあった。それを再発明したのは同じイギリスのジョン・ボイド・ダンロップで、1888年のことであった。彼は息子が木製

Events
出来事 1895
- 世界初といわれる自動車ショー、パリ自動車ショーが開催される（6月6～20日）。主催はド・ディオン伯らにより設立されたフランス自動車クラブ
- 英国で初のガソリン自動車、ランチェスター登場
- チェコ、ラウリン・クレメント社（後のシュコダ）創設。自転車・モーターバイクを生産、自動車生産開始は1905年

自動車クロニクル

明治28年

1895年

世界初の自動車レース "パリ〜ボルドー〜パリ" 開催

車輪の自転車の乗り心地の悪さを訴えたことから、ゴムのチューブを空気でふくらまし、キャンバスで包んで最初の空気入りタイヤを作ったといわれている。しかし、彼はこのタイヤは根本的に重い車両には向いていないと考えていたようだ。

だがミシュラン兄弟はそうは考えず、そのキャンペーンのためにプジョー"レクレール"を1895年のパリ〜ボルドー〜パリに同行させたのである。もちろんその車にはニューマチックタイヤが装着されていたが、スタート前、空気入りタイヤを信じない人々を納得させるために、空気を抜いて見せなければならなかったという。

車の後部には大きな箱がくくりつけられ、中には30本（！）のスペアタイヤと工具が積まれていた。果た

ミシュラン兄弟

せるかな、"レクレール"は数え切れないほどのパンクに見舞われ、結局全行程完走を諦めたが、それでも実に22本のインナーチューブを消費

Column
日本初の自動車の記事

『東洋学芸雑誌』がパリ〜ボルドー・パリ〜レースについて報道している。これは自動車に関する記事としては日本初といわれる。同誌は、「自然科学を含む総合学芸雑誌」として、1881年に創刊。

Column
ド・ディオン伯とACF

パリからボルドー往復という大レースを計画したド・ディオン伯は、ド・シャスル・ロバ侯爵と伯爵の兄弟、ド・スイレン男爵、それにピエール・ジファールらのパイオニア・モータリストと語らって、このレース主催のための委員会を設け、自邸をその事務所に開放した。

このパリ〜ボルドー〜パリの開催委員会は、同レースの終了後も存続し、1895年の末にはさらに組織を強化され、それはやがてACF（Automobile Club de France）へと発展する。ACFはその後多くの都市間レースを主催し、1906年にはルマンで第1回のACFグランプリを開催する。さらにACFは多くのACNの手本となり、FIAの組織を推進し、FIAに重きを成して今日に至っている。
（CG掲載 人間自動車史より引用）

したという。

イギリスのラッジ・ホイットワースがデタッチャブル・リム・ホイールを作るのは1906年のことで、"レクレール"でも20本のボルトを抜いてリムを分解しなければタイヤもチューブも交換できず、1回に30分も要した。
（CG掲載 人間自動車史より引用）

明治29年

1896年
赤旗法が粉砕される

自動車の進歩を妨げてきたイギリスの赤旗法だったが、その撤廃により、イギリスでも自動車の発達が始まった。

1865年に制定された"赤旗法"は、自動車の進歩と普及を妨げる悪法で、これによりイギリスの自動車産業は自動車先進国のフランスから大いに遅れをとることになった（赤旗法の詳細は1865年の稿を参照）。"レッドフラッグ・アクト"（赤旗法）は「いかなるロード・ロコモーティヴも3名で運行し、うち1人は操縦を、1人は釜焚きを担当、もう1人は昼間は赤旗、夜間は赤ランプを掲げて6m前を走ること。速度は町中では3.2km/h以下、郊外では6.4km/h以下とする」という馬鹿げたものだった。当時の蒸気自動車が機関車のように大きく、大きな音を立てるので馬を驚かせて事故の原因になり、また制動能力も低かったことから生まれた法律である。

1878年には幾分緩和されるが、それでも自重15トンもあり、20トンから30トンものトレーラーを牽引するスチームトラクション・エンジンを前提としていた。19世紀後半に入ると次第に個人用の馬車に代わる小型の蒸気自動車が台頭してくるが、赤旗法は依然それらにも2名乗車と赤旗の先駆けを要求しており、明らかに矛盾が生じていた。さらにドイツで1864年に生まれたガソリン自動車もドーヴァーを越えて英国に入ってきたが、赤旗法はそれらをも一網打尽にすることになった。英国のパイオニア・モータリストたちには当然ながら上流階級の人士が多く、貴族や議員も少なくなかったから、激しい赤旗法撤廃運動が展開される。

その結果1896年に至ってようや

Column
ヘンリー・フォードが第1号車を試作

自動車の歴史に残る偉大な存在であるヘンリー・フォード（1863～1947年）が、自身にとって初めての自動車を製作したのが1896年だ。アイルランド移民の農夫の子であるヘンリー・フォードは、幼い頃から機械に天賦の才があり、15歳で蒸気エンジンを製作、その後、時計修理の専門家になっていた。エジソン照明会社に技術者として就職したフォードは、仕事の傍ら、夜は自宅の納屋で自動車製作に没頭し、クォードリシクル（4輪自動自転車）と呼ばれる簡素な自動車を完成させたのだ。あえて自動車製作に順番をつければ、世界はおろか、アメリカでも5～6番目に当たる。

ヘンリー・フォードの試作車

自動車クロニクル

明治29年

1896年

世界のうごき
- □ オリンピック第1回大会がアテネで開催される
- □ フランスのベックレルがウラン鉱の放射能発見
- □ イタリアのマルコーニが無線通信法を発明

赤旗法が粉砕される

　"エマンシペイション・アクト"（解放法）が議会を通り、"3トン以下のライト・ロコモーティヴ"は運行に赤旗の先駆けを含む3名を必要としなくなり、速度も19km/hまでに緩和された。

　遂に希代の悪法は粉砕され、小型の個人用の自動車でハイウェイを走ることが合法化されたのである。もっともハイウェイと言っても現在のような高速道路ではなく、都市を結ぶ幹線道路のことだ。歓喜したモータリストたちはその日、即ち1896年11月14日を"エマンシペイション・デイ"として祝った。"A Journal published in the interest of the mechanically propelled road carriage"という副題をもつ『The Autocar』は、その日発売の第1巻第55号の全ページを赤インクで印刷、"赤文字の日"と称して祝った。

（SCG No.50より引用）

Events
出来事　1896

- イギリスでデイムラー社が設立される。デイムラーは現存する英最古のブランドだ
- 世界初のガソリンエンジン車によるタクシーがシュトゥットガルトに登場。クルマはベンツだった

明治30年

1897年

世界のうごき
- □ 自動織機発明さる
- □ ドイツのブラウンがブラウン管を発明
- □ 日本で金本位制実施

ポルシェ博士が電気自動車の開発に着手

- フェルディナント・ポルシェが、世界初の4輪ハブモーター駆動の電気自動車、ローナー・ポルシェの開発に着手

電気自動車、ローナー・ポルシェ
完成するのは1899年

- エミール・ルヴァッソール（パナール・エ・ルヴァッソール創業者）レース中の事故が原因で死亡。54歳
- タトラ前身のネッセルドルフ車両製造会社がガソリン自動車製造を開始
- オールズ・モービル社設立。ランサム・イーライ・オールズが設立した。近年になってGMのブランド整理で消滅してしまったが、それまでは現存するアメリカ最古のブランドだった

明治31年

1898年

日本にクルマが初上陸

日本にクルマがやってきたのは意外と古く、
ガソリン自動車が誕生してからわずか12年後のことである。

　日本に自動車が初上陸したのは、1900(明治33)年、横浜に住んでいたトンプソンがアメリカから持ち込んだロコモビル蒸気自動車だと、長いあいだ信じられていた。だが近年になって、これは間違いで、1898(明治31)年にフランス人セールス・エンジニアのテブネが持ってきたパナール・エ・ルヴァッソールM4型(ガソリンエンジン車)であることがトヨタ博物館の調査によって判明した。

　同年2月7日にはさっそく日本最初の自動車試走が行われた。その後、1900(明治33)年に横浜に住んでいたトンプソンがアメリカからロコモビル蒸気自動車を輸入している(1902年という説もある)。また、1900年には、サンフランシスコの邦人会から皇太子殿下に電気自動車のウッズが献上されている。

日本に自動車が初上陸したことの証は、この1898年4月16日づけのLa France Automobile誌だ。記念すべき日本初上陸車はパナール・エ・ルヴァッソールだった。(La France Automobile誌、トヨタ博物館蔵)

自動車クロニクル

明治31年

1898年

世界のうごき
☐ キュリー夫妻がラジウムを発見
☐ 米西戦争
☐ H.G.ウェルズ『宇宙戦争』

日本にクルマがクルマが初上陸

Column
"タイヤ男"ビバンダム誕生

1894年にリヨンで開催された博覧会に出展したミシュラン社は、会場に山のようにタイヤを積み上げていた。ちょうどそこにやってきたミシュラン兄弟の弟のエドワールが「腕をつけたら人間になるじゃないか」と兄のアンドレに言ったことがきっかけとなって、この有名なキャラクターのイメージが浮かび上がった。

その後、アンドレはデザイナーのオ・ギャロと会い、ギャロがビール会社のために描いた太った男のデザインと、「ヌンク・エスト・ビバンダム（いまこそ飲み干す時）」という言葉が気に入った。この"タイヤ男"にクギやガラスなどを入れたグラスを持たせれば、「空気入りタイヤは障害物があっても乗り心地がよい」とする同社の売り文句を表現できるというわけだ。幸いビール会社はこのアイディアを採用しなかったので、アンドレはギャロに自らのイメージを話し、"ビール男"は"タイヤ男"に生まれ変わった。

"タイヤ男"に正式な名が付いたのは、1898年7月、パリ～アムステルダム・レースのときだ。あるドライバーが「あっ、ビバンダムが来た！」と呼んだ。これ以後、ビバンダムと呼ばれるようになった。もっともフランスそして日本以外の国では"ミシュランマン"として知られている。

ビバンダムの登場したミシュランのポスター

Events
出来事 1898

- 第1回パリ・サロン開催（現在最古の歴史を誇る）
- ベルリン・モーターショー開催
- フランスのルノーが1号車完成（会社の設立は翌年）
- ドイツのオペルが1号車完成

オペル1号車

- 史上初の自動車スピード記録挑戦がパリのアグリエール広場で開催され、シャスル・ロバ伯爵が操縦するジャントー電気自動車が63.16km/hを記録
- エンゾ・フェラーリが生まれる（1988年8月14日没）
- ダイムラー車を使った郵便バスがキュンツエルザル～メルゲントハイム間を走る
- フランスで世界初の女性運転免許合格者が誕生
- 傘歯車を使うことによって動力の直角伝導が可能となり、エンジンが縦置きに搭載できるようになる
- 日本の警視庁が「自転車取締規則」を設ける

02章／自動車普及を加速させたフランス

明治32年 **1899年**

世界のうごき
□義和団事件
□ボーア戦争
□チェーホフ『犬を連れた奥さん』

クルマが100km/hで走った！

自動車がついに時速100kmの壁を破ったが、それはガソリン車ではなく、電気自動車だった。

速度記録に挑んでいたフランスのカミーユ・ジェナッツィが、自ら製作した電気自動車のジャメ・コンタント号（決して満足しないの意）で、4月29日、105.92km/hの速度記録を樹立、自動車が初めて100km/hの壁を破った。魚雷のような特製流線形ボディを持つジャメ・コンタント号は、2個の60ps電気モーターを後輪に直結していた。

当時、時速100km/hを超えると、人間は心臓発作か呼吸困難に陥って死亡するかも知れないと言われていたほどで、スピードに対する挑戦は命がけの冒険であった。ガソリン車の記録を見ると、4気筒5515ccの24psエンジンを搭載したレーシングカーのフェニックス・ベンツが80km/hを記録していた。

前人未踏の時速100kmの壁を打ち破ったカミーユ・ジェナッツィのジャメ・コンタント号。車体は流線型だが、ドライバーの着座位置はこのように高い

Event
出来事　1899

● フランスのルノー兄弟によってルノー・フレール（兄弟）社が設立される

中央でステアリングを握るのがルイ・ルノー、左のクルマの前に座るのが兄のマルセル・ルノー

● イギリスでサンビーム社が1号車を完成
● ジョヴァンニ・アニエッリ・ブリケラシオ伯爵とカルロ・ビスカレッティ・ディ・ルッフィア伯爵によってフィアット社が設立され、1号車が完成

最初のフィアット、$3\frac{1}{2}$HP

● アメリカでパッカードの1号車が完成
● アメリカでオールズ自動車会社が設立される

明治33年

1900年

フランスのド・ディオン・ブートンがクルマを量産

初めて自動車レースを開催したフランスは、自動車生産でも
世界を圧倒する自動車先進国だった。

　ド・ディオン・ブートンは、1900年の1月から翌01年4月までに1500台の自動車に加え、エンジン数百基を販売し、欧州一のメーカーに成長を果たした。ド・ディオンの4輪自動車は2座席のほか4座席とバリエーションが多く人気があったのだ。欧州で一番ということは世界一でもあった。自動車生産ではまだアメリカでフォードT型が登場しておらず、1908年にフォードT型が発売されて爆発的に増殖するまでは、当分のあいだフランスが世界を圧倒していた。

ミシュランガイド刊行

　2007年11月にアジア初となる東京版が出版され、大きな話題となった"GUIDE MICHELIN"だが、フランスで初めて刊行されたのは1900年のことだ。

　1900年といえば第5回パリ万国博覧会が開催された年。パリ万博は、新しい世紀の幕開けにふさわしいさまざまな技術が公開されていたが、新しい移動手段として誕生して間もないクルマも大きな注目を浴びていた。前述したド・ディオン・ブートンの好評ぶりにも表れている。

　そうした環境のなかで、ミシュランガイドは「より安全で楽しいドライブのためのガイド」として登場した。フランスはクルマ先進国とはいえ、まだまだ路上を走る台数は少なく、ドライブのためのインフラも整備されていなかったから、市街の地図はもちろん、修理工場の場所やガソリンスタンドの場所、ホテルの紹介などが掲載され、ホテルが星の数で格付けされていた。

　現在のミシュランガイドとはだいぶ構成が異なり、巻頭には、かなりのページをとってタイヤの構造解説や懇切丁寧なタイヤ交換の方法が記され、黎明期の自動車ディーラーも広告を出している。

　当初は無料配布されていたが1920年から現在のように有料になった。有料化の発端は、ミシュラン兄弟が、修理工場でドライバーに配布されずに作業台の足代わりに積み重ねられているガイドを見たことだという。

　レストランの格付けが行われるようになったのは1930年代になってからだ。

ポルシェが電気自動車を製作

　電気会社のラ・エッガー社で支配

世界のうごき
- □新渡戸稲造『武士道』
- □フッサール『論理学研究』
- □フロイト『夢判断』

人助手であったフェルディナント・ポルシェは、1899年に世界初の4輪ハブモーター駆動の電気自動車、ローナー・ポルシェを完成、これが1900年のパリ万博に出品された。なんとフランス語で"電気椅子"と名付けられていたが、電気で動く椅子というわけだから、まんざら的外れでもなかろう。左右の前輪のハブの中に、それぞれに2.5ps／120rpmのモーターを組み込んだ前輪駆動車で、37mph（約60km/h）で走行することができた。このほかに4輪すべてにハブが付いた4WD仕様がイギリスのE.W.ハートの注文によって製作された。

ポルシェはこのとき、バッテリーに頼っていては重量が嵩張るばかりか、1回の充電で走行できる距離が短いという根本的な問題に気づいており、1902年にはローナー・ポルシェ・ミクステと呼ばれる改良型を完成させた。これは、フロントに発電用のアウストロダイムラー製水平対向4気筒ガソリンエンジンを搭載、これで発電機を回し、発電機から得られる電気をバッテリーに蓄えた。左右前輪に組み込んだ17.5psのハブモーターを駆動し、スムーズな加速で55mph（約90km/h）を発生、オーストリアでは上流階級が多数購買。これが現在のハイブリッドカーの始祖というわけだ。

Events
出来事　1900

- ダイムラー・モトーレンGmbH創業者で、自動車開発の先駆者であったゴットリープ・ダイムラー（1838年3月17日生）が死去した
- ニューヨークのマジソン・スクエア・ガーデンで第1回ナショナル・オートモビルショーが開催される。会期は11月3日から8日間
- マッキンレーがアメリカ大統領として初めて自動車に乗る
- 世界初の国際レース"ゴードン・ベネット杯"開催
- ドイツでツェッペリン伯爵の飛行船が初飛行に成功。硬式飛行船21号はアルミボディで、12psのダイムラーエンジンを搭載し、32km/hで推進した
- 第5回パリ万博開催。自動車以外にはランツ製定置原動機、動く歩道（電気コンベア）、エジソンのX線カメラ、機関銃、無線電話などが出展された。電気イルミネーションの電気館が登場。電気時代の幕開け。開催にあわせて地下鉄が建造された。入場者は過去最多の4700万人
- 横浜に住むトンプソンがアメリカよりロコモビル蒸気自動車を輸入（1902年説もあり）
- 日本の皇太子殿下に電気自動車ウッズ（米）がサンフランシスコの邦人会により献上される

自動車クロニクル

明治34年

1901年

アメリカ初の大衆車量産記録

オールズモビル"カーヴド・ダッシュ"が、アメリカで初めての大量生産大衆車だった。

　アメリカでの量産記録は、オールズ・モーター・ワークスが1901年に425台のオールズモビル"カーヴド・ダッシュ"を生産したのが、今に残る最初のレコードである。

　「したがって同車は世界で最初に量産された車である」とアメリカ人達は誇るが、ベンツのヴェロは1894年から98年までに1200台を量産したし、フランスのド・ディオン・ブートンも1年半で1500台を生産しており、オールズのカーヴド・ダッシュは、けっして世界最初の大量生産車ではない。しかしカーヴド・ダッシュは650ドルで販売されたアメリカ初の大衆車であり、"In My Merry Oldsmobile"という当時の大ヒットソングにまで歌われるほどのヒットであったことはまちがいない。

　ところで、このオールズモビルの第1号車で、アメリカ初の量産車は、何でカーヴド・ダッシュと呼ばれたのだろうか？　それは、その姿を見れば一目瞭然で、ダッシュボードが優雅な曲線を描いてカーブしているからにほかならない。ダッシュボードは、本来馬車の前方にあって、御者が足を踏んばる泥除け板のことであった。ところが今世紀初頭の車は、このダッシュボードのやや上方に、真鍮磨き出しの鼓形をしたメーターや、さまざまなコントロールを取り付けた。以来ダッシュボードには"計器盤"という意味が生じて今日に至っているのである。

5馬力だが、静かで耐久性に優れる

　オールズモビル"カーヴド・ダッシュ"は、なかなかユニークな車であった。車の写真だけで見ると小型のようだが、実際にはかなりの大型で、地上高も大きい。いわゆるガスバギーと呼ばれる種類のものであった。この頃のアメリカ車に共通の一般的な構造は、前後車軸をリジッドに（かなりしなっただろうが）結ぶリーチバーと呼ばれるアンダーフレームがあり、エンジンやギアボックスもそれに付いていた。このリーチ

カーヴド・ダッシュ

世界のうごき
□第1回ノーベル賞
□米マッキンレー大統領暗殺
□英ヴィクトリア女王死去

バーに、サスペンション・スプリングを介してボディが載っていたわけである。

ところがカーヴド・ダッシュでは、巨大な1/2楕円の板バネを二つ、平行に並べて、その中央部分をフレームのサイドレールとして利用、前後をスプリングとしてそれぞれ前後アクスルを吊っていた。もちろんフレームのサイドレールを兼ねる部分は直線にされているが、何枚かのバネ鋼が重なった正真正銘のスプリングそのものである。これに対して、通常のフレームはほとんど無きに等しいボディを支えるだけの細く華奢なものである。エンジンは水平単気筒、機械式吸気バルブ付きの1500cc5hpで、ギアボックスも操作の簡単な2速プラネタリー式。最終駆動もチェーンであった。

僅か5hpのためスピードは20mph（32km/h）しか出なかったが、静かで、何よりも耐久性に優れていた。またひどくゆっくりではあったが、登坂も得意科目のひとつで、アメリカ議会の石段を登ってみせたりもした。長距離が苦手科目かというと、けっしてそんなことはなく、1905年に行われたニューヨーク～ポートランド（オレゴン州）間の米大陸横断レースにも、Old ScoutとOld Steadyの2台のカーヴド・ダッシュが44日で優勝している。

（CG掲載 人間自動車史より引用）

Episode
日本で初めての自動車販売店が開店

1901（明治34）年、ブルウル兄弟商会（本社パリ、神戸と横浜に支店）が米製蒸気自動車ナイアガラを販売目的で輸入。松井民治郎が、ブルウル兄弟商会の自動車専門代理店として銀座4丁目に「モーター商会」を設立。これが日本人が経営する初めての自動車販売店だ。

Events
出来事 1901

● 2輪車のインディアンが登場。現在のバイクの形態をした最初の量産車
● パリ～ベルリン・レースに仏女性ドライバーのカミーユ・デュ・ガストが参加。ヘビークラス19位、総合33位（47台完走）。彼女は著書に、運転のときには後方を確認するためには手鏡が便利だと、バックミラーのアイディアを記した

自動車クロニクル

明治34年

1901年

アメリカ初の大衆車量産記録

Column
初の"メルセデス"車、発売

ドイツ、カンシュタットのダイムラー・モトーレン社が、初めて"メルセデス"と名付けられたクルマ、12/16PSを発売。ニース駐在のオーストリア・ハンガリー帝国の領事で政商でもあったエミール・イェリネックに納入された。

そのクルマは1900年から1901年にかけて、ゴットリープ・ダイムラーがヴィルヘルム・マイバッハとともに完成させたもので、スチール製チャンネル材を使った梯子型フレームのフロントにエンジンを搭載。半楕円リーフスプリングのサスペンション、ハニカム式ラジエター、丸型ステアリングホイール、トップギアが直結の変速機などのメカニズムを採用している。これによって近代的な自動車の形態が確立されたといってよく、これ以降に現れた多くの自動車は、このメルセデスが確立したレイアウトに従って発達していった。

レース好きであったエミール・イェリネックは、ダイムラー車の品質に感銘を受け、オーストリアとその周辺での販売権を獲得することになる。イェリネックはダイムラーというドイツ語の音感が堅すぎると考え、レース用の35PS車には愛娘のメルセデスの名を付けることを提案。これがレースで活躍したことから、一般にメルセデスの名がよく知られることとなり、1902年にはダイムラー社はメルセデスを商標名として正式に登録した。

メルセデス・イェリネック

レースで活躍したメルセデス号

Episode
日本で初めての自動車レース開催

日本初の自動車レースが開催されたのは1901（明治34）年11月3日、東京・上野不忍池周辺が舞台であった。2、3、4輪のガソリン自動車が公園の池を周回してタイム計測が行われた。

Episode
日本人最初の自動車セールスマン

日本人で最初に自動車を運転したといわれているのは、貿易会社社員の宮崎峰太郎で、1900年にコロモビル蒸気自動車（日本に上陸した2台目の自動車）だった。その宮崎は、横浜に「コロモビル・カンパニー・オブ米国代理店」が設立されると、同社が東京に設けた「芝口陳列所」で販売に携わり、日本人初の自動車セールスマンとなった。

02章／自動車普及を加速させたフランス

明治35年

1902年

キャデラックとフォードは一卵性双生児？

キャデラック・モーターカー・カンパニーが設立される。生みの親はヘンリー・マーティン・リーランド。10月7日に1号車を完成した。

1902年の最初のキャデラック・モデルAは、1903年の最初のフォード・モデルAと酷似している。それは、両車が、デトロイト・オートモビル・カンパニー時代の1901年にヘンリー・フォードが設計し、試作した車をベースとしていたからである。すなわち、のちの大衆車の雄フォードと、そのライバルたるGMの最高級車キャデラックとは、生まれた時には一卵性双生児だったのである。

リーランドは1917年までキャデラックのトップの座に留まった（この間1909年にゼネラル・モーターズのメンバーとなる）。1914年には、第二次大戦後アメリカ車のステイタスシンボルとなるV8エンジンを発売する。もっともV8エンジンはキャデラックの創作ではなく、アメリカでは1907年の昔にヘウィットというリムジンがV8を搭載しているし（アメリカ初の8気筒車）、ヨーロッパではフランスのド・ディオンが1910年にV8エンジン車を生産している。しかしド・ディオンをベースに高速型の近代的V8を実現したのは、やはりリーランドのキャデラックの功績であった。

キャデラックを去ったリーランドは、再びV8エンジンを持つ高品質の高級車を生み出す。1917年に発表されたリンカーンである。リンカーンの名は、リーランドが尊敬してやまなかったエイブラハム・リンカーン米第13代大統領の名をいただいたものである。このリンカーン・モーター・カー・カンパニーも、1922年には経営難からフォードに買収され、リンカーンはその高級車となった。かつてヘンリー・フォードの投げ出した会社をキャデラックに育て上げたリーランドが、今度はそのヘンリー・フォードの下で働く、というのは、ひとつの歴史の皮肉であろうか。そしてまた、GMとフォードというアメリカのビッグ2の高級車が、同一人物によって生み出されたという事実も……。

（CG掲載 人間自動車史より引用）

キャデラック・モデルA

自動車クロニクル

明治35年　**1902**年

世界のうごき
□ シベリア鉄道全通
□ 日英同盟調印
□ 八甲田山"死の行軍"事件

キャデラックとフォードは一卵性双生児？

Events
出来事 1902

- 「メルセデス」をダイムラー社の商標として登録
- AAA（アメリカン・オートモビル・アソシエーション）がシカゴで設立される
- パッカードが"H"パターンのギアシフト・ゲートの特許を取得
- オールズモビルの生産が2000台を突破
- 双輪商会（後のオートモビル商会）の吉田真太郎と内山駒之助がアメリカ製ガソリンエンジン付きシャシーを利用して自動車を組み立てる
- ガソリン自動車として初めての速度記録に挑戦。仏モール車に乗るヴァンダービルト（米）が122.499km/hを記録
- フランスのレオン・セルポレが蒸気自動車で120.7km/hの速度記録を樹立

明治36年　**1903**年

世界のうごき
□ ライト兄弟の"フライヤー1号"初飛行
□ ロシアのパブロフが条件反射の現象を発見
□ 第1回ツール・ド・フランス開催

三越に自動車が導入される

- イギリスのランチェスターが世界に先駆けてディスク・ブレーキを初装着
- オランダのスパイカー社が、史上初の6気筒ガソリンエンジンと史上初の四輪駆動ガソリン車を製作

スパイカーの4輪駆動レーシングカー、60HP

- パリ～マドリード・レースの事故で、ルノー創業者兄弟の兄であるマルセル・ルノーが事故死。これによってルノーはレースから撤退、1977年に1.5リッターV6エンジンのターボ付きF1で復帰するまで、グランプリレースから遠ざかっていた
- フランスのボレー車が燃料噴射システムを採用
- 英国でコヴェントリー・シンプレックス（コヴェントリー・クライマックス社前身。自動車エンジン製造）が設立される
- フォード・モーター・カンパニー設立
- ビュイック・モーター・カンパニー設立
- 自動車による初のアメリカ大陸横断成功（5月23日～7月26日。H.ネルソン・ジャクソン医学博士とショファーのシーウォール・クロッカーがウィルトン車を駆ってサンフランシスコからニューヨークまで走った）
- The Association of Licensed Automobile Manufacturersが設立され、ガソリン自動車を製造するものは同協会にロイヤルティーを支払わなければならなくなった
- 三井呉服店（現・三越）が、1902（明治35）年に仏クレメントをモーター商会に注文、1903年3月に納車。ボディに店名が大きく記された
- 広島でハイヤー、鹿児島で乗合自動車の先駆が登場との記録あり
- 内国勧業博覧会（大阪・天王寺公園）に3台の自動車登場。米ロコモビル蒸気自動車、トレド蒸気自動車、英ハンバー・ガソリン3輪車。3月1日から7月31日まで開催

明治37年

1904年

純国産として初の蒸気自動車が完成

岡山県に住む技術者が独力で
蒸気自動車を完成させた。

　岡山市で電機工場を営んでいた山羽虎夫（やまば とらお）が、1904（明治37）年に山羽式蒸気自動車を完成させた。

　これは、岡山で乗合自動車を計画している人物からの依頼により、神戸在住の外国人技師のアドバイスを得て製作したものであった。

　1903年秋からエンジンの製作に着手。ボイラーを組み立てようにも鉄板溶接ができる工場がないなどの制約があったものの、溶接に代えてボルトで接合するなどの工夫を凝らし、2気筒25hpの蒸気エンジンを完成させた。シャシーとボディにはケヤキ材を使い、鉄板製のリムにソリッドタイヤ（空気入りではないタイヤのこと）を履き、駆動方式はチェーンドライブで、ティラー（棒状）式ステアリングを用いた。10人乗りの車体は、全長が15尺（4.5m）、全幅が4.5尺（1.4m）であった。

　この山羽式蒸気自動車の記念すべき初走行が行われたのは1904年5月7日で、岡山市内の山羽電機工場を出発し、市外の注文者宅までの約10kmを走った。だが、ソリッドタイヤがリムから外れるというトラブルに悩まされ続け、目的地に到着するだけで精一杯であった。

　結局、当時の日本ではこの車に使用できるタイヤが入手できないことから、倉庫に放置されたままとなり、乗合自動車の計画は実現せずに終わった。

山羽式蒸気自動車

自動車クロニクル

明治37年

1904年

世界のうごき
- ☐ 日露戦争開戦
- ☐ 日本初のデパート三越呉服店が開店
- ☐ 国際サッカー連盟発足

純国産として初の蒸気自動車が完成

Events
出来事 1904

- ロールス・ロイスの第一歩。フレデリック・ヘンリー・ロイスが1号車を完成
- それまで馬車を手掛けていたスチュードベーカーが、ガソリン自動車を製作
- ヴァンダービルト・カップがロングアイランドで開催される。これがアメリカで初の主要な国際自動車レースとなった
- 史上初の前輪駆動ガソリン車、クリスティーがデイトナビーチ（フロリダ）で開催されたレースに登場。エンジンは1万9618ccのV型4気筒。これを横置きに搭載していた
- 初の国際機関AIACR発足。後のFIA
- 吉田真太郎と内山駒之助によって、日本初の自動車製造工場「東京自動車製作所」が設立される

ヘンリー・ロイス1号車

明治38年

1905年

世界のうごき
- ☐ アインシュタイン「特殊相対性理論」
- ☐ 血の日曜日事件
- ☐ 夏目漱石「吾輩は猫である」

日本初のバス営業

- スイスのアルフレッド・J.ビュッヒがターボチャージャーを特許申請
- チェコのラウリン・クレメント社（後のシュコダ）が自動車生産を開始。会社の創設は1895年
- SAE（The Society of Automobile Engineers）設立
- ポーツマスで日露講和条約会議、条約調印
- マン島で第1回4輪TTレース開催
- 兵庫県で日本で最初のバス営業。兵庫県に設立された「有馬自動車」が三田〜有馬間で運行
- 有栖川宮がドイツからの帰国に際して自動車を持ち込む。車種はフランス製のダラック。運転手のアンドレも伴う。有栖川宮は自動車好きの皇族として、日本での自動車発展に寄与

明治39年

1906年

蒸気自動車で205km/h！

200km/hを初めて超えた自動車はガソリンエンジンではなく蒸気機関を搭載していた。

ライト兄弟が製作したライトフライヤー号が、アメリカはノースカロライナ州のキティホークにて世界初の有人動力飛行に成功したのは1903年12月のことだ。4000ccのエンジンを1基搭載して、59秒間に260mを飛行した。速度は15.3km/hほどである。

だが、速度に関していえば、まだ自動車のほうが飛行機よりずっと速かった。その自動車の中では、ガソリンエンジンを動力とするものよりも、蒸気自動車のほうが勝っていた。それは静粛でトルクが大きく、走っても速かったのである。

アメリカで最も有名な蒸気自動車として知られるスタンレースティーマー（1897年創立～1924年）は、1906年にオーモンド・ビーチでフレッド・マリオットの運転で陸上絶対速度記録に挑戦し、205.4km/hという新記録を樹立した。そのころガソリン車の速度は200km/hには達しておらず、ブリッツェン・ベンツに乗るヴィクトール・エメリーが、ブルックランズで202.691km/hを達成し、ガソリン自動車で初めて200km/hを超えるのは、3年後の1909年のことだ。

Column
日本にタイヤ・チューブ輸入

1906（明治39）年、神戸のグロリア商会が日本で初めて正式にダンロップ製タイヤの輸入販売を開始した。これがチューブ付きタイヤの日本初上陸となった。

Column
史上初のグランプリ・レース

第1回ACO（フランス）グランプリがルマンで開催される。優勝したのは4気筒1万2986ccのエンジンを搭載したルノーAK 90CVに乗るフェレンク・シジズ。2日間にわたる総計1236kmのレースでの優勝車平均速度は101.195km/hだった。

Column
ランチア社が設立される

フィアットの契約ドライバーとしてレースでも活躍し、研究開発部門の要職にあったヴィンチェンツォ・ランチア（1881～1937年）が、自らが納得する理想のクルマを製作するため、ランチア社を設立。社長でありながら技術統括責任者を務めた。

ヴィンチェンツォ・ランチア

自動車クロニクル

明治39年

1906年

世界のうごき
☐ 南満洲鉄道設立
☐ アムンゼンが北極海横断
☐ ワッセルマンが梅毒の血清反応を発見

蒸気自動車で205km/h！

Events
出来事 1906

- 本田宗一郎生まれる（明治39年11月17日、静岡県磐田郡にて）
- チャールズ・スチュワート・ロールスとフレデリック・ヘンリー・ロイスによってロールス・ロイス・リミテッドが設立される
- イタリアでダラック社が設立される。フランスのダラックをイタリアでノックダウン生産するために設立された同社が、改組を重ねて1918年にアルファ・ロメオとなる

ダラック・イタリアーナ社が製作したダラック。2気筒1.5ℓ

- フェルディナント・ポルシェがアウストロ・ダイムラーの技術主任に就任
- イギリスでオースティン社が設立される
- AFC（フランス自動車クラブ）グランプリ開催。グランプリと名乗った世界初のレース。

優勝はルノーだった

初のグランプリレースで優勝したルノー90CV

ACFグランプリでスタートラインへ向かうルノー

- 第1回タルガ・フローリオ開催。シチリアの有力者であったヴィンツェンツォ・フローリオの主催によるシチリア観光イベント「シチリアの春」の一環として開催された。1周92.25マイル（約148.5km）を3周するこのレースには10台が出走。優勝はカーニョがドライブしたイターラで、平均速度は29.06mph（約46.7km/h）

Column
大阪で日本初の自動車税を徴収へ

大阪府が新しく自動車税を設定し、府特別雑種税として自動車に課税することを決めた。最も高額なものは、1種と呼ばれる5人乗り以上（運転手は除外）の貨物専用車（積載量1000ポンド以上）で、自家用が年額80円、営業用が60円。それまでは大阪や東京を含め、各府県とも自動車に対する税金は自転車と同じで、年額3円を課税していただけだった。

02章／自動車普及を加速させたフランス

03章

T型登場と大衆車の時代

1907年

1928年

1906年に初めてグランプリレースが開催され、翌年には
イギリスにサーキットが完成し、モータースポーツを舞台として
自動車の技術が急速に高まっていった。
まだまだ、自動車は一部の富裕層だけのものだったが、
1908年にアメリカのヘンリー・フォードが庶民のためのクルマとして
モデルTを発表。自動車の大衆化が始まろうとしていた。

明治40年

1907年
世界初のサーキット、ブルックランズ完成

イギリスに超高速サーキット、テストコースが完成、
大小2つのバンクを備える。

　この年、世界で初めての自動車用常設サーキットであるブルックランズが完成した。

　赤旗法がなくなってからというもの、それまで自動車後進国であったイギリスでも車の開発が盛んに行われるようになった。

　20世紀に入って間もなく、イギリスの自動車産業が大きく発展するためには高速走行ができる場所が不可欠と考えた人物がいた。それは富豪のヒュー・ロック-キングで、自身がロンドン西方20マイルほどのウェイブリッジに所有する領地に、私財を投じて高速テストコースの建設を計画した。それは主として大小二つのバンク付きコーナーを広い直線で繋いだ楕円形コースであった。

　工事は1906年10月に始まり、翌年6月17日に完成、ブルックランズと名付けられ、こけら落としのレースが行われた。1909年3月には自動車試験場らしくコース脇の丘の斜面を使って、"テストヒル"と名付けられた登坂テスト場も併設された。さらに1937年には、メンバーズ・バンキングと呼ばれる小さい方のバンクだけを使い、インフィールドにコースを新設して、キャンベル・サーキットと名付けられた全長2.25マイルの新コースが誕生した。

1930年代中頃の様子

大きなバンクがこのコースの特徴だ

世界のうごき
□足尾銅山騒動
□新宿中村屋開業
□三国協商成立

Column
アラビアのローレンスとロールス・ロイス

レースがクルマにとって開発の場となり、足早にクルマは熟成されていったが、まだまだ、信頼性には疑問符が打たれていた。庶民には遠い存在であり、若い貴族や大金持ちの趣味物から抜け出せないでいた。だが、1907年に発表された、ロールス・ロイス40-50HPシルヴァー・ゴーストは、充分以上の余裕を持たせた設計と選び抜かれた素材、入念きわまる工作によって高い信頼性を獲得した。

シルヴァー・ゴーストには、こんな逸話が残されている。

トーマス・エドワード・ローレンス（1888〜1935年）。すなわち映画『アラビアのロレンス』の主人公にもなったこの歴史的人物は、ともすれば軍人としての活躍だけが取り上げられるが、実はオックスフォード大学で考古学を修めた学者で、早くから英才の誉れ高かった。1910年から14年にかけて大英博物館の探検隊の一員としてメソポタミア、シリアなどを探査、オリエント文化に対する深い関心を抱く。

第一次大戦が始まると、英国陸軍情報将校として、ドイツに与して参戦したトルコの後方攪乱の任務に就く。そこで当時強大なトルコの支配下にあったアラブ諸国の反乱を助け、その独立運動を献身的に指導して、アラブの信望を一身に集めた。この頃のアラブ奇襲隊長としての活躍を描いたのが、映画『アラビアのロレンス』である。

戦後、大佐に昇進してからは、ウィンストン・チャーチル植民相の下でアラブ関係顧問となり、かつての盟友ファイサルをイラク国王にするなど、アラブの独立に努めた。しかしイギリスの戦後処理が、結局は植民地をふやそうとする帝国主義的方向にあることに不満を抱き、辞任した。その後はまずロス、次いでT.E.ショーという偽名を使い、一兵士として戦車隊や空軍に勤務したが、1935年に除隊、帰国後交通事故で急逝した。まさに英国魂に貫かれた、波乱万丈の47年の生涯であった。

そうしたトーマス・エドワード・ローレンスは、大の車好き、モーターサイクル好きとして

ロールス・ロイス・シルヴァー・ゴースト

も知られた。彼が愛したモーターサイクルは、"The Rolls-Royce of motorcycles"といわれるブラフ・シューペリアSS100で、彼が命を落としたのもそれに乗っている時であった。

ローレンスが愛した自動車は、ロールス・ロイス・シルヴァー・ゴーストであった。といっても彼が自らそのオーナーであったかどうかはわからないが、とにかくアラブ時代の彼はシルヴァー・ゴーストを愛し、それに絶対的な信頼を寄せていた。第一次大戦が勃発すると、イギリスは兵員とともに多くの自動車を西部戦線に送り込んだ。たとえば1300台のロンドン・バスが兵員輸送のために大陸へ送られたし、バスの中には装甲自動車に改造されたものもあった。初期の装甲自動車には、普通の乗用車に軽い装甲を施したものが多かったが、それらの中で傑出していたのが、R－Rシルヴァー・ゴーストをベースとしたものであった。

いつ、いかなる時にも故障して立往生することなく、けっして朽ち果てないよう造られたシルヴァー・ゴーストは、それゆえに苛酷な条件下で使用する軍用車としての資質を備えていた。だから、戦争が始まると、エレガントなボディを着せられるはずだったシャシーには、簡潔な指揮官車用のオープンボディや、病院車、装甲車、果てはトラックの荷台までが載せられ、前線へ送られた。アラブ時代のローレンスが乗り回したのは、そうした指揮官車の1台であった。彼が活躍した砂漠では、何らかの理由で車が立往生すれば、即、死を意味した。灼熱の砂漠を果てしなく走り続けるその車に強い感銘を受けたローレンスは、ある時「今欲しいものは？」と問われると、「ロールス・ロイス・シルヴァー・ゴースト、それに一生走るだけのタイヤをつけて……」と答えたという。

(CG掲載 人間自動車史より引用)

自動車クロニクル

明治40年 # 1907年

世界初のサーキット、ブルックランズ完成

Column
ブックランズと日本人

1907年6月17日、ブルックランズのオープニングイベントに行われたレースのひとつに"30マイル・モンタギュー・カップ"があった。このレースでは、フィアットに乗る大倉喜七郎という25歳の日本人青年が2位に入賞するという快挙を成し遂げている。

大倉青年は大倉組の創始者である大倉喜八郎男爵の子息で、1900（明治33）年から7年間にわたって英国に留学し、ケンブリッジ大学で経済学や法律学、工学などを学んでいた。

大学の寮でドイツ人の留学生から日本には自動車などないだろうと言われたことで奮起し、自らフィアットACFグランプリ・ウィニングカーの同型車を買い込んで練習に励みレースに参戦した。メインレースのルノー記念レースでは1ヒート目にリタイアに終わったが、モンターギュ・カップでは2位入賞を果たした。大倉喜七郎の名は日本人初のレーシングドライバーとして記録されている。

大倉喜七郎とフィアット

Episode
日本初のガソリン車タクリー号が完成

1907（明治40）年、純国産初のガソリン車で、また国産で初めて実用化されたガソリン乗用車が誕生した。これは自動車好きで知られる有栖川宮威仁親王の依頼によって、内山駒之助が1906年に初頭に開発に着手、1年以上の苦心のすえに完成させたものだ。

有栖川宮家が所有していたダラックを手本に製作し、エンジンは、後述する吉田眞太郎がアメリカから持ち帰ったものを参考（模倣）にした水冷式の水平2気筒の1837cc（101.6×113.3mm）で、12hpを発生した。当時の悪路を、ガタクリ、ガタクリと走ったことから、タクリー号というニックネームを与えられた。翌1908年にかけて10台が作られ、1号車は有栖川宮家に納入された。

タクリー号が誕生するに至った背景には、双輪商会の名で自転車輸入商を営んでいた吉田信太郎の存在が大きい。1902年、自転車を仕入れるため渡米した吉田はニューヨークで第3回モーターショーを見学、日本にも自動車時代が来るとして、ガソリンエンジンやトランスミッション、アクスルなどの部品を購入して帰国した。その後、2輪車と3輪乗用車を輸入販売するためにオートモビル商会を設立し、自動車の修理も開始した。

内山駒之助はウラジオストックで機械技術を学び、自動車の運転や修理の技を得て、吉田信太郎が経営する自動車修理工場を見て協力することになる。内山は吉田がアメリカから持ち帰った部品を使って、1902年に第1号車を完成させた。これが日本初のガソリン自動車だ。第2号車は車体をバス用に設計し、広島で使われた。3番目に手掛けたのがタクリー号だ。

タクリー号

Events
出来事 1907

- フィアットが株式会社に改組し、アニエッリ一族の同族会社となる
- ポンティアックの前身、オークランド・モーターカー・カンパニーが設立される。ミシガン州ポンティアックの馬車メーカー、エドワード・M・マーフィーが設立。1926年にポンティアックとなった
- ウォルター・クリスティ、1万9618ccのV4横置き前輪駆動車でフランスGPに初出場。アメリカ車として初めてグランプリレースに出場
- 発動機製造（現：ダイハツ工業）設立
- マン島で2輪のTTレースが初開催。現在まで続く

自動車クロニクル　57

明治41年

1908年

フォードがモデルTを発売

アメリカで庶民のために
自動車造りが始まった。

　ヘンリー・フォードは、1908年に簡潔な構造の大衆車モデルTフォードを生み、その後、流れ作業を採用して極端に生産性を高め、自動車の製造に革命を起こした。だが、もし彼がいなかったとしても、遅かれ早かれ、誰かが流れ作業による自動車の大量生産に着手したことはまちがいない。だから、ヘンリー・フォードがアメリカの大衆を自動車に乗せたというのは、アメリカ人一流の

T型がアメリカ大陸を狭くした

誇張した言い方というべきだろう。
　広大な未開の大陸を、初めから文明を持った人々が開拓し、広く分散して住んだアメリカでは、まず馬や馬車が必要最低限の交通機関として用いられた。そしてすべてにわたる社会の近代化に伴って、それが自動車に置き換えられるのは必然であっ

た。だから、自動車が初め王侯貴族の玩具とされたヨーロッパ諸国とは異なり、この国には初めから自動車が大衆の必要不可欠な足として普及

Column
イージードライブを可能にしたT型フォード

　ヘンリー・フォードは、T型を誰にでも運転しやすいように設計した。その好例が変速機だ。当時の変速機はもちろんノンシンクロの平ギアで、クラッチもコーン式であったから、女性や老人にとっては運転がおっくうに感じられていた。これを解決するため、T型ではフォードの独自開発による、現代のオートマチックに似た2段遊星ギアを使ったトランスミッションが採用された。三つのペダルを踏み換えるだけで前進2段、後退1段が可能で、これによって面倒なギアチェンジが簡素化されたのだった。
　1909年ごろまでに造られた最初の1000台だけは、過渡期的な2本のレバーと2個のペダルを使う方式だったが、3ペダル方式が発売されて間もない1909年4月には3カ月分の生産量を受注し、7月まで受注を中止するほどの人気となった。

モデルTとヘンリー・フォード

世界のうごき

- 日本から第1回目のブラジル移民
- 青函連絡船就航
- 池田菊苗が「味の素」を発明

する素地があったのだ。その上、この国には自動車を玩具として専有できるような貴族の制度はなかったし、反面その国土はきわめて豊富な資源を持ち、石油さえ潤沢に産したのである。だから、ヘンリー・フォードが自動車を普及させたとするのは、誤りではないまでも、正鵠を射る論とはいえまい。

そうはいいながら、もし、この世にヘンリー・フォードがいなかったなら、あるいは彼が自動車界に身を投じていなかったなら、アメリカにおける自動車の普及はもう少し遅れたであろうし、また日本を含めた世界のモータリゼーションも少々異なった様想を呈していたかも知れない。とにかく、1908年から1927年までの19年間に生産されたモデルTフォードは、合計1500万7033台にも達し、ある時点では地球上を走る自動車の1/3がフォードだったのだ。モデルTフォードは、アメリカのみならず、全世界の自動車社会を形作る要素になっていたのである。

（CG掲載 人間自動車史より引用）

> **Column**
> **自動車遠征隊**
>
> 1908（明治41）年8月1日、有栖川宮の車であったダラックを先頭に、3台のタクリー号など、11台が隊列を組み、都心を出発して甲州街道を立川までのドライブ会が行われた（当時の新聞では「自動車遠征隊」と記されている）。谷保天満宮の梅林で昼食会が催され、いまも記念碑が残されている。日本で初めてのドライブ会だったとの説がある。

> **Column**
> **T型フォードと高級鋼鉄材**
>
> フォード・モデルTは安価な大衆車であったが、決して"安かろう悪かろう"という粗悪なものではなかった。簡潔に要領よくまとめられた優れた設計が施され、無駄なものは一切備えないが、その代わり品質を向上させるためには、高価な材料であっても惜しみなく使われた。
>
> 主要部分には、その頃イギリスで発明されたばかりの、バナジウム鋼が使われていた。通常のスチールと比べ、3倍の抗張力を持ちながら、耐摩耗性、耐食性を備え、高速の切削加工が可能なバナジウム鋼を採用したことで、高い信頼性と生産性を両立することができた。
>
> フォード・モーター・カンパニーで、バナジウム鋼を担当したのが技術者のチャイルド・ハロルド・ウィルズだ。彼はモリブデン鋼の自動車への応用にも先鞭をつけた。1919年にフォードを去ったウィルズは、翌20年に自らの名を冠したウィルズ・セントクレア車を生んだが、27年に生産中止。その後、1933年にクライスラーの冶金のチーフとなった。

自動車クロニクル

明治42年 **1909**年

世界のうごき
□伊藤博文暗殺
□マリネッティ『未来派宣言』
□山手線が運転開始

ブガッティ・タイプ13発表

大きく重い車を簡単に抜き去った小さく軽い車。
後に歴史的ブランドへと成長するブガッティの最初の生産車だ。

　イタリア人のエットーレ・ブガッティは、フランスとドイツの国境に近いアルザスはモールスハイムで、自らの名を冠した車の製作を開始した。その第1号となったのがタイプ13だ。タイプ13は1300ccの4気筒を搭載した小型車だったが、レースで大活躍し、大きな衝撃をもたらした。

　1910年頃になると、巨大なエンジンを搭載したモンスターを敵に回しながら、小さな車が勝利を収めるようになった。その代表格がブガッティのタイプ13だった。1911年にルマンで開催されたフランス・グランプリでは、1万ccのエンジンを搭載したフィアットS61が優勝したが、2位になったのはたった1300ccしかないブガッティT13であった。

ブガッティT13ブレシア

Events
出来事 1909

●ルイ・ルノーがデトロイトの工場でシボレー6気筒車の製作に着手。ルノーは著名なレーシングドライバーでもあった
●フランスのド・ディオン・ブートンが、モデルCLで史上初めてV8エンジンを生産化
●ゼネラル・モータース・カンパニーにキャデラックが参加
●日本で初めてのオートバイNS号完成。大阪の島津楢蔵が自身のイニシャルをつけたNS号だが、市販されるようになるのは大正に入ってから
●ダンロップ（極東）ゴム会社がタイヤ類の製造を開始
●スズキ織機製作所（現：スズキ）設立
●ブリッツェン・ベンツ（独）に乗る仏ヴィクトール・エメリーが、ブルックランズで202.691km/hを達成、初めて200km/hを超える

●インディアナポリス・スピードウェイ完成。500マイルレースは11年から開催される
●仏ルイ・ブレリオ、ドーバー海峡を飛行機で初横断。距離36kmを32分（平均速度67.5km/h）で飛行
●フェルディナント・ポルシェが、自身にとって初となる航空エンジンを製作。6気筒100ps

明治43年

1910年

世界のうごき
□大逆事件
□メキシコ革命
□柳田国男『遠野物語』

A.L.F.A.誕生

現在のアルファ・ロメオの前身となるA.L.F.A.が
ミラノで設立された。

フランスの自動車会社であるダラックは、1906年にミラノ郊外にダラック・イタリアーナ社を設立し、ここで自動車の組み立て生産を行っていたが、間もなくフランスの国内自動車不況の影響を受けてミラノでの事業も業績不振に陥ってしまった。この状況を知ったミラノ在住の企業家集団が、1910年1月に同社の施設を買収。6月にA.L.F.A.（Anonima Lombarda Fabbrica Automobili：ロンバルダ自動車製造株式会社）と社名を変更した。第一次大戦が始まった1915年には、同社の最大株主であった銀行によって、手広く工業を手掛けていた技術者で起業家のニコラ・ロメオに譲渡された。

初の生産車は、ジュゼッペ・メロージが設計した24HPで、4気筒サイドバルブの4ℓエンジンを搭載したモデルで、翌年からレースへの参加を始めた。

Events
出来事 1910

- MG設立。Morris Garagesはモーリス車の主要ディーラーであった
- ニューヨークでエバー・レディ電気会社製のオートペッドが発売、史上初のスクーターとなる。155ccの4ストロークエンジンを搭載。ドイツのクルップ、イギリスのインペリア・モーター、チェコCASなどでライセンス生産される
- デトロイトにガソリンスタンド登場
- 日本初のオートバイレースが上野で開催
- 東京瓦斯工業（東京瓦斯電気工業、いすゞ自動車、日野自動車工業の前身）設立
- 鮎川義介が戸畑鋳物（株）を設立
- ドイツで行われたプリンツ・ハインリッヒ・トライアルでアウストロ・ダイムラーが1-2-3位を独占。優勝はポルシェ博士が運転した4気筒SOHCエンジン搭載車で平均速度は140km/h
- フランスのモランがブレリオ単葉機で106.5km/h記録、飛行機の速度がようやく100km/hを超えた。

Episode
日本自動車倶楽部発足

日本でも次第にクルマが増えてきたことで、自動車所有者の団体を結成しようとの機運が高まり、イギリス留学から帰国した大倉喜七郎を中心にして日本自動車倶楽部が発足。会長には大隈重信伯爵が就任した。オーナードライバーの団体であると同時に、当時の上流階級の社交団体でもあった。この年、日本の自動車保有台数は121台になった。

Episode
東京発下関

歌舞伎俳優の市村羽左衛門が、東京銀座の自動車販売店、山口勝蔵商店のアーガイル号で、東京から下関までの長距離ドライブを敢行した。運転したのは山口勝蔵商店の小池運転手だった。東海道から山陽道まで、ドライブが目的で走ったのは、これが最初だったといわれる。

自動車クロニクル

明治44年 **1911**年

世界のうごき
□ 辛亥革命
□ アムンゼンが南極点に到達
□ 帝国劇場開場

日本に本格的自動車産業が芽生える

　エンジニアの橋本増治郎は、東京・麻布に「快進社自働車工場」を興し、輸入車のサービス業務の傍ら、独自の設計による乗用車の試作を始めた。

　山羽虎夫の山羽式蒸気自動車、吉田信太郎／内山駒之助のタクリー号以降も、多くの日本人が自動車の製作に挑んだ。だが、各種の金属材料やタイヤ、電機製品などの基礎産業力が発達しておらず、クルマを求める市場が育っていなかった当時の日本では、どれも成功するには至らなかった。それに加えて、クルマの開発と生産を行うために必要な資金力を持つ企業家が参加していないことが致命的だった。

　アメリカで機械工学を学んだ橋本増治郎が、1911（明治44）年に東京府下渋谷町大字麻布広尾88番地に設立した「快進社自働車工場」には、九州炭礦汽船の田建次郎、青山録郎、竹内明太郎の3人の重役が後ろ盾としてついていた。同社は、1914（大正3）年に純国産の乗用車を完成させるが、その名称は3人のイニシャルを綴ってDATと命名された。

1916年のDAT

Events
出来事 1911

● ダイムラーが"スリーポインテッド・スター"の商標権を許可される（1909年に申請済）
● アウストロ・ダイムラーがチェコのシュコダ男爵の支配下に入る
● T型フォードの量産が本格的に開始、この年に3万5000台生産、全米の自動車生産21万台の約16％をT型が占める（5万4000台とする資料もあるが、これでは25.7％となる！）
● フォードにセルデン・パテント（内燃機関をもつ自動車そのものの構想）の侵害はなかったとの判決が下り、それを祝って英でノックダウン生産開始（イギリス・フォード設立）。1903年にセルデン・パテントの侵害で訴えられたが、特許は有効なものの、2ストロークエンジン車に限り、4ストロークエンジン車は侵害していないと勝訴
● インディアナポリス500マイルレース始まる。出場台数は46台、優勝はマーモン・ワスプを駆ったレイ・ハルーン
● 実業家のW.デュラントと、レーシングドライバーのルイ・シボレーによって、シボレー社が設立される
● 川崎競馬場において、4月29〜30日に、自動車（リーガル14HP）と米曲芸飛行家マースの航空機とが競争、競馬場一周で1/3リードした飛行機が勝つ
● 5月2日に川崎競馬場でリベンジレースが行われる。大倉喜七郎がブルックランズで走ったフィアットを持ち込み、2マイルの競争で飛行機に12秒差で勝利
● モンテカルロ・ラリー初開催

明治45年／大正元年

1912年
キャデラックがセルフスターターを搭載

黎明期の自動車では、エンジンの始動は
怪我を負うかもしれない危険な作業だった。

現在のクルマは、スタータースイッチのキーを捻るか、ボタンを押せばエンジンが掛かる。だが、この便利な装置が発明される以前は、クルマの先端についたクランク棒を人が手で回さなければエンジンは掛からなかった。それは力のいる、危険を伴う仕事だった。セルフスターターの発明の陰にはエンジンのスタートに失敗して、命を落とした人物の不幸な話がある。

1910年の夏のある夕方、キャデラックの社長であったリーランドは無二の親友であるバイロン・T・カーターの来訪を待っていた。しかしカーターはついに訪れなかった。途次、デトロイトのヘル・アイル・ブリッジ上で、エンストで立ち往生している女性運転の車を再スタートさせてやろうとクランクしたカーターは、おきまりの"けっちん"を食らい、不運にも顎の骨を砕かれてしまったのだ。すぐ病院にかつぎ込まれたが、それがもとで、カーターは間もなく他界した。

親友の死を知らされたリーランドは、クランク式始動装置という不完全きわまりない機構に怒り、キャデラックの全エンジニアに自動式始動装置、即ちセルフスターターの開発を命じた。

そして1910年型キャデラックが採用した完璧なコイル（バッテリー）イグニッションを開発した新進発明家、チャールズ・フランクリン・ケッタリング（1876～1958年）にも依頼した。厄介で危険を伴うクランキングを廃止しようとする考えは古くからあり、中にはゼンマイに貯えたパワーで始動させようとするものまであった。電気モーター以前に普及したのは圧縮空気式だった。電気モーターによる始動装置の試みも、歴史的にみればけっして新しいものではないが、いずれも不完全で、クランキングが最上の方法であることを立証したにすぎなかった。

ケッタリングの研究

しかし、ケッタリングには自信があった。彼が発明家としての道を歩み始めたのは、1904年の夏に大学の教授の推薦でNCR（ナショナル金銭登録機）に入社した時であったが、そこでの彼の最初の仕事は、金銭登録機用の小型で強力なモーターを開発することであった。見事それをやってのけた彼には、電気モーターの

明治45年／大正元年

1912年

キャデラックがセルフスターターを搭載

セルフスターターを作る自信があったのだ。しかし専門家達は、キャデラックのエンジンを始動させるには、少なくとも5馬力の電気モーターが必要で、当時の技術ではエンジン本体と同じくらいの大きさになってしまうだろうと推定していた。

しかしケッタリングは、5馬力はごく短時間だけ出ればよいので、トルクさえ強ければ小型のモーターでも可能だと考えた。なぜなら、人間の出力は0.7馬力にすぎないというのに、キャディラックのエンジンをクランキングで掛けられるのだから。要は瞬発力だ。こう確信した彼は、僅か数週間で電気式のクランキング装置を作り上げた。それはまだ日常の使用に適さない不完全なものではあったが、少なくとも小型モーターでもクランクシャフトを回せることを立証するには充分であった。

ケッタリングのセルフスターターはしだいに完成に近づいていった。そのニュースは1910年の末にはリーランドの耳にも届いた。1912年型のキャデラックにセルフスターターを備えたいと考えていたリーランドは、1911年の4月までにそれを完成させよと、ケッタリングに命じた。ケッタリングは夜を日に継いで生産型への応用に取り組み、試作車ができるたびに小型になっていった。

1911年2月17日、ついにケッタリングのセルフスターターは、リーランドのテストを受ける準備が整った。結果は見事合格で、リーランドはその場で1912年分として1万2000基のセルフスターターをケッタリングに発注した。自らは工場を持っていなかったケッタリングは、止むなくすべての物を抵当に入れてオハイオ州デイトンに2万8800㎡の工場を借り、自ら製造に着手した。

ボタンを押すだけでエンジンを始動できるようになった

指先ひとつで始動

もっとも、1912年型キャディラックに採用された電気式セルフスターターは、まだのちの機構のように電気モーターのピニオンが飛び込んでフライホイール外周のリンクギアと噛み合ってドライブし、エンジンがスタートすると外れて、モーターが止まる、といった凝ったものではなかった。ひと口にいえば、それは

世界のうごき

- タイタニック号沈没
- 清朝滅亡
- 明治天皇崩御

ダイナスターターで、クランクシャフトの先端に直結されており、スターターとしては24Vのモーターとなってエンジンを始動させるが、エンジンが掛かると配線を逆転して6Vのジェネレーターとなり、バッテリーに充電するというものであった。したがって6Vと24Vの複雑な切り換え装置と、湿式の6Vと乾式の24Vの2個のバッテリーを必要とした。

しかし、このキャデラックのセルフスターターによって、エンジンは初めて指先ひとつで始動するようになり、"けっちん"による大怪我の危険性は取り除かれ、自動車は腕っぷしの強い男性だけの専用物ではなくなったのである。キャデラックは、この電気モーター式セルフスターターの採用によって、翌1913年に2度目のRACディウォートロフィーを受賞する。　　（CG掲載 人間自動車史より引用）

1912年キャデラック

Episode
東京でタクシーの営業が始まる

大正元年8月5日、日本初のタクシーが銀座を走った。数寄屋橋の「タクシー自働車株式会社」が6台のT型フォードで営業開始。料金メーターや割引チケット制度を導入するなど、当時としては画期的だった。料金は最初の1マイル（約1.6km）が60銭、そのあと半マイルごとに10銭だった。ちなみに当時の山手線の一区間は5銭、市電は4銭だった。9年後の1921（大正10）年には、第一次大戦による好況で1205台まで増えた。

Events
出来事　1912

- フランスGPで、史上初めてDOHCエンジンを搭載したプジョーが優勝。ドライバーはジョルジュ・ボワロ

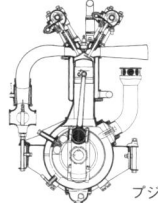

プジョーのDOHCエンジン

- ポルシェが水平対向エンジンを完成
- アメリカのオークランドとハップモビルが、オープンボディに全鋼板製ボディを採用。開発したのはエドワード・ゴーワン・バッド
- 明治から大正に元号が変わる
- 日本の自動車保有台数は521台
- 皇室が自動車の使用を開始。大正天皇即位のパレードにも使用した
- 日本の陸軍大阪砲兵工廠で軍用トラック（乙号）4台完成

自動車クロニクル

大正2〜10年

1913 〜 1921年

トピックス

大正2年 1913年

世界のうごき
- ストラヴィンスキー『春の祭典』初演
- プルースト『失われた時を求めて』
- 北日本大凶作

出来事 1913
- フォードが、ベルトコンベア方式をハイランドパークの新工場に設置し、マグネトーの組み立て作業に導入し、作業効率の大幅な向上を遂げた
- フォード・モデルTが日産1000台を突破
- バムフォード＆マーティン有限会社が、ライオネル・マーティンとロバート・バムフォードによって設立される。アストン・マーティンの前身。チャーン・ウッド卿の資金援助を受けるが1925年倒産し、改組
- イギリスでモーリス社が設立される
- 国産の2輪車であるアサヒ号を宮田製作所が完成
- サンビーム社のルイ・コータレンが設計した"トゥードルスV"が、ブルックランズで1マイルフライング速度記録に挑み、194.3km/hを記録。エンジンは飛行船用のV型12気筒9000cc、47.6hp。ブルックランズで英記録を次々破る。この頃から飛行エンジン搭載車での速度記録が一般的になった
- フランスのモーリス・プレヴォーがランスのゴードン・ベネット杯飛行レースにおいて、ドペルデュッサン単葉機を操縦して初めて200km/hを超え、200.4km/hを記録。飛行機は3年で速度が2倍になったが、まだクルマのほうが少し速かった
- ベベ・プジョー発表。エットーレ・ブガッティが設計した超小型車で、シトロエン5CVが登場する以前のフランスで最も成功した小型大衆車となり、1913〜16年に3095台が生産された。ホイールベースが1.8mの2座オープンで、855ccのTヘッド直列4気筒エンジンを搭載

ベベ・プジョー

Column
ルドルフ・ディーゼル死去

ディーゼル・エンジンの開発者（1858年生）。イギリスに商談に行くためにフェリーで英海峡を渡る際に失踪した。軍事的に重要と考えられていたディーゼル・エンジンのノウハウがイギリスに渡ることを危惧したドイツ諜報機関による犯行と噂されたが、真相は不明だ。

大正3年 1914年

世界のうごき
- 第一次世界大戦勃発
- 東京駅開業
- シーメンス事件

出来事 1914
- A.L.F.A.が改組されてニコラ・ロメオ技師会社となり、アルファ・ロメオ・ブランドが誕生。1933年に世界大恐慌の影響による経営難と政治的な思惑からイタリア産業復興公社（IRI）の支配下に入り、事実上の国営企業となる
- マルヌの開戦でルノー40CVのタクシーが活躍し、クルマの機動力が戦争で発揮された。兵士の移動手段に困った軍が、パリ市街のタクシーを集めて前線への兵士輸送に使用し、これが功を奏してフランス軍が勝利した

- ホーレスとジョンのダッジ兄弟によって、ダッジ車の生産が始まる

- キャデラックがV8エンジン搭載車を発売。1915年型キャデラック51に搭載された最初のV8エンジンは、量産車としては世界初。排気量5150ccで70hp／2400rpmを発生
- デトロイトに停止信号が登場
- 大正博覧会において、快進社自動車工場製作のダット号が発表される
- 第一次大戦直前のフランスGPでメルセデスがプジョーを抑えて1、2、3位を独占

大正4年 **1915年**

世界のうごき

- グリフィス『国民の創成』
- 対華21ヵ条要求
- 「割烹着」が考案される

出来事 1915

- フォード・モデルTが1914年8月から1915年8月の1年間に30万台を生産（月産平均：2万5000台）し、累計100万台を突破
- パッカードがV型12気筒エンジン搭載の"ツインシックス"を発売。アメリカ高級ブランドの多気筒化が始まる

パッカード・ツインシックス

- キャデラックがヘッドライトにチルトビームを採用
- トリコ社のジョン・F・オイシエによってワイパーが考案される（1915年頃）
- ダイムラー社が航空エンジンにスーパーチャージャー装着の研究を始める（1915年頃）
- 梁瀬商会（現：ヤナセ）設立。外国車シャシーにボディの製造架装を開始
- タイヤの強度を高めるため、黒いカーボンが使われ始める

大正5年 **1916年**

世界のうごき

- ベルリンオリンピックが中止に
- 吉野作造が「民本主義」を主張
- ソシュール『一般言語学講義』

出来事 1916

- アメリカ車に手動ワイパー、ストップランプ、バックミラーが標準で普及し始める
- 世界初のスチール製ボディの量産車をダッジが生産
- イギリス軍がデイムラー製"タンク"（戦車）をフランス西部戦線に初めて投入。5.95km/h
- フランス・フォード設立
- フォードがフォードソン・トラクターを発売
- ナッシュ・モータース・カンパニー設立。チャールズ・W・ナッシュがGMを去って、トーマス・B・ジェファリー社を買収して設立した
- 東京石川島造船所（現：いすゞ自動車）、東京瓦斯電気工業、自動車製作を計画
- 橋本増次郎の快進社自動車工場が前年のダット31型に続き、その発展型のダット41型を完成。直列4気筒15馬力エンジン。市販化が可能な水準に達する
- 大阪で最初の「オート3輪」誕生。中島商会製のヤマータ号。エンジンは輸入品で1輪の後輪を駆動。前に荷台

自動車クロニクル

大正2～10年　**1913 ～ 1921年**

トピックス

大正6年 **1917年**

世界のうごき
□ ロシア革命
□ 芥川龍之介『羅生門』
□ 『主婦之友』創刊

出来事 1917
- 元キャディラック社長のヘンリー・マーチン・リーランドが、リンカーン・モーター・カンパニー設立
- 浜松の練兵場で米曲芸飛行家アート・スミスの飛行ショーが行われる。本田宗一郎少年も見にいった
- 東京自動車学校に女性が2名入学。そのうち一人がハイヤー運転手になる。日本初の女性運転手が誕生

Episode
三菱が乗用車を完成

自社内の内燃機工場でガソリン自動車の製作を進めていた三菱造船神戸造船所は、1917（大正6）年に三菱としては初となるガソリン乗用車のA型を完成した。白紙からの開発ではなく、1913年発売のフィアットをモデルとしていた。三菱A型のエンジンはサイドバルブ4気筒の2765cc（79.3×139.7mm）ユニットで、35hpを発生した。ホイールベースは9フィート（2743mm）、トレッドが7フィート8インチ（1432mm）で、ボディは箱型と幌型の2種があり、ともに7人乗りであった。

その後、1920年に三菱造船から分離独立した三菱内燃機製造が自動車関係事業を引き継ぎ、A型の生産も行ったが、同社が航空機製作に集中することになったため、1922年にA型の生産は終了した。輸入車を相手にしては、事業として成立しなかったといわれ、この間に生産されたA型の累計台数は約30台程度であった。

Episode
ヨコハマ・タイヤ誕生

横濱電線製造株式会社（現在の古河電気工業）と、アメリカのBFグッドリッチ社との共同出資で、神奈川県横浜市に「横濱護謨製造株式会社」が設立される。タイヤやチューブほか自動車用のゴム製品の製造にあたる。19年には横浜市に平沼工場を、29年には同鶴見区に横浜工場を建設。37年にタイヤ、工業品の商標を「ヨコハマ」と改称。

Column
ポルシェとスポーツカー

フェルディナント・ポルシェが、オーストリアのウィーンに本拠を置くアウストロ・ダイムラー社の総支配人に就任した。ポルシェは1910年に、現代のスポーツカーの元祖の1台とされるクルマを造っている。自動車の黎明期には乗用車とコンペティションカーの区別はなく、どんなクルマでもレースに使われてきた。だが、次第に速く走ることだけに専門化されていくと、一般人の手に余る"化け物"となった。そこで望まれたのが、日常の足としても使え、かつ手軽にレースやラリーが楽しめるクルマだ。ポルシェはこの要求に沿ったかのようなクルマを完成。その年のプリンツ・ハインリッヒ・トライアルに出場し、見事優勝を果たした。その後、続々と登場するスポーツカーの芽生えだったのだ。

優勝したアウストロ・ダイムラー27/80HP

1918年 大正7年

世界のうごき
□ 米騒動
□ シベリア出兵
□ スペイン風邪大流行

出来事 1918
- 東京石川島造船所（現：いすゞ自動車）が、イギリスのウーズレー社と技術提携
- 4輪油圧ブレーキが開発される。ロッキード社のマルコム・ロッグヘッドが開発
- シボレーがゼネラル・モーターズに加入
- 日本が軍用自動車補助法公布
- 東京瓦斯電気工業（英名略称：T.G.E.）が初めて完成させたトラックのT.G.E.トラックは、軍用保護自動車第1号となった。同社は1931（昭和6）年から車の名称を「ちよだ」と改め、1937（昭和12）年まで軍用保護自動車を生産した
- 日本国内の自動車保有台数が4533台に
- 東京に日本初のガソリンスタンド誕生

1919年 大正8年

世界のうごき
□ ヴェルサイユ条約締結
□ 三一運動、五四運動
□ アメリカで禁酒法成立

出来事 1919
- ウォルター・オーウェン・ベントレーがベントレー社を創立。1号車を完成
- アンドレ・シトロエンがシトロエン社を創立。1号車完成
- イギリスでアルヴィス社が設立される
- イギリスのABC社が2輪車、"スクータモタ（Skootamota）"を発売。これがスクーターの語源となった。エンジンは125ccの4ストローク
- フォードT型の年間生産台数が75万台を記録。これは全米の自動車生産台数の1/3以上にあたる

- ヘンリー・フォードに代わり、息子のエドセル・ブレイアント・フォードがフォード・モーター・カンパニーの社長に就任
- デトロイトで世界初の3色の交通信号の供用が始まる
- アメリカのウェストコット車が前後にバンパーを標準装備
- イギリスのACがディスク・ブレーキを試みる
- 東京市街自動車会社が、輸入車100台によって市内バスの営業開始。のちに「青バス」の名で庶民に親しまれる
- 実用自動車製造創立。ゴルハム式3輪自動車製造開始、翌年に完成
- 東京・上野に日本で初めての交通信号が設置される
- 飛行機による大西洋横断成功。イギリスのオールコックとブラウンが、ヴィッカース・ヴィミー爆撃機を改造した機体で、ニューファウンドランド～アイルランド間の約3000kmを16.5時間で飛行、平均速度は180km/h

1920年 大正9年

世界のうごき
□ 国際連盟創設
□ 第1回国勢調査実施
□ 米大リーグ「ブラックソックス事件」

出来事 1920
- 第一次大戦後で初めてとなる自動車ショーがベルギーのブリュッセルで開催される
- アメリカでデューセンバーグ・モーターが創業。初のモデルとなったモデルAは、アメリカ初の直列8気筒エンジンと、マルコム・ロッグヘッド開発の4輪油圧ブレーキを持つ。史上初の油圧ブレーキの実用化となった
- W.C.デュラントがGMの支配権を失う
- リンカーン社設立
- 現在のマツダの前身となる、東洋コルク工業創業
- 白楊社がオートモ号の試作開始
- 東京の埋め立て地に、洲崎オートレース場開設。レースは1921年に報知新聞の主催によって初開催

自動車クロニクル

大正2～10年

1913 ~ 1921年

トピックス

大正10年
1921年

世界のうごき
- □ 原敬首相暗殺
- □ 魯迅『阿Q正伝』
- □ グッチ創業

出来事 1921
- ●フォードT型の累計生産台数が500万台を突破、全米保有台数の実に55%以上！
- ●デューセンバーグがACF（フランス）グランプリで優勝。アメリカ車として初めてのグランプリレース優勝でもあった。機械式ブレーキ全盛のなかで、ハイドローリック式ブレーキを備えていた。ドライバーはジミー・マーフィー、平均速度は125.7km/h

デューセンバーグ

- ●ドイツのルンプラーが、ベルリンモーターショーに史上初の流線型"トロップフェンワーゲン"発表。後輪独立懸架のミドシップエンジン車

トロップフェンワーゲン

- ●「実用自動車製造」が4輪ゴーハム乗用車の生産開始。従来の3輪車からのモデルチェンジ。23年までに約100台生産
- ●豊川順彌（とよかわ じゅんや）の白楊社が国産の「アレス号」の試作車を完成。空冷の780ccと、水冷1610ccの2種。これがオートモ号に繋がる

- ●東京瓦斯電気工業が"T.G.E. B型"貨物自動車を完成
- ●第1回イタリアGP開催。ブレシアで開催されたこのレースでは、ジュール・グーがバロー3Lで優勝
- ●サンビームV12が1kmフライングスピードで133.75mph（約215km/h）達成
- ●イタリアのブレシアで自動車と航空機のレースが併催された。車の部での優勝はフランツ・コネッリ（ブガッティT22）、飛行機はチェルッティの仏製アンリオHD-1戦闘機が優勝

Column
"泥よけ"装着を義務化

東京で自動車に泥よけの装着義務。自動車の普及によって、さまざまな問題が発生するようになったが、そのひとつが、雨の日にクルマが跳ね上げる泥水で、通行人に迷惑がかかることだった。当時、東京のような大都市でも道路は未舗装であったから、雨が降ると道路の至るところに水溜まりができ、クルマは泥水を跳ね上げながら走行したのだ。警視庁はこの対策として、1921（大正10）年4月1日からタイヤに"泥よけ"の装着を義務づけた。違反した場合には科料処分で罰するという強制的なもので、植物のシュロ製またはゴム製のブラシのようなものをタイヤに備えることになった。だが、その効果のほどは疑わしく、かえって泥を飛び散らせることもあり、不評だったが、10年以上もこの制度は続いた。

泥よけ

03章／T型登場と大衆車の時代

大正11年

1922年

英国の小型大衆車文化が始まる

オースティンがそれまでクルマを持つことのできなかった人たちのために、
優れた小型車の生産を始めた。

　オースティンが、1922年に小型大衆車のセヴンを世に出す以前のイギリスには、大衆が足として使うための"まともな"自動車はなかった。階級制度が強く残っていた当時、自動車はごく一部の貴族や資産家のためのもので、庶民が手に入れることができる移動手段といえば、2輪車、あるいは2輪車にサイドカーを装着したもの、よくてもサイクルカーと呼ばれる3輪や4輪の乱暴で粗末な乗り物だった。

　こうした英国庶民のクルマ事情を一変させたのが、オースティン社を率いるハーバード・オースティンだ。オースティンは1905年にウーズレー社にあって自動車製造を成し遂げた人物で、英国自動車産業の大立者と評されている。だが、ハーバード・オースティンがセヴンの計画をオースティン社の首脳陣に披露したときには懐疑的に受け取られ、当初はオースティンの個人的なプロジェクトとして設計が始まった。

　セヴンは、安価な大衆車だったが、決して簡略化することはせず、大型車並みに洗練された設計が施されていた。サイズは現在の軽自動車よりずっと小型で、ホイールベース：1905mm、トレッド：1016mmだが、大人が4人乗ることができた。驚くべきはその軽量ぶりで、最も軽量な初期のモデルでは360kg程度の車重しかなかった。エンジンは747ccのSVユニットで、10.5hpを発生したにすぎなかったが、車重が軽いゆえにこのパワーで充分だった。

オースティン・セヴンが記録的なヒット

　1922年に庶民の手に届く安い価格で発売されると、大衆はすぐさまセヴンに飛びつき、初年度に2000台が生産されるという、当時としては記録的なヒットとなった。これにより、粗野なサイクルカーは市場を失った。

　セヴンには、チャミーと呼ばれるシンプルなトゥアラーのほか、サルーン、クーペ、スポーツモデル、バ

大正11年

1922年

英国の小型大衆車文化が始まる

ンなどの豊富なボディバリエーションが用意され、1939年の生産を終えるまでにおよそ29万台が生産された。

またセヴンは海外でライセンス生産も行われ、2輪および航空機エンジンのメーカーであったBMWが自動車を手掛けることになったとき、セヴンのライセンスを取得してディキシーの名で生産した。大型車全盛のアメリカでも、アメリカン・オースティンが造られたほか、フランスでもローザンガールがライセンス生産している。

セヴンは大量生産されたことで、市場に安価な中古セヴンが出回るようになると、これらをベースにしたスペシャルが多く造られるようになり、イギリスのモータースポーツを活発にする大きな力となった。またロータスの創始者として知られるコーリン・チャプマンもセヴンをベースとして、自らトライアル用スペシャルを製作、これが記念すべきロータスMk1となった。

オースティン・セヴンが誕生した1922年は、フランスでも小型大衆車の当たり年といえ、シトロエンC型5CV（856cc2/3座）、プジョー・クアドリレット（4気筒668ccタンデム2座）が登場している。

Column
ジャガーはオースティン・セヴンから始まった？

英国のジャガーを創業したウィリアム・ライオンズも、オースティン・セヴンと深い関係があった。1922年からスワローサイドカー社の名のもとで、友人のウォムズレーとともに2輪車用サイドカーを製造していたライオンズは、1927年から自動車のボディを手掛けるようになった。商才に長けたライオンズは、英国きっての量産車であったオースティン・セヴンに注目、このシャシーに標準型セヴンとは似ても似つかない流麗なボディを架装して販売した。

セヴンの標準型サルーンと比べて高価であったが、人と違った物を持ちたい人々の購買意欲をかき立て、1932年までに3500台ほどのスワロー製ボディを架装したセヴンが造られた。ライオンズは1931年からSSの名のもとで自動車生産に乗り出すが、1935年からジャガーを名乗るようになった。ジャガーの一歩はオースティン・セヴンから始まったといえよう。

オースティン・セヴン・スワロー

世界のうごき
- ワシントン海軍軍縮条約調印
- 日本共産党結成
- アインシュタイン来日

Episode
日本で本格的にレースが始まる

報知新聞が主催して、第1回 日本自動車レースが東京・洲崎において開催された。参加したのは、屋井三郎（マーサー）、内山駒之助（チャルマー）、藤本軍次（ハドソン）、関根宗次（プレミア）の4台で、レースは2台同士のタイムトライアル形式で行われ、内山駒之助が優勝した。観衆は5万人と発表されている。このレースは大正15年までに計11回が開催された。

Episode
フルモノコック・ボディが登場

ヴィンチェンツォ・ランチア率いるランチア社が、それまでの自動車設計の常識であった、独立したフレームにボディを架装するといった構造を捨て、モノコック・ボディ構造を用いた"ラムダ"を発表した。スライディング・ピラー式の前輪独立懸架、SOHC狭角V型4気筒エンジンを採用したことも、当時の水準からは大きく進歩していた。発表は1922年、発売は1923年。

ラムダとそのモノコック・シャシー

Events
出来事 1922

- 10月にイタリアにモンザ・サーキットがオープン。これによってイタリアGPはモンザに移った。モンザ初のレースに出場したのは8台と寂しかったが、これは、フィアットが絶対的に優位だったために参加者の意欲がなくなったから。優勝したのはピエトロ・ボルディーノ、マシーンはもちろんフィアット
- フランスのジゼールが、ラック・ピニオン式ステアリングと、4輪独立懸架を初めて採用
- フォードがリンカーンを買収
- 梁瀬自動車が「ヤナセ号」完成
- 東京石川島造船が、ウーズレーとの提携によって完成させた国産乗用車、ウーズレーA9型第1号完成
- アースTTレースが開催される。44台が参加し、リー・フランシスに乗るケイ・ドンが優勝した
- ポルシェ設計のアウストロ・ダイムラー"サーシャ"が、タルガ・フローリオの1100ccクラス優勝、総合でも7位に入賞。ドライバーは後にメルセデス・ベンツのレース監督として名を馳せるアルフレート・ノイバウアー。総合優勝はマゼッティ伯爵の過給器付きメルセデス4.5ℓ

アウストロ・ダイムラー"サーシャ"

- マルセル・レヤーがプロペラ推力の自動車"エリカ"号を開発

自動車クロニクル

大正12～13年

1923 ～ 1924年

トピックス

大正12年 1923年

世界のうごき

- □ 関東大震災
- □『文藝春秋』創刊
- □ ミュンヘン一揆

出来事 1923

- ●イタリアのミラノで、世界初の自動車専用道路となるアウトストラーダが完成
- ●フォード・モデルTの年産が200万台を突破
- ●イギリスのモーリス・モータースが、シリンダーブロックの加工にトランスファーマシーンを用いる
- ●フェルディナント・ポルシェが、ドイツのダイムラー社役員に就任。ダイムラーと協力関係にあったベンツ社の役員も兼任
- ●第1回ヨーロッパGP（兼イタリアGP）がモンザで開催される。優勝はボルディーノのフィアット804。プラクティスでジャコーネ（フィアット）とウーゴ・シヴォッチ（アルファP1）が死亡

フィアット804

- ●フィアット805、スーパーチャージャー付きグランプリカーとして初優勝。2ℓ、8気筒エンジンにルーツ式過給器を装着
- ●イギリスのホーストマンが、英国初となるスーパーチャージャー付きエンジンを発表
- ●ハイオクタン・ガソリンの祖が誕生。DELCO社が開発したエチルガソリンをGMリサーチ・コーポレーションがオハイオ州デイトンで発売
- ●スチュードベーカーが全鋼板製ボディを採用
- ●目黒製作所設立
- ●太田祐雄の太田製作所が、自製の950ccの4気筒エンジンを搭載したオオタOS型乗用車を完成。1台のみで自家用車として使用
- ●梁瀬自動車（現：ヤナセ）を興した梁瀬長太郎は渡米中に関東大震災の発生を知り、交通手段として自動車の需要が増えると予測。直ちにビュイックとシボレーを2000台注文。第1陣の500台を持ち帰る
- ●実用自動車製造（大阪）が4輪車のリラー号を発売

Episode
第1回ルマン24時間レース開催

この当時の自動車にとって24時間連続で高速走行することは未知の領域であり、ルマン24時間耐久レースは耐久テストにほかならなかった。出場車は33台であったが、出場したのはフランス車ばかりで、フランス以外からの参加は、イギリスのベントレーが1台、ベルギーのエクセルシオールが2台の、合計3台であった。

ベントレーはプライベート参加を名乗っていたが、ピットで指揮を執ったのはW.O.ベントレーその人であった。W.O.は24時間レースが開かれると聞いたとき、1台も完走できないと考えていたというから、ワークスチームでの参加をためらったのだろう。

ところが24時間の間にリタイアしたのは、たった3台にすぎなかった。優勝はシュナール・ワルケールで、2209.536kmを平均速度92.064km/hで走り、2位もシュナール・ワルケールだった。

シュナール・ワルケール

大正13年 **1924年**

世界のうごき

□宮沢賢治『注文の多い料理店』
□谷崎潤一郎『痴人の愛』
□トーマス・マン『魔の山』

出来事 1924

- ダイムラー社が世界初の自動車専用ディーゼルエンジンを試作し、アムステルダム・ショーでトラックとして発表
- ダイムラー社のフェルディナント・ポルシェがスーパーチャージャー付き2000ccのレーシングカーを開発し、クリスチャン・ヴェルナーの操縦でタルガ・フローリオに優勝
- ブガッティT35、史上初めてアルミホイールを採用。ブレーキドラムが一体化されていて、ホイールを交換するとドラムも換わった

ブガッティT35

- フォード・モデルTの累計生産台数が1000万台を突破
- クライスラーの1号車、ライト・シックスが登場。ウォルター・クライスラーが再建中のマックスウェル・チャーマーズ社から登場した。クライスラー社の会社設立は1927年になってから
- GMとスタンダード・オイル（ニュージャージー）がエチル・コーポレーションを設立
- SAE規格が採用される。これによりメーカーは1台当たり124ドルの節約になったといわれる
- 白楊社がオートモ号を発売。白楊社をおこした豊川順彌は、最初に工具や工作機械を作った後、日本の国情に合った車造りをめざし、1928（昭和3）年までに約300台のオートモ号を製造した。（詳細は次ページの1925年の稿を参照）

- 日本フォード自動車が神奈川県横浜に設立された。翌25年からT型を生産
- フィアットがモータースポーツ活動を停止
- 第2回ルマン24時間レースでベントレーが優勝

ベントレーチーム。中央がW.O.ベントレー

Episode
東京をバスが走る

関東大震災で未曾有の被害を受けて壊滅状態に陥った都市の復興のため、東京市はフォードTT型シャシーを緊急輸入。これに11人乗りのバスボディを架装して公共交通機関として供し、円太郎バスの名で親しまれた。現在の都バスの起源となる。"円太郎"とは下町の人々が付けたあだ名で、落語家の名前に由来する。円太郎バスによって、自動車が市電や鉄道に代わる乗り物として意識されるようになり、広く普及するきっかけとなった。この頃から日本での自動車輸入が急増した。

円太郎バス

自動車クロニクル

大正14年

1925年

日本初の本格的生産車"オートモ号"生産開始

アメリカで自動車の利便性を知った人物により、
日本にも小規模ながら自動車生産が始まった。

1923（大正12）年に豊川順彌（とよかわ じゅんや）が製作、24年から販売が始まったオートモ号は、日本では初の本格的生産車だが、同時に、日本で初めてのことをほかにもふたつ成し遂げている。

そのひとつは初めて海外へ輸出された日本車であったことだ。1925年10月末、輸出先は上海であった。もうひとつは広告に女優を起用したことで、これが日本の自動車広告史上、初めての例とされている。

レストアされたばかりのオートモ号

オートモ号を製作したのは豊川順彌（1886〜1965年）が設立した白楊社だった。岩崎小弥太の従兄弟で、三菱の重役であった豊川良平の長男として生まれた順彌は、機械工学を学ぶため、1913（大正2）年から2年間アメリカに留学した。アメリカで急速に普及し始めた自動車を目のあたりにした順彌は、大きな興味を抱いて帰国、さっそく自動車製造を計画した。

だが、彼の計画に賛同する出資者は現れず、父の財産をつぎ込んで会社を興すことになった。白楊社という名称は漢詩から取ったもので、"わが身を犠牲にしても国の礎ならん"という順彌の決意を表していた。

生産台数は約300台

1920（大正9）年には本格的な研究に着手し、翌21年には水冷1610ccと空冷780ccの2種類の4気筒エンジンと、試作車のアレス号が完成した。1920年当時、空冷エンジンは世界的にも希有であったが、順彌は日本の国情に合った小型車には空冷エンジンが最適と考え、空冷型の採用に踏み切った。

1924（大正13）年11月には、車

空冷4気筒エンジン

世界のうごき
- 普通選挙法成立
- 治安維持法成立
- チャプリン『黄金狂時代』

名を豊川家の祖先である大伴に因んでオートモ号と変え、翌25年12月には東京・洲崎で行われた自動車競争倶楽部主催のレースに出場。予選を1位通過し、決勝では2位という素晴らしい成績をあげた。

1925（大正14）年から生産が開始されたが、そのカタログ写真には、オートモ号に乗るモデルに女優の水谷八重子や岡本文子を起用していた。

だが、売れ行き決してかんばしいものではなかった。奇しくもオートモ号が発売された同じ年に横浜でフォードが、27年に大阪でGMが生産を開始すると、日本の自動車市場は軍用を除いてアメリカ車に独占され、白楊社は300台ほどを生産しただけで1928（昭和3）年に閉鎖された。

1966年に白楊社と豊川順彌の資料のほか数千枚におよぶ図面、エンジンやギアボックスを含む多数の部品が国立科学博物館に寄贈された。その残されたパーツを使い、欠品は図面を元に新たに製作することで、1999年に国立科学博物館とトヨタ博物館との協同プロジェクトによって1台が復元された。

Events
出来事 1925

- フォード・モデルTの1日当たりの生産台数が9000台を突破
- ドイツ・フォード設立
- GMが英国のヴォクスホールと、トラックメーカーのベドフォードを買収
- クライスラー社が設立され、油圧ブレーキを採用
- 日本フォードが神奈川県横浜でT型の組み立てを開始
- 大阪市内1円均一の"円タク"営業。東京での営業開始は2年後
- アントニオ・アスカリ（アルファ・ロメオ）がフランスGP（モンレリー）で死亡
- 第1回ベルギーGP、第1回トリポリGP（伊領リビア）開催
- マルコム・キャンベルがサンビームV12で初めて240km/hを突破。航空機メーカーのボールトン・ポール社が製作したロングテールボディを架装
- ヘンリー・フォードが、航空郵便事業で米郵政省からの受注を勝ち取り、シカゴからデトロイト、クリーブランドへの路線に参入。これ以前から、自社の飛行機を使って自動車部品を輸送していた

自動車クロニクル

大正15年／昭和元年

1926年

マセラティ設立

イタリアでレース好きの兄弟たちによって、
現代に名を残す高性能車メーカーが産声をあげた。

　今やフェラーリ傘下にあって、高性能なグラントゥリズモを生産しているマセラティだが、同社が設立されたのは1926年のことだ。

　ディアット社で技術者として働いていたマセラティ兄弟が同社の倒産を機に独立し、故郷のボローニアでオフィッチーネ・アルフィエーリ・マセラティを設立した。

　おりしも1926年からグランプリレースのレギュレーションが変更になり、排気量が1500cc以下、最低重量が600kg、2座ボディの最小幅が80cmとなった。マセラティの4人の兄弟、アルフィエーリ、ビンド、エットーレ、エルネストは、兄弟がディアット社のために開発したグランプリカーをベースに排気量を縮小することで、このレギュレーションに合致したGPカーを作り出した。兄弟の中でただひとりクルマには関わらず、画家を志したマリオがデザインしたトライデントのエンブレムをラジエターシェルに備え、来るべきシーズンに向けてティーポ26と命名された。これがマセラティの長い歴史の始まりである。

　ティーポ26のデビューレースは、1926年4月22日に行われたタルガ・フローリオで、ドライバーがアルフィエーリ・マセラティ、ライディングメカニックが若いグェリーノ・ベ

マセラティ・ティーポ26

Episode
ダット自動車製造誕生

　1919（大正8）年、大阪にその名も実用自動車製造という自動車会社が設立され、在日米人技術者のウィリアム・ゴーハムが設計した軽便なゴーハム式3輪車の生産が始まった。同社は、後年にリラー号と名付けた4輪車の生産も手掛けたが、まだまだ自動車製造が軌道に乗るのは難しく、1926（大正15）年に経営難に陥り、同じく経営不振となっていたダット自動車商会（もとの快進社自動車工場）と合併、ダット自動車製造に改組された。

　当時の日本の自動車市場は、神奈川県横浜でノックダウン生産されていたフォードと、同じく大阪で造られていたシボレー（1927年〜）に牛耳られており、まだまだ未熟だった国産車がこれらと市場で対等に競合することは不可能だった。

世界のうごき
- □日本放送協会設立
- □大正天皇崩御
- □川端康成『伊豆の踊子』

ルトッキという布陣で臨み、1.5リッター・クラスで優勝、総合でも9位に入るという幸先のよいデビューを果たした。コンペティションカーの製作と販売を生業としていた兄弟の顧客は、どれもクルマに目の利いた裕福なモータースポーツ愛好家で、イタリア国内だけでなく、ドイツ、フランス、スイス、スペイン、アルゼンチンに販売された。

Column
ルート66開通

ルート66と呼ばれて親しまれたアメリカの国道66号線（U.S. Route 66）が開通したのは、1926年11月11日のことだ。イリノイ州シカゴとカリフォルニア州サンタモニカを結ぶ全長2347マイル（3777km）のこの国道は、中西部・南西部の8州（イリノイ、ミズーリ、カンザス、オクラホマ、テキサス、ニューメキシコ、アリゾナ、カリフォルニア）を通り、南西部の発展を促すことに貢献した。

アメリカ合衆国において国道網の整備が提唱されたのは1923年のことだ。まず、国道番号を60から始まる偶数とすることが決まり、国道60号線はバージニアビーチとミズーリ州スプリングフィールドを結ぶ路線に、続く62号線はシカゴとロサンゼルス間の国道の名となった。ほぼアメリカ大陸を横断することになるシカゴ～サンタモニカ線は、覚え・言い・聞きやすいという理由から66と命名されたといわれている。

1985年に、州間高速道路に役目を譲って国道66号線は廃線となり、現在では、旧国道66号線（Historic Route 66）として、国指定景観街道（National Scenic Byway）に指定され、アメリカの繁栄を支えた歴史遺産として、観光客の人気を集めている。

Events
出来事　1926

- ●愛知県に豊田自動織機製作所が設立される。豊田佐吉が発明した自動織機の販売を目的とし、豊田グループの中心となる。常務の豊田喜一郎が造った同社自動車部が、現在のトヨタ自動車の前身
- ●ダイムラー（ダイムラー・モートレン・ゲゼルシャフト）と、ベンツ（ベンツ&シー・ライニッシェ・ガスモートレン・ファブリーク）が合併。技術部長にはダイムラーにいたフェルディナント・ポルシェが就任
- ●アストン・マーティン・モータース・リミテッド設立。アウグスト・チェーザレ・ベルテリとW.S.レンウィックが、ライオネル・マーティンのバムフォード&マーティン社の商標を買い取った
- ●クライスラー・コーポレーションが発足
- ●GMがフィッシャー・ボディ・コーポレーションを買収
- ●1904年にキャディラック自動車会社を設立した、ヘンリー・マーティン・リーランド（1837年生）死去
- ●第1回ドイツGP開催
- ●第11回 日本自動車レースが開催される。これ以後、適当な開催地が見つからず、1934年の月島まで8年間にわたって日本自動車レースは中断。この頃使用されていた特設コースは洲崎、鶴見、砂町、月島等の埋め立て地と代々木、立川などの練兵場だった

自動車クロニクル

昭和2年

1927年

フォード・モデルTの生産が終了

1500万台を生産した大ベストセラーの
後継モデルがラインを流れるまで、工場は完全閉鎖された。

1908年から1927年5月31日まで、延々と長期量産されたT型の累計は、1500万7033台に達した。この数はそれまでに生産された全アメリカ車の台数を上回るものだ。初期にはアセチレン式であったヘッドランプが電気式になり、"馬車"のようだったボディが"自動車"らしく変わってはいるが、基本的な構造と特徴には変化はなかった。

クルマが手に入ることだけで満足していた顧客たちも次第に贅沢になり、他人と同じものでは満足せず変化を求めるようになっていた。

この顧客の変化を感じたライバルのGMやクライスラーは、毎年モデルチェンジを行って顧客の心を引きつけることに成功した。こうしてモデルTは構造的にも次第に時流から取り残されていくのだが、頑固なヘンリー・フォードは、頑として考えを変えず、4気筒サイドバルブ2900ccの"農発のように原始的な低速エンジン"、足で変速する2段遊星式ギアボックス、前後とも横置きリーフスプリング／3角形トルクアームによるサスペンション、後2輪ブレーキという特徴を守り続けた。

モデルAの生産ライン

世界のうごき
- □金融恐慌
- □リンドバーグが単独大西洋無着陸横断飛行
- □芥川龍之介自殺

　1927年5月末をもってフォードはT型の生産を終えると、大胆にも7カ月間工場を完全閉鎖し、次の画期的な新型車A型にモデル・チェンジを断行した。だが、その間にGMのシボレーは静粛なOHV6気筒を登場させて年間100万台を販売、ついにフォードを全米1位の座からひきずり下ろしてしまった。だがフォード側も負けてはいなかった。4年後の1932年、大衆車には空前のV8エンジンを搭載し、GMに一矢を報いたのである。

Column
前輪駆動車が誕生

　フランスのトラクタ前輪駆動車が登場。設計はジャン-アルベール・グレゴワール。1928年にはアメリカのコードとラクストン、イギリスのアルヴィスもこの後に続き、前輪駆動車を製作。1931年にはドイツのDKWが、32年にはドイツのアドラーが前輪駆動車の生産に乗り出した。

1931年DKW F1 ロードスター。2ストローク600cc、2気筒エンジンを搭載した前輪駆動車だ

Events
出来事 1927

- ●ベントレーがルマン優勝。ルマンでのベントレー時代が始まる。1930年まで4連勝
- ●第1回ミッレミリア開催。優勝はOM（ミノイア/モランディ組）
- ●フィアットがOHCエンジンを採用
- ●ブガッティがT41ロワイアルのプロトタイプを完成。直列8気筒、1万4726cc
- ●キャディラックが中型車のラサールを発表
- ●東洋コルク工業が改称されて東洋工業（現：マツダ）が設立される
- ●日本ゼネラル・モーターズ株式会社が設立され、大阪でシボレーの組み立てが始まる。横浜のフォードと、大阪のシボレーとで日本の乗用車市場を席巻することになる
- ●国産初の量産2輪車、エーロ・ファースト号（島津・山口兄弟、大阪）、SSD号（宍戸兄弟、広島）が誕生する
- ●ヘンリー・シーグレーヴが、デイトナ・ビーチにおいて、サンビーム製エンジンを2基搭載した1000ps車の"シルヴァー・アロー"で、クルマとして初めて300km/hを突破（327.90km/h）
- ●フォード自動車が飛行機の生産にも進出。3発のフォード・トリモーター"ティン・グース"（ブリキのガチョウ）を発売。ティン・グースは全金属製の最初の飛行機のひとつで、当時開発されたばかりのジュラルミンを使っていた。航空郵便ではなく旅客輸送用に設計された最初の飛行機でもある

自動車クロニクル

昭和3年　**1928年**

世界のうごき
□張作霖爆殺事件
□ミッキーマウス誕生
□ラジオ体操開始

BMWが自動車製造に進出

ドイツを代表するスポーティーサルーンを造るBMW。
同社が4輪車生産に乗り出したのはこの年のことだった。

　航空機エンジンや2輪車を手がけていたドイツのBMW（Bayerische Motoren Werke）が、4輪車生産に乗り出した。同社は、1928年にアイゼナハ車輌製造会社から自動車生産部門（ディキシ製造株式会社）の施設をすべて譲り受け、同社が前年から生産を始めていたディキシ3/15PSの生産を引き継いだのである。このディキシというモデルは、イギリスで大成功を収めていた、小型大衆車のオースティン・セヴン（750cc、4気筒）をライセンス生産したものであった。ディキシが狙ったドイツの小型車市場には、すでに極めて簡便な超小型車であるハノマーク（500cc単気筒）という存在があったが、これに比べてディキシは"より本格的なクルマ"であったから、市場から好評を持って迎えられていた。翌29年には、BMW 3/15 PSを名乗るようになった。

　ディキシには、サルーンやクーペ、フェートンのほか、スタイリッシュなヴァルトブルクと名付けられた2座オープンのスポーツモデルも存在した。ディキシの生産によって、4輪車生産について多くを学んだBMWは、1932年にその経験を元に、セヴンよりひとまわり大きな（ホイールベースを25.4mm延長）したボディに、782cc OHV、20psのエンジンを搭載したBMW 3/20を誕生させた。翌33年には、英国流の設計と決別し、名設計者として知られるフィリッツ・フィードラーが手がけた、BMW独自のモデルである"303"が登場する。

最初のBMW

Events
出来事　1928

●日本の自動車保有台数は6万6379台
●キャデラックがシンクロメッシュ・ギアボックスと、すべてのウィンドーに安全ガラスを採用
●クライスラーがダッジを買収
●グランプリレースの車重制限が、最少500kgから最大750kgまでに制限。レースは最短が600kmに
●ドイツGP（ニュルブルクリング）でメルセデス・チームのアルフレッド・ノイバウアー監督が初めてピットサインを使う
●シボレーが1929年型に大衆車として初めて6気筒エンジンを採用。ライバルと目されたフォードはまだ4気筒

04章

世界大恐慌と自動車

| 1929年 |

↓

| 1945年 |

世界経済を震撼させた世界大恐慌によって、
それまで好景気に後押しされて車種を拡大してきた
高級自動車市場は萎縮し、
メーカーは大きな変革を余儀なくされた。
だが、恐慌以降、様々な種類の小型大衆車が誕生し、
着実に社会に浸透していった。

昭和4年

1929年

世界大恐慌が勃発

富と繁栄の時代の中で進化を遂げてきた自動車は、
大恐慌という大きな試練を迎えることになった。

　この年の10月24日、ニューヨーク株式市場（ウォール街）で株価が大暴落したことによって、世界規模の恐慌が引き起こされた。この日は木曜日だったため、これ以降、「暗黒の木曜日（Black Thursday）」と呼ばれるようになった。

10月24日
暗黒の木曜日

　1919年11月11日の第一次世界大戦の勝利以降、1920年代のアメリカは政府の高関税保護政策のもと、「永遠の繁栄」と呼ばれる経済的繁栄を謳歌していた。だが、社会のゆがみは増し、20年代中頃には富の集中と貧困の格差が大きく生じていた。

　この10年間にわたって社会に蓄積されてきた歪みが、ついに耐えきれなくなり、株価暴落という形となって現れたわけである。

　10月24日10時25分、GM株価が80セント下落。間もなく株価市場では全体が売り一色となり、株価は大暴落。この日だけで1300万株近くが売りに出された。さらに29日には24日以上の大暴落が発生。この1週間たらずで、アメリカが第一次世界大戦に費やした総戦費をもはるかに上回る損失が出たとされている。ニューヨーク・ウォール街から始まった恐慌は世界中に伝播し、世界各国の産業に大きな経済的打撃を与えた。暴落の原因として挙げられているのが、好景気にあおられた過剰な投資、過大な株式投資、農業の機械化による過剰生産、国民の購買力を上回る工業製品の過剰生産などである。

クルマを
"消費する"時代

　話をアメリカの自動車工業に絞ってみよう。果てしなく続くかのような爆発的繁栄に支えられていたこの10年間でクルマは増えに増えていた。資料によれば、1919年には全米で680万台の乗用車が使われていたが、10年後の1929年には2300万台へと3.8倍も増えた。様々なデザインやボディカラーを用意することで、多種多様なモデルが造られるようになり、年々新型を発売することで需要を煽っていった結果であった。大量生産によって安価になったクルマを"消費する"時代に変わっていったのである。

　恐慌によって消費が萎んだことで世界中の自動車産業はどこも影響を

世界のうごき
□国産初のウイスキー「サントリー白札」発売
□飛行船ツェッペリン号が日本に飛来
□小林多喜二『蟹工船』

Column
自動車国産化論が台頭

日本で国産振興委員会発足。国際収支の改善と軍事力増強を目的としてこの委員会が発足した。国会では国産自動車時期尚早論が言われ、品質のよい外車の輸入を支持する者が多かったが、国防論の高まりから委員会が設置されることになった。昭和5年から国産トラック・バス工業確立の必要性が答申された。昭和4年当時の国産トラック生産台数が437台に対して、アメリカ車のノックダウン生産が2万9338台とはるかに多く、輸入車も5018台あった。

受けたが、とりわけ、高価格の高級車を柱に据えたメーカーは軒並み大打撃を受けた。手工業的に手間をかけて製作してきた高級車メーカーは次第に力を失って淘汰され、自動車は大量生産が主流の時代に変わっていった。

現在、私たちがヴィンティッジカーと呼んでいるクルマは、この第一次大戦後から大恐慌までの時期に造られた、恐慌という激震の余波を受けずに造られたものだ。全世界のクラシックカー愛好団体を統括する国際的組織であるFIVAでは、1919年1月1日から1930年12月31日の間に生産されたクルマをヴィンティッジカーと分類している。

Events
出来事 1929

- ベンツ創業者のカール・ベンツ（1844年生）死去
- フェルディナント・ポルシェがダイムラー・ベンツを辞し、オーストリアのシュタイア社に移り、技術担当重役に就任
- スクデリア・フェラーリ株式会社登記（11月29日）。アルファ・ロメオと準ワークスとしての契約を結ぶことになる

アルファ・ロメオのミッレミリア出場車

- ドイツ最大の自動車製造会社であるオペルの株式をGMが80％買い占め、傘下に入れる。第一次大戦後の不況に苦しんでいたオペルを買収することで、GMが欧州に進出を図る
- クライスラーが、プリマスとデソートで大衆車に進出
- コードL-29発表。前輪駆動を採用
- （株）石川島自動車製作所設立
- 日本フォードと日本GMで労働争議が発生
- マツダの前身がバイクを試作。1929年に試作を開始し、翌年3月に2ストローク250ccエンジンを搭載した試作車を成功。30台を製作し、社章とTOYO KOGYOの文字を組み合わせた商標を備えた
- 日刊自動車新聞創刊
- 川真田和汪（かわまた かずお）が自動車の試作。のちの筑波号（ローランド号）に発展
- 第1回モナコ・グランプリ開催。優勝はイギリス人のウィリアムス（ブガッティ・タイプ35）

自動車クロニクル　85

昭和5年

1930年

日本の自動車生産が進展（1）

ダットソンが試作車を製作し、
クライスラーも日本での組み立て生産を開始した。

ダットソンの試作車が完成

ダット自動車製造株式会社は、経営的に安定してきたことで再び乗用車の製作に乗り出した。新しい小型乗用車は後藤敬義が設計し、1929（昭和4）年の秋から試作に入り、翌年に最初の試作車1台が完成した。

試作車はフェートンで、エンジンは水冷4気筒495cc（54×54mm）、最高出力10hp/3700rpm、変速機は前進3段。サイズは、全長2710mm、全幅1175mm、ホイールベース1880mm、トレッド965mm。サスペンションは前が横置きリーフと三角型トルクアーム、後ろは半楕円リーフ、ブレーキはロッドによる機械式の4輪制動が採用された。

最高速度は約70km/hであった。車名はかつてのダット号の息子という意味で「ダットソン」と名付けられた。

クライスラー、プリマス、ダッジも日本での組み立てを開始

フォード、GM両社が日本へ進出したのに続き、クライスラーは直接進出ではなく、日本の資本によるクライスラー系車両の組み立てを計画、横浜に株式会社共立自動車製作所を設立した。

20万円の資本金はクライスラー、ダッジなどの代理権および販売を扱っていた安全自動車、八洲自動車ほか2社の共同出資で、ダッジを中心にクライスラー、プリマス3車のノックダウン組み立てを行った。生産台数は日本フォードや日本GMより少なく、最高で年間2000台程度であった。

無試験免許の小型車の制限規格を緩和

昔、日本でも小型車に限って運転免許が不要な時代があった。1924（大正13）年に小型自動車の無試験免許が認められたからだ。その後、1930（昭和5）年2月に無試験免許の小型車の制限規格が大幅に改められ、車体寸法が全長2800×全幅1200×全高1800mm以内、エンジンは4ストローク式500cc、2ストロ

ダットソン試作車

世界のうごき
□ 浜口首相狙撃事件
□ 第1回サッカーワールドカップ開催
□ ガンジーが「塩の行進」開始

ーク式350cc以下、乗車人員は操縦者1人に限ると改められた。

それまで、製造者は認可が必要だったものが、車両規格に合ったものであればすべて無試験免許車として認められるようになったので、この改正を機に小型自動車の製造は一段と盛んになっていった。

ダイハツの第1号3輪車が完成

1907（明治40）年に、内燃機関の工業化のために設立された発動機製造株式会社は、当時、外国から輸入したオートバイ用エンジンを使って3輪車を造ることがはやっていたことに注目。そのガソリンエンジンの開発に着手し、昭和5年8月に500cc単気筒エンジンを完成させた。ところが舶来崇拝の当時では組み立て業者も国産エンジンを採用しようとはしなかった。

そこで同社はエンジンだけでなく、3輪自動車の完全製造に乗り出すことになり、同年12月、500ccエンジンつきダイハツ第1号車HA型を完成した。ダイハツの進出は、それまで小規模だった3輪自動車製造が、近代工業化される第一歩となった。

(CG掲載、日本自動車工業史年表より引用)

Column
日本で電気式バスが試走を開始

電気自動車の共同研究を進めていた、湯浅蓄電池、中島製作所、東邦電力の3社は、1930年、電気式バス（定員35人乗り）1台の試作を完成。名古屋市電気局の手で約1年半にわたって路線を走らせて実用試験を行い、改良型を7台製作し、名古屋乗合自動車（名バス）が営業車に使用した。

Column
最初の国鉄バスが開通（12月20日）

国鉄（当時は省営）バスの第1号路線として選ばれたのが、東海道線岡崎駅から中央線多治見駅を結ぶ岡多線57km（途中、瀬戸〜高蔵寺の支線を含む）であった。車両は鉄道省の方針で国産車を使い、当初は石川島自動車製のスミダ、東京瓦斯電気工業製のTGEを合わせて路線バス15台、小荷物専用のトラック3台を配置。

Events
出来事　1930

- 日本の国産振興委が自動車工業確立策を答申。外国からの輸入が増加して国際収支が悪化したことにより、「自動車工業を確立する具体的方案」を答申した
- ミッレミリアでアルファ・ロメオに乗るタツィオ・ヌヴォラーリが優勝。気づかれぬようにライトを消してチームメイトのヴァルツィを猛追しての優勝
- ルマンでベントレーが4連勝。通算5回の優勝は第二次大戦以前のルマンで最多記録
- キャデラックがV16とV12エンジンを発表。アメリカ高級車の多気筒化の象徴となった
- ターボジェット技術がイギリスのフランク・ホイットルによって発明され、特許を出願。外から取り入れた空気を圧縮装置で圧縮して燃焼させる技術。しかし当初海軍の強かった英国では注目されず
- 豊田佐吉が死去（10月30日、享年63）。豊田自動織機製作所の創設者

自動車クロニクル

昭和6年

1931年

日本の自動車生産が進展（2）

マツダの前身である東洋工業が三輪トラックの生産に着手。
ブリヂストンタイヤが設立された。

日本車初の前輪駆動車が誕生

川真田和汪（かわまた かずお）が日本車としては初の前輪駆動車といわれるローランド号（筑波号）試作。アメリカのコードに注目してFWD車を製作した。のち1934（昭和9）年に東京自動車製造株式会社を設立する。

ローランド号

製作当初から量産を考えて、ボディ、エンジンなどのパーツはすべて外注製作し、会社は組み立てのみ行った。130台を生産して中国にも輸出された。しかし、日中戦争後、自動車製造事業法の成立により中小の会社には生産許可が下りなくなり、会社は閉鎖された。

マツダが初の3輪車を発表

東洋工業株式会社（前身は1920年に設立された東洋コルク工業、

マツダ3輪トラック

1927年に改称。のち、マツダ）は海軍関係の兵器、機械、部品の製造を行ってきたが、運搬車の高速化が時代の要求であるとの見通しに立って、1930（昭和5）年頃、自動車工業へ進出を決定した。まず2輪車の試作から始め、同年3月には2ストローク250ccエンジンつき2輪車の試作に成功し、30台を造って市販した。

一方、3輪トラックの試作準備もこれと併行して進められ、同年1月から設計に着手し、同年秋に試作車1台が完成した。これが同社初のマツダDA型3輪トラックで、1931（昭

> **Column**
> **流線型が流行**
>
> 1930年代になると、自動車・飛行機・列車・船など乗り物の形に流れるような曲線をもつ造形が取り入れられた。流体力学による最も抵抗の少ない合理的な形とされ、その洗練性も受け入れられ、乗り物以外にも家電・台所用品などの日用品にも流線的デザインが採用されるようになった。

世界のうごき
- 満州事変勃発
- エンパイアステートビル完成
- 梶井基次郎『檸檬』

和6）年3月から製作を開始し、同年10月から発売された。後退つきの直接操作式トランスミッション、後車軸に差動装置を備えていた。

（CG掲載、日本自動車工業史年表より引用）

ブリヂストン誕生

九州・久留米市の日本足袋株式会社は1928（昭和3）年頃からタイヤ製造の研究を進めていたが、31（昭和6）年に製品の開発に成功し、同年3月、ブリヂストンタイヤ株式会社（石橋正二郎社長）を発足。自動車用タイヤおよびチューブの本格的な製造・販売に乗り出した。

同社より以前に発足したタイヤメーカーとしては、ともに1922年に設立された日本ダンロップ護謨（日本とイギリスの合弁会社）、および横浜護謨製造（アメリカのグッドリッチ社と技術提携）があるが、いずれも外国の技術に頼っていたのに対し、ブリヂストンは純国産で成功した最初のタイヤメーカーとなった。

Events
出来事 1931

- フォードV8モデル登場（32年型モデル）。大衆車ながらV8エンジンを搭載したモデルを登場させたことで、6気筒エンジン搭載のシボレーに奪われた市場を再度奪い返す。フォードは1935年に国内販売の直列4気筒はすべて廃止してV8のみに
- フォード・ヴェルケAG（ドイツ・フォード）設立
- フェルディナント・ポルシェ名誉工学博士社（Dr.Ing.,h.c.Ferdinand Porsche GmbH）が、シュトゥットガルトに設立される。現在のポルシェ社の前身。自動車、航空機、船舶の設計・試作を行う。最初の仕事はヴァンダラーから受けた6気筒エンジン搭載車の設計とプロトタイプの製作。これにトーションバーを採用

フェルディナント・ポルシェ博士

- ドイツのDKWが前輪駆動車を発売
- グランプリ・レースの規定がフォーミュラ・リブレになる（31年発効、33年まで）
- ミッレミリアでメルセデス・ベンツSSKに乗るカラチオラが優勝。これがミッレミリアにおける外国車初の優勝となった
- イギリスのスーパーマリンS6B水上機が655km/hを記録し、航空機が初めて600km/hを超える
- GT（グラン・トゥリスモ）と名付けられたクルマが登場。アルファ・ロメオ6C1750の4ドアモデル
- 夏ごろから「ダットサン」の生産が開始

自動車クロニクル

昭和6年

1931年

日本の自動車生産が進展（2）

Column
「ダットサン」の車名が誕生

ダット自動車製造株式会社は、さきに試作完成した小型乗用車「ダットソン」（Datson）の生産を1931（昭和6）年8月から開始したが、名前の"ソン"が"損"に通じるところから、「ダットサン」(DATSUN)に改めて正式車名とした。

Column
「出場して優勝せよ」

1931年の第9回イタリアGPで、アルファ・ロメオに乗るアルカンジェリが事故死してしまった。アルファはチームを撤退させようとするが、ムッソリーニから「出場して優勝せよ」と電報が届き、ヌヴォラーリ／カンパーリのアルファが優勝を果した。ムッソリーニはモータースポーツを国威発揚の場と考えていたのだ。

タツィオ・ヌヴォラーリ

昭和7年

1932年

世界のうごき
- 「満洲国」建国
- 5.15事件
- ワイズミューラー『類人猿ターザン』

三菱が4輪駆動乗用車とバスを完成

- ドイツのアドラーが前輪駆動車を発売
- 石川島自動車製作所・東京瓦斯電気工業・ダット自動車製造の共同設計による商工省標準形式自動車（いすゞと命名）が完成
- アルファ・ロメオがワークス・レース活動を中止し、エンツォ・フェラーリのスクデリア・フェラーリに活動を引き継ぐ

Episode
ふそう車誕生

三菱造船神戸造船所は陸軍の注文を受けて、幌型の軍用4輪駆動乗用車を完成した。これは「ふそうPX33型」と呼ばれ、70hpのディーゼル・エンジンを搭載した、7人乗りの軍用指揮車で、3台ほど製作されたといわれる。同じく神戸造船所では、鉄道省の省営バスに国産大型バスが使用されることになったのを機に、昭和5年からバス製作に乗り出し、外国のバスを見本に購入して研究を進めてきたが、1932年に至って最初の"ふそう"バスB46型を完成し、生産に入った。ふそうB46型バスはアメリカのホワイト65A型をサンプルにしたもので、ホイールベース4.6m、100HP／2000rpmのガソリンエンジン（6気筒、105×135mm）を搭載していた。シャシー価格8000円、ボディ3000円だった。

（CG掲載、日本自動車工業史年表より引用）

ふそうB46型バス

昭和8年

1933年

国家政策が日本の自動車工業確立を加速

現在の日産自動車の前身が組織される。

1931年9月に満洲事変が勃発するとともに、国家の政策上から、日本の自動車工業を早急に確立する必要に迫られ、政府（商工省、鉄道省および陸軍省）は軍用保護自動車の製造会社であった株式会社石川島自動車製作所、東京瓦斯電気工業株式会社、ダット自動車製造株式会社の3社の合同を強く勧告した。3社の合併によって、戦争遂行に必要な自動車の性能向上と大量生産化を図ろうとしたのだ。

石川島とダット合併「自動車工業」発足

だが東京瓦斯電は内部事情のため、なかなか合併に踏み切れず、まず石川島自動車製作所とダット自動車製造が合同することになり、ダットが石川島に資本参加して1933年3月1日「自動車工業株式会社」が発足した。ダット軍用保護自動車および小型乗用車ダットサンの製造権も新会社に引き継がれた。

戸畑から日産前身の「自動車製造」へ

ダット自動車製造が持っていた小型乗用車ダットサンの製造権と図面は、軍用保護自動車ダット・トラックの権利とともに、新会社、自動車工業に引き渡されていた。だが同社が保護自動車や商工省標準車の生産に主力を置き、ダットサン乗用車の生産化に関心がなかったので、ダット自動車製造の親会社であった戸畑鋳物株式会社は自動車工業株式会社と交渉し、1933年8月、ダットサンの製造権など一切を無償で譲り受け、戸畑鋳物自動車部としてダットサンの製造と、フォードおよびシボレーの部品生産（日本フォードおよび日本ゼネラル・モーターズに売り込むもの）を計画した。この計画を本格化するため、1933年12月に新会社「自動車製造株式会社」を発足させた。 (CG掲載、日本自動車工業史年表より引用)

自動車技術協会が発足

年々進歩する自動車に関する技術的団体をつくろうという有志7人の発案で、任意団体として自動車技術協会が発足した（5月26日）。

1940（昭和15）年5月10日、社団法人自動車技術協会に改組され、さらに同協会は昭和20年8月、終戦とともに解散し、新たに発足した自動車技術会（現在の社団法人自動車

昭和8年　**1933**年

国家政策が日本の自動車工業確立を加速

技術会）に引き継がれた。

（CG掲載、日本自動車工業史年表より引用）

豊田自動織機に自動車部が発足

（株）豊田自動織機製作所の創設者である豊田佐吉は、自動車工業の必要性を痛感し、1926（大正15）年3月の会社発足と同時に自動車の研究を始めさせた。

佐吉の没後は長男の喜一郎を中心として自動車の研究が進められ、1933年の夏、トヨタ初の内燃機関となった4馬力のエンジンを完成した。これを機にして同年9月1日、豊田自動織機製作所は正式に自動車の製造を社業のひとつに加えることとなり、社内に自動車部を発足させた。

（CG掲載、日本自動車工業史年表より引用）

トヨタ自動車（現）の基礎を作った豊田喜一郎

Column
日本のタクシーとアメリカ車

1933（昭和8）年のころ、日本を走るタクシーはアメリカ車の独壇場だった。資料によれば、フォードが44％、シボレー（GM）が27％、ダッジ6％の比率だったとある。

Column
国家とモータースポーツ

1933年1月、第三帝国の政権に就いた国家社会主義政党のアドルフ・ヒトラーが首相に選出されてから、およそ1カ月後の2月11日、ベルリン・モーターショーが開催された。ここでヒトラーは、ドイツ全国に跨るアウトバーン網の建設計画と、のちにフォルクスワーゲンとなる低価格小型車の計画を発表した。

前者は膨大な失業問題を解決する不況対策であり、後者は大衆に対する人気取り政策であった。もうひとつ、ドイツでレーシングカーを造る会社に賞金を設定するという構想を発表したことも忘れてはならない。ゲルマン民族の優秀さをサーキットで誇示しようという考えに基づいたもので、イタリアではムッソリーニがアルファ・ロメオを使ってモータースポーツを国威発揚の場と考えていたが、ヒトラーもそれに倣った。ダイムラー・ベンツは大規模な体制を敷いて、1934年の750kg規定を機にグランプリレースに復帰し、アウトウニオンもフェルディナント・ポルシェに設計を任せたPヴァーゲンでこれに続いた。

どちらも莫大な資金を投下して強力なマシーンを開発し、アルファ・ロメオやブガッティを蹴散らしてしまった。もっとも国家から与えられた賞金は、2社が投じた開発費から比べれば微々たるものだった。

レースをリードするアウトウニオンとメルセデス・ベンツ

世界のうごき
- 日本が国際連盟脱退
- 三陸大津波
- 「ニューディール政策」始まる

Episode
モンザの大惨事

9月10日にモンザで行われた第6回モンザ・グランプリで、それまでのモータースポーツ史上で最大の惨事が起こった。14周の予選3ヒートと、14周の本レースが行われることになっていたが、予選ヒートでジュゼッペ・カンパーリ（スクデリア・フェラーリ、アルファ・ティーポB）、マリオ・ボルザッキーニ（マセラティ8C3000）、カルロ・カステルバルコ伯（アルファ・モンザ）、フェルディナンド・バルバーリ（アルファ・モンザ）がオイルに乗ってスピン。カンパーリとボルザッキーニが死亡し、カステルバルコ伯とバルバーリは軽傷を負った。しかしレースは中止されず、事故処理が充分でないうちに本レースが始まり、路面に残っていたオイルに乗ってスタニスラウス・チャイコフスキー伯（ブガッティT54）がクラッシュして炎上、事故死してしまった。

Column
無試験運転拡大

無試験運転の小型自動車の制限規格が、1933（昭和8）年8月に再び緩和された。排気量が4ストローク式750cc、2ストローク式500cc以下までに引き上げられた。全長2800×全幅1200×全高1800mm以内の車体寸法は変わらなかったが、それまで無試験運転の場合は乗車人員は操縦者1人に限られていたものが、乗車制限も廃止された。これにより小型自動車の普及が一段と促進されることになった。ダットサンもオースティン・セヴンも無試験運転車の対象だ。

Column
ハーレーダビッドソンの価格

昭和8～9（1933～34）年ころ、日本でのハーレーダビッドソンの価格は、排気量1200ccが1890円、750ccが1638円だった。当時、銀行員の初任給は約90円だったから、実に21カ月分の月給にあたるわけだ。

Events
出来事 1933

- フレデリック・ヘンリー・ロイス（1863年生）が死去。チャールズ・スチュワート・ロールスとともにロールス・ロイスを設立。

フレデリック・ヘンリー・ロイス

- ヒトラーにより国民車構想が打ち出される。翌34年にヒトラーの命を受けたフェルディナント・ポルシェが設計を開始
- アルファ・ロメオがイタリア産業復興公社（IRI）の資本援助を受け国有化される
- 自動車関係法規の改正から、自動3輪および自動自転車（2輪車）の名称が小型自動車と改称
- トリポリ（現リビア、1942年までイタリア領）にサーキットが造られる。トリポリ・グランプリの舞台となった
- ルノー、航空機のコードロン社を傘下に収め、航空機会社はコードロン・ルノー社に改名
- 本多光太郎らが新KS鋼を発明

自動車クロニクル

昭和9年

1934年

前輪駆動の一般大衆車が出現

シトロエンが発表した7CVは、モノコックボディや前輪駆動などの革新的な機構を備えていた。

シトロエンが"トラクシオン・アヴァン"を発表

1934年3月24日、シトロエンは有力ディーラー40社を集めて、"7"と命名された前輪駆動車、トラクシオン・アヴァンを発表した。

トラクシオン・アヴァンは技術的に見て自動車界の偉業といえる。FWDを一般大衆車に広めただけではなく、トーションバーによる前輪独立懸架、油圧ブレーキ、1936年以降はラック・ピニオン・ステアリングなど、幾多の工学的に重要な特徴がこの1台に盛り込まれていた。

初期型シトロエン7のエンジンは水冷4気筒OHVで、1303ccの排気量から32psを発揮。課税馬力は7CVだった。このエンジンには、その後、排気量を増強した改良版が続々と登場し、40年の長きにわたって製造されることになる。

エンジンはトランスミッション、フロントサスペンション、ステアリングギアと組み合わされて、1個のアッセンブリーを形成。これがフロントスカットルから取り外しのできるサブフレーム上に搭載され、丸ごと脱着できた。

トーションバーによるサスペンション・システムは、大量生産のヨーロッパ車では初めての試みだった。フロントは縦置き、リアは横置きされるトーションバーを採用したことで、地上高と重心をぎりぎりまで低くすることが可能となった。また、トラクシオン・アヴァンは本当の意味でモノコックボディを架装した世界最初のクルマであった。発売開始は1934年5月で、1957年にラインオフするまで23年の長きにわたって生産が続いた。

シトロエン7CV

トラクシオン・アヴァンのフレーム

世界のうごき
- □ヒトラーがドイツ総統に
- □帝人事件
- □中国共産党が「長征」開始

Episode
東京自動車製造で"筑波"を製作

　1931年に前輪駆動車ローランド号を名古屋で製作した川真田和汪は、さらにその前輪駆動車に改良を加え、自動車工業株式会社、汽車製造株式会社の両社にそれを持ち込んで、企業化を図った。両社の対等出資で1934年に東京自動車製造株式会社（資本金30万円）を発足させ、その前輪駆動車を生産化することになった。エンジンは4ストロークのV型2気筒750cc、公称出力7hp、無免許運転の認められる小型乗用車で、車名は"筑波"と名づけられた。

（CG掲載、日本自動車工業史年表より引用）

筑波号

Episode
自動車製造が日産自動車に社名変更

　1933年12月に発足した自動車製造株式会社は横浜市神奈川区守屋町（のち1937年に宝町と町名変更）に本社を置き、アメリカから機械設備を買い入れるなど、本格的生産化を進めてきたが、1934（昭和9）年5月30日の第1回株主総会で社名を「日産自動車株式会社」と改めた。新社名は親会社である日本産業株式会社（持株会社）にちなんだものだ。

（CG掲載、日本自動車工業史年表より引用）

Events
出来事 1934

- ●タトラ77デビュー。空冷3.4ℓV8リアエンジンの進歩的なサルーン。ハンス・レドヴィンカ設計

タトラ77

- ●フィアット、仏シムカの株式の17％をクライスラーに移譲
- ●メルセデス・ベンツ130Hで初めてとなるリアエンジン後輪駆動車を開発。以前在籍していたポルシェによる設計を車の形に完成させた
- ●全日本自動車競争選手権大会が月島で10月開催。自動車レースが開催されたのは8年ぶりのこと
- ●グランプリレース規定が750kgフォーミュラに移行（タイヤ、燃料、オイル、水を除く車両重量750kg規制）。スピードを抑え、事故を減らす目的。これ以前は直線で240km/hが普通になっていた
- ●アウトウニオン・ポルシェ・タイプA登場。フェルディナント・ポルシェ博士設計のグランプリカー（4.4ℓV16気筒過給器付きエンジンをミドシップに搭載）。これに対して、ダイムラー・ベンツが直列8気筒エンジンを搭載したW25グランプリカーを製作、ドイツがグランプリレースに参戦を開始

これは発展型のアウトウニオンCタイプ

自動車クロニクル

昭和9年

1934年

前輪駆動の一般大衆車が出現

Column
"エアフロー"登場

　自動車にとっての1930年代は、ひと口にいって流線型の時代であった。空気抵抗を減らして、走行性能や経済性を高めようという試みは既に1900年代の昔からみられた。特にその研究が盛んだったのはドイツで、エドムント・ルンプラー、パウル・ヤーライ、ウニバルト・カムらの先駆者達が、多くの試みを繰り返していた。しかし、それらは明らかに従来の自動車のボディの角を丸めたり、あるいは従来の自動車のシャシーを、新しい流線型ボディで包んだだけのものであった。

　しかし、1930年代に現われた流線型は、そのようにボディだけを空気力学的にしたものではなく、もっと本質的な内部構造や重量配分の変革が、外側へとにじみ出てきたものであった。1930年代の流線型の最も顕著な例は、1934年のクライスラー・コーポレーションのクライスラーとデソートに設けられた"エアフロー"であった。文字どおり空気の流れという名前を持つこれらの車は、量産車としては世界初の大胆な流線型であったこと、しかしあまりにも先鋭的にすぎたために営業成績面では失敗に終わったことなどで、長く記憶されている。しかしこのエアフローを、その外観上の形だけで捉えようとするのは大きなまちがいで、設計技術的にみれば革命的とさえいえるものであった。

　それまでの自動車は、ひと口にいえば前後車軸の間にエンジンも客室も載っており、ラジエターは前車軸の真上にあり、ボディの尻尾は後車軸の直後で終わっていた。しかし第二次大戦後の車では、ラジエターは前車軸のはるか前にあり、トランクは後車軸よりはるか後ろまで突き出していて、客室は完全にホイールベースの間にある。これはひとつには客室の床面積を広くするとともに、客室を最も揺れの少ない部分に置くためである。しかし、それ以上に、バネ上の構造物を長くすることによって、水平に走ろうとする慣性質量を大きくし、より柔らかいバネを用いて路面の不整をよりよく吸収しつつ、フラットな乗り心地を得るためなのである。

　現代のスポーツカーがZ軸回りのモーメントを小さくして、ステアリングへの応答性をよくすべく、大きなマスを重心位置に近づけようとしているのとは正反対で、大きいマスを前後端に分散しようというわけである。短く、重い物が中央に集まった車は小さい力で揺れるが、長く、重い物が両端に分散した車を揺するには、大きい力が必要である。というわけで、この新しい重量配分は、柔らかいコイルスプリングを用いる前輪独立懸架の採用のためのひとつの重要な前提条件だったのである。

　クライスラーとデソートのエアフローは、独立懸架こそ採用してはいなかったが、明らかにバネ上の振動系を長くするために新しいプロポーションと重量配分を実現した車であった。そしてエンジンをぐーんと前に出した結果、通常のラジエターと両ヘッドランプ、両ウィングを主要コンポーネンツとする"普通の顔"を形作ることができなくなり、止むなく全体をひとつの曲面に包み込んだ結果、エアフロー・スタイリングが生まれたのである。エアフローはこのほかにも鋼管でボディの骨組みを作ったビルトインフレームのモノコックボディ、パイプの骨組みを持つシートなど、意欲的な設計をみせており、成功していれば戦後モデルのプロトタイプとされたことであろう。しかしほとんど同じ思想に基づく1936年のリンカーン・ゼファーが営業成績的に成功を収めたために、同車に名を成さしめる結果になった。悲運の車であった。

（CG掲載、人間自動車史より引用）

デソート・エアフロー

昭和10年

1935年

トラックを中心に日本の自動車開発が進む

現在のトヨタ自動車の前身である豊田自動織機製作所が、
初の試作車を完成。トラックだけでなく乗用車の開発も進んでいた。

豊田自動織機製作所は1933年に自動車部を発足させて以来、本格的に自動車の研究開発を進めてきたが、1934（昭和9）年にガソリン・エンジンの試作に成功したのに続き、翌年5月に初の試作車を完成させた。

トヨタの試作第1号 乗用車とトラックを完成

これはトヨダA1型と呼ばれる試作乗用車で、ボディ・スタイルは34年デソートおよび34年クライスラーを参考にし、エンジン（直列6気筒3.4ℓ）も34年シボレーをサンプルにして設計したものであった。またシャシー部品、ギア関係などはシボレーの純正部品をほとんどそのまま使っていた。A1型試作乗用車は5台造られ、きびしい試運転が行われた。

トヨタ車の車名は初め、社名どおりにトヨダと呼ばれたが、1936年10月から濁点を取ってトヨタと呼ばれることになった。

また、豊田自動織機製作所は乗用車の試作と並行して、トラックの開発も進め、1935年8月にA1型乗用車と同じ6気筒3.4ℓの62hpエンジンを搭載したトラックの第1号車、

トヨダAA試作型

G1型を完成させた。そして自動車の生産化にあたっては、ボディ製作に手のかからないトラックを先行させることにし、同年11月18日、トヨダG1型トラックを発表した。価格はトラック・シャシーが工場渡し2900円とされ、これは同社の生産コストからみれば赤字だったが、当時日本で組み立てられていたフォード、シボレーより200円安くして売り込みを図ろうとした政策だった。

トヨダG1型トラックはホイールベース141.5インチ（3594mm）、全長234.25インチ（5950mm）、車重2470kg、1.5トン積みだった。このG1型トラックは379台造られ、翌1936年9月からはほとんど同仕様のままトヨタGA型トラックと車名を改め、GA型は1940年までに1万7168台が生産された。

（CG掲載、日本自動車工業史年表より引用）

| 昭和10年 | **1935**年 | 世界のうごき
☐「天皇機関説」で美濃部達吉が告発される
☐エチオピア戦争
☐第1回芥川賞、直木賞 |

> トラックを中心に日本の自動車開発が進む

進化するダットサン

　1935年モデルとして2月にダットサン14型が発表された。エンジン排気量は12、13型の747ccから722cc（55×76mm）に縮小されたが、出力は12hpから15hpに向上し、外観上でも少し変更が行われた。価格はセダン1900円、フェートン1800円、ロードスター1750円で、乗用車のほかにトラックも3種あった。ダットサン14型セダンのサイズは、ホイールベース2005mm、全長2790×全幅1190×全高1600mm、車重600kg、定員4人、3段MT、最高速度80km/h。

（CG掲載、日本自動車工業史年表より引用）

ダットサン14型

三菱が国産初の
ディーゼル・バスを製作

　三菱造船神戸造船所では1933年から自動車用ディーゼル・エンジンの試作研究を開始し、1935年2月予燃焼室式ディーゼル・エンジン（三菱SHT6型）70hp／1800rpmを完成させた。

　この間1934年4月に三菱造船は三菱重工業株式会社と改称し、さらに三菱内燃機製造の後身である三菱航空機をも合併していた。そして三菱重工業神戸造船所で1935年11月、SHT6型ディーゼル・エンジンを搭載したディーゼル・バス「ふそうBD46型」を製作し、これが国産初のディーゼル・バスとなった。また同造船所は翌36年にTD45型ディーゼル・トラックを製作して、20台を満鉄に納入したが、これが国産初のディーゼル・トラックとなった。

（CG掲載、日本自動車工業史年表より引用）

日本デイゼル工業が発足

　1931年に勃発した満洲事変以来、日本は戦争時代に突入していったが、戦争の長期化に伴い、ガソリン不足という時局的要請から、ディーゼル・エンジンの製造を目的に、1935年12月、日本デイゼル工業株式会社が創立された。同社はドイツのクルップ社から2ストローク・ディーゼル・エンジン（ユンカース博士の発明）の特許権を買い入れて、その生産化を図ると同時に、ゆくゆくはディーゼル自動車の製作をも計画していた。

（CG掲載、日本自動車工業史年表より引用）

昭和11年

1936年

イタリアから新しい大衆車が登場

イタリアの町に"フィアット500"が増殖。大衆の足となり、またモータースポーツの裾野を広げた。

　この年、フィアットが発売した"500"は4気筒567ccエンジンの13psエンジンを搭載した小型車だが、それは単純に大型車をそのまま縮小してサイズを詰めようとしたものではなく、最初から小型車として設計された最初のクルマであった。これ以前に登場した小型車の標準的な姿は大型車の縮小版にほかならず、結果として空間利用が効率的でないため、乗員にとっては決して快適とはいえなかったのである。

　フィアットが発売した500は、乗員に我慢を強いることのない快適な空間を得るため、思い切りよく乗車定員を2名としている。モダーンで空力的な流線型のボディで覆ったシャシーの最先端にエンジンを配置し、その他の機構部分を効率よく配置したことで、ゆったりとした室内を確保することに成功した。

　フィアットが安価で販売を開始すると、たちまちヒットとなり、その愛くるしい姿からトポリーノ（イタリア語で二十日鼠の意）の愛称で呼ばれ、イタリアの町に繁殖していった。

顧客層は庶民

　設計陣がトポリーノの顧客層として想定したのは、軽便な2輪車を足に使う庶民であったから、2名乗車でも充分だと考えていた。だが、大家族主義で知られるイタリアでは、リアの荷室にクッションを入れ、4人、あるいはそれ以上で乗ることが頻繁に行われたため、フィアットはリアサスペンションを強化し、リアシートを装着して4人乗りに変更した。また、初期のモデルはクローズドボディであったが、ファブリック製のサンルーフを備えるように改められ、これがトレードマークとなった。トポリーノの設計陣には若きダンテ・ジアコーザがおり、やがてジアコーザは多くの優れたフィアットを手掛けることになった。

　トポリーノは大衆の足となったばかりでなく、多くのスポーツカースペシャリストやチューナーがトポリーノを素材としてスポーツモデルを手掛け、イタリアのモータースポーツの裾野を広げることに貢献した。

フィアット500"トポリーノ"

自動車クロニクル

昭和11年　**1936年**

世界のうごき
☐ 2.26事件
☐ 阿部定事件
☐ ベルリン・オリンピック

Episode
ダットサン15型を発表

1936年型として発表されたダットサン15型は14型と同じ4気筒722ccだが、圧縮比を5.2から5.4に上げ、出力は1hpアップの16hpとなった。最高速度は80km/hと変わりないが、燃費はガロン当たり70km（18.5km/ℓ）に向上した。外観も一部が改められたほか、この年からバンパーおよびスペアタイヤは無免許運転の小型車の寸法（全長で2880mm）外として扱われることになったのに伴い、バンパーを含めた全長は3187mmに延ばされ、トレッドも広げられた。
（CG掲載、日本自動車工業史年表より引用）

ダットサン15型

Events
出来事 1936

● フォルクス・ワーゲンの試作第1号完成（会社設立は翌年）

VWのプロトタイプ

● スクデリア・フェラーリのオーナー、トロッシ伯が手を引き、エンゾ・フェラーリが社長に就任
● 三菱重工が木炭自動車製造開始
● 日本で貨物用標準蒸気機関車のD51の製作が始まる
● ドイツのハンス・フォン・オハイン（ゲッチンゲン大学出身）がガスタービンから出る排気を推力とする技術の特許を取得。ハインケル社でジェットエンジン開発が進められ、ハインケルHe178が誕生した

Episode
多摩川スピードウェイ完成

トヨタ自動車初の生産型乗用車としてトヨダAA型が発売された昭和11年5月9日。日本初の本格的サーキットである、多摩川スピードウェイが完成した。それ以前にも自動車レースを行う仮設のサーキットは存在したが、藤本軍次、報知新聞の金子常雄らが日本スピードウェイ協会を設立し、東急東横線沿い、多摩川河川敷の神奈川県側に長径450m・短径260m・1周1.2km・幅20mのオーバルコースを完成させた。3万人収容のスタンド席が設けられており、スタンドの痕跡は現在でも残っている。

Episode
日産がグラハム・ページの設備購入

日産自動車株式会社は小型車ダットサンの製造と並行して、1935年7月ごろから3ℓ級の1～1.5トン積トラックおよび大型乗用車（フォード、シボレーに対抗するもの）の生産化を計画し、機械設備の拡充と技術の向上を図るため、欧米の先進自動車メーカーと技術提携することを考えていた。このため、経営不振から遊休設備をかかえていたアメリカのグラハム・ページ社と交渉し、同社ウェスト・ワーレン・アヴェニュー工場の機械設備、工具などを18万ドルで購入することになり、1936年4月20日、デトロイトで契約に調印した。同時にグラハム・ページ社でモデル73型を改良した新エンジン500基、1～2トン級トラックの試作車とその図面なども日産自動車が買い入れることになった。
（CG掲載、日本自動車工業史年表より引用）

Column
トヨダAA型乗用車が誕生

　1936（昭和11）年、現在のトヨタ車の原点であるトヨダAA型乗用車が誕生した。豊田式自動織機の発明者である豊田佐吉は、長男である喜一郎に「わしは自動織機をやったから、おまえは自動車をやれ。将来は自動車だ」と自動車開発を強く勧めたという。

　帝大（現：東京大学）工学部機械工学科卒の技術者であった喜一郎は、挙母（現：豊田市）の織機工場の一隅で、少数の技術者とともに自動車の開発に取り組んだ。シャシーやエンジンなどの機構はシボレーを参考にし、ボディは1934年にデビューしたデソート・エアフローにヒントを得て流線型とした。1936年に、苦心の末発表したトヨダAA型自動車は6気筒、3.6ℓの中型車であった。翌37（昭和12）年、トヨタ自動車工業が独立、発足した。エアフローの影響を受けたのはスタイルばかりではなく、その近代的なレイアウトも倣っている。すなわちAA型はエアフローと同様に、客室を完全にホイールベースの間の揺れの少ない部分に置くことで、フラットな乗り心地を得ている。手本を海外の優れたクルマに求めてはいるが、決して模倣ではなく、自社の技術開発や製品化に努めたことは大いに誇ることができよう。AA型をベースにしてオープンボディとしたAB型もあった。AB型は1936年から38年まで生産されているが、多くが陸軍に収められ、一般の手にはあまり渡らなかった。AA型、AB型の価格はともに工場渡し3300円であった。AA型は1942年12月に生産打ち切りとなるまでに1404台が造られ、AB型は1938年までに353台（軍用向きに改造したABR型を含む）が生産された。

　AB型はトヨタ博物館に現存しているが、AA型は現存するクルマがないため、極めて忠実な複製が造られ、トヨタ博物館に収められている。

トヨダAA型

Column
自動車製造事業法公布

　日本でもようやく小型乗用車およびトラックを中心として自動車工業が興りはじめてきたが、最も需要の多い一般乗用車および1～1.5トン級トラック（現在の4トン積み級に相当する）は依然日本フォード、日本ゼネラル・モーターズの外資系2社に独占されていた。一方で満州事変を発端とした戦火は、拡大の一途をたどっていた。このため、軍民両用に適するフォード、シボレーと同級の車を国内企業のもとで量産化し、外国系2社による日本市場の支配に対抗する必要があると主張する陸軍省の強い要請と、また輸入車増に伴う国際収支の赤字を抑えるためにも、国産自動車工業を確立することが急務となった。この目的に沿って、商工省および陸軍省を中心として、自動車製造事業法が制定された。

　同法は1936年5月29日に公布され、同年7月11日から施行された。750cc以上の自動車と、主要部品を年間3000台以上生産する事業は政府の許可制とし、許可された会社以外はその事業を行うことはできず、許可会社がいろいろ保護、援助を受けるのに対して、日本フォードと日本GMの2社は事業活動を抑えられることになり、同法の施行によって日本フォードは年間1万2360台、日本GMは9470台に生産が制限された。1936年9月22日、株式会社豊田自動織機製作所、日産自動車株式会社の2社が、同法による初の許可会社に指定された。

昭和12年

1937年

進む日本の自動車開発

軍靴の音が遠くから迫りくるなか、
日本の自動車産業が確実に歩みをはじめた。

ようやく歩みはじめた日本の自動車工業は、日産、トヨタをはじめとした各メーカーが次々と乗用車を試作、発表した。

日産初の大型乗用車を発表

日産自動車はアメリカのグラハム・ページ社から機械設備などを購入し、フォード、シボレー級の大衆車生産の準備を進めてきたが、当初の予定より遅れて1937年3月に最初の乗用車2台、トラック・シャシー1台が完成し、同年5月19日にその発表会を行い、市販を開始した。

日産自動車初の大型乗用車となったニッサン70型は、6気筒3670cc 85hp/3400rpmエンジンを載せ、最高速は100〜120km/h。ホイールベース2794mm、全長4750mmのサイズを持ち、後席には2人分の補助シートを備えた5〜7人乗りで、ウィンドシールドには安全ガラスが使用されていた。価格は標準セダンで4000円、フェートン4500円とされた。

また同時に、70型乗用車のエンジンを共用したトラック（ニッサン80型）およびバス（ニッサン90型）も発表され、トラックとバスはキャブオーバータイプにしたことが特色だった。ともにホイールベース104インチ（2641mm）と128インチ（3251mm）の2種があった。

またこれに先だって、2月22日、日産自動車株式会社は直轄の日産自動車販売株式会社を発足させた。小型ダットサン車と並行して、大型のニッサン車の生産化計画に伴い、販売部門の一元化を図るための措置だ。

ニッサン70型セダン

トヨタ自動車工業が誕生

トヨタAA型乗用車、GA型トラックの発売などに伴って、自動車部門が活発化してきた株式会社豊田自動織機製作所は、さらにその発展を図るため、自動車部門を分離・独立させることにし、8月28日、資本金1200万円でトヨタ自動車工業株式会社を発足させた。初代社長には豊田利三郎、副社長には豊田喜一郎が就任した。

世界のうごき
□盧溝橋事件
□ドイツ空軍がゲルニカ空爆
□川端康成『雪国』

ダイハツ初の4輪トラック発売、軍用の4輪駆動乗用車を試作

　1930年以来、3輪トラックの製作で自動車界に進出してきた発動機製造株式会社は、4輪車の研究にも着手し、1937（昭和12）年に同社初の小型4輪トラック"FA型"を発売した。エンジンは3輪車では単気筒750ccだったが、4輪車では水平対向2気筒を採用し、排気量732cc、4ストロークの強制空冷式で、3段ギアボックスと組み合わされた。ホイールベース1850mm、全長2795×全幅1195×全高1580mm、車重790kg。この4輪トラックは昭和12年春から販売が開始され、総計100台ほど製造・販売されたが、日華事変などの影響によって量産化には至らなかった。

　また同社は1937年初め、軍用の4輪駆動乗用車を試作した。エンジンは強制空冷2気筒の1200cc。ホイールベース1800mm、トレッド1240mm、フロント・サスペンションは独立式だった。定員2人のオープン・ボディで、車重600kg。最高速度70km/h以上、1/2勾配の登坂力を有していた。これは陸軍自動車学校の要請による比較審査のために1台が試作された。

（CG掲載、日本自動車工業史年表より引用）

高速機関で新型オオタを発表

　太田自動車製作所が改組されて1935年に新発足した高速機関工業株式会社は、新工場の完成を待って、1937年型オオタ乗用車を発表した。エンジンは4気筒の750cc、最高出力16hp、最高回転5000rpmであった。車種はセダン、フェートンおよびロードスターがあり、当時ダットサンと並んで無免許運転の小型乗用車として人気を呼んだ。また乗用車より一歩先に、同じエンジンを載せた500kg積の小型トラックも発表され、総販売店として高速自動車販売株式会社も設立されるなど、オオタの生産・販売体制が整えられていった。

（CG掲載、日本自動車工業史年表より引用）

オオタ・ロードスター

自動車クロニクル

昭和12年　**1937**年

進む日本の自動車開発

Episode
マセラティ社をオルシが買収

　1937年にマセラティは企業家のキャバリエール・デル・ラヴォロ・アドルフォ・オルシに買収された。12年間にわたって、職人達の情熱と忠誠心だけで支えられてきたマセラティ兄弟は、赤字まみれの会社を企業家のオルシに引き渡した。買収されるまでに生産されたマセラティは122台に過ぎず、これだけの生産量で会社が成り立つわけはなく、オフィッチーネ・アルフィエーリ・マセラティ社の経済的状況は、しばしば倒産の危機に瀕していたのだ。

　当主のアドルフォ・オルシは、スクラップ・ディーラーから身を起こして、地元の工業家の中で最も裕福な一族となるまでに登りつめた立身出世の人物で、モデナで鋳造業と鉄工業を営むほか、フェラーラでは農業用機械の製作工場と公共輸送機関の会社を所有し、エミリアではフィアットのトラックとバスを販売するなど、手広くビジネスを展開していた。

　オルシ父子は、イタリアを代表するレーシングカー・コンストラクターを傘下に収めることで、マセラティが長年にわたって作り続けていた定評あるスパークプラグ部門と、その輝かしいブランドを同時に手中に収めることになったが、それこそが目的だった。

　オルシ・グループ各社が作る電動トラックやバッテリー、モーターサイクルなどの製品にマセラティのブランドを付けることで、ステイタスを上げたかったのである。その"ブランド"が輝き続けるよう、オルシはマセラティを買収したのち、発祥の地であるボローニャのはずれにあった小さなワークショップをモデナの中心地近くへと移転させ、近代的な大工場に変貌させた。

　ビンド、エルネスト、エットーレのマセラティ兄弟は、1947年に兄弟がテクニカル・アドバイザーとしての契約が満期になるまで、マセラティにあって技術者として設計を続けた。オルシの支配は1968年まで続くが、その31年の間にマセラティは、レースで500以上の勝利を収めている。

Events
出来事　1937

- 商工省が自動車工業振興展覧会を上野で開催
- 2輪製造会社の三共が、社名を陸王内燃機と改称。陸王号が陸軍に制式採用される
- 自動車工業と東京瓦斯新電気自動車部が合併して、東京自動車工業（株）を設立
- 日本内燃機が"くろがね号"を発売
- タクシーの流し営業を禁止。戦時強化で石油資源温存のため
- 神奈川県の多摩川スピードウェイで、第3回日本自動車レースが開催される
- ドイツ国産車開発有限会社（フォルクス・ワーゲンの前身）が設立される。1933年のベルリン・モーターショーでヒトラーが国民に約束した、国民車（KdF）を生産するための会社を1937年に創立。国民車計画は軍備増強によって頓挫するが、戦後にイギリスの管理下でVWタイプ1（ビートル）が生産された。1960年に株式会社に改組
- ヴィンチェンツォ・ランチア（1881年生）死去
- グランプリレースが750kg規定で行われる最後の年
- 英国ジョージ・イーストンが"サンダーボルト"号で500km/h突破、502.11km/h（ボンネヴィル、1km記録）
- アウトウニオンPヴァーゲンでローゼマイヤーが速度記録に挑戦、403.30km/hを記録

昭和13年

1938年

ドイツに"国民車"が誕生

ポルシェ博士の夢のひとつだった優れた大衆車の生産が、
時の独裁者の野望に利用されることになった。

　この国民車とは今日、フォルクスワーゲン・ビートルと呼ばれるクルマだ。国民車が誕生した裏には、1933年に首相に就任した国家社会主義政党のアドルフ・ヒトラーの大衆に対する人気取り政策があった。

　この製作発表に反応したのが、自身の技術的理想のためにはけっして妥協を許さぬ純粋の技術屋、ボヘミア生まれのフェルディナント・ポルシェだ。まずローナー電気会社で電気乗用車やモーター／ガソリンエンジンのハイブリッド軍用トラクターを設計した後、アウストロ・ダイムラー、ダイムラー・ベンツ、シュタイア各社で設計主任を歴任、いくつかの高性能車、レーシングカーで名を挙げる。1930年、腹心の部下とともに設計事務所を開いたポルシェ博士は、生来の夢であった大衆のための小型乗用車を設計、まずモーターサイクル・メーカーのツュンダップ、次いでNSUにその生産化を打診するが不発に終わる。その折も折、ヒトラーが政権に就いた。

　ヒトラーはポルシェの設計を国家プロジェクトに取り上げ、1938年にKdFヴァーゲンの名で試作車が発表され、同年末にはヴォルフスブルクのKdF工場一部が完成した。

軍用車に転用され、
27万人の応募が反故に

　ドイツ国民はKdFを買うには定額貯金することが求められ、発表と同時に27万人が応募したという。しかし1941年、ヒトラーはポーランドに侵攻、全欧州は4年にわたる戦乱に捲き込まれる。KdFはそのまま軍用車に転用され、ヒトラーは国民の自動車貯金を踏み倒すことになった。

　戦後の1961年、貯金を踏み倒された人々から提訴されたVW社は敗れ、600マルク値引きしてVWを売るか、現金で100マルクを返済するかのいずれかを採ることを迫られた。

　VWはコストに縛られた大衆車だが、技術的には非常に高度な設計が施されている。空冷水平対向4気筒エンジンは工作精度が高く、長時間フラットアウトでアウトバーンを走

KdFヴァーゲンの試作車

自動車クロニクル

昭和13年 　　　　　　　　　　　　　　　　　　　　　　　　　世界のうごき
　　　　　　　　　　　　　　　　　　　　　　　　　　　□ 国家総動員法公布
　　　　　　　　　　　　　　　　　1938年　　□ ドイツがオーストリアを併合
　　　　　　　　　　　　　　　　　　　　　　　　　　　□ 日本がオリンピック東京大会を返上

ドイツに "国民車" が誕生

行できるよう、吸気系を絞って出力を低く抑え、長寿命化が図られている。横置きトーションバー／ダブル・トレーリング・リンクの前輪独立懸架とスウィングアクスルの後輪独立懸架は、ポルシェ博士が1934～37年のアウトウニオンGPカーに用いた設計そのものである。また進歩的なバックボーン・フレームに関しては、親交のあったタトラのハンス・レドヴィンカに倣ったものだ。

(SCG No.36より一部引用)

Episode
小型自動車が相次いで生産を中止

戦争に伴う物資の不足から、1938年7月に物資動員計画を改訂。物資の使用制限が強化され、重要戦略産業の自動車については、大型トラックの生産にしぼられ、軍用に適さない小型自動車の生産は大幅に制限されることになった。特に無免許運転の認められた小型自動車については、乗用車は軍用および官庁向けを除いては製造中止とされ、トラックは原材料の不足から事実上生産休止となった。ダットサンやオオタ、筑波などの各車は手持ち資材がなくなるにつれて相次いで生産が中止されていった。このため日産自動車は大衆車 "ニッサン" の製造に専念した。

(CG掲載、日本自動車工業史年表より引用)

Episode
ダットサンが累計生産2万台を達成

日産自動車の横浜工場でダットサン第1号車（セダン）が造られたのは1935年4月12日だが、それから3年と45日めの1938年5月26日、同工場で累計生産2万台めのダットサンがラインオフした。これは当時の国産車としては最高の量産記録であった。

Episode
日本初の2ストローク・ディーゼルが完成

日本デイゼル工業は、ドイツのクルップ社から2ストローク・ディーゼル・エンジンの特許を買い入れて製品化の研究を進めてきたが、1938（昭和13）年11月に純国産による初の2ストローク式ディーゼル・エンジンを完成した。

Column
アウトバーンで最高速記録会

アウトバーンはドイツのモータースポーツにも貢献した。長いストレートを使って、メルセデス・ベンツとアウトウニオンの両雄が最高速記録会を繰り広げたのだ。なかでも1938年1月28日の出来事が有名だ。

舞台となったのはフランクフルトとダルムシュタット間の長いストレート。メルセデスのカラチオラがフライングで1km区間で432km/hを出し、それまでアウトウニオンが持っていた記録を破った。この様子を見守っていたアウトウニオンのローゼマイヤーは、すぐさま再挑戦すべくコースに戻っていった。だが、突風に煽られてクルマは道路を外れ、ローゼマイヤーは命を落とした。ミドエンジンのアウトウニオンPヴァーゲンを乗りこなすことのできた、数少ないドライバーがローゼマイヤーであった。

Events
出来事 1938

- ミシュランがラジアルタイヤ開発着手
- ニコラ・ロメオ死去（1876年生）。アルファ・ロメオの経営者。同社の経営を安定させ、後のアルファ・ロメオのイメージを作り上げた
- オールズモビルが1939年モデルに、ハイドラマチック自動変速機をオプションで採用
- パッカードが1939年モデルでエアコンディショナーを採用
- 日本でガソリンが切符制に。戦時体制強化に伴い規制が強化される
- トヨタ挙母（豊田市）工場に流れ作業を導入
- 車両重量が750kgというグランプリカーの規定が終わり、1938年から新しい規定が始まる。自然吸気4500ccまたは、過給器付き3000cc。最低車両重量はホイールを除いて400～850kg（エンジン容量により変化）。ボディ幅85cm
- アルファ・ロメオとエンゾ・フェラーリがレース部門を再編成、アルファ・コルセを結成
- タツィオ・ヌヴォラーリがアウトウニオンに移籍。いくら名手であっても、近代的なドイツ勢を敵に回しては、もはや時代遅れのアルファやマセラティでは戦うすべがなかった
- 同年のミッレミリアは、公道で開催されるレースとしては戦前では最後。レースの終盤、ボローニアでプライベティアのランチアが路面電車のレールに乗ってスリップし観客の列に突っ込み、10人が死亡、23人が重軽傷を負う事故が発生。これにより1939年のミッレミリアは中止
- ジョージ・イーストンが"サンダーボルト"で575km/hを達成。エンジンはスーパーチャージャー付きロールス・ロイス製を2基搭載。合計排気量73リッター、合計出力6000ps

---

昭和14年　**1939年**

世界のうごき
- ドイツ軍がポーランドに侵攻
- ノモンハン事件で日本軍が大敗
- 双葉山が69連勝

第二次世界大戦勃発

- ベルリン・モーターショーにメルセデスがV12エンジンの試作車を展示。戦争のために生産化断念
- GMのオールズモビルがトルクコンバーター付き自動変速機を、オプション設定
- ポルシェが乗用車のKdF（VWビートル）のコンポーネンツを用いて軍用車のキューベル・ワーゲンを設計

キューベル・ワーゲン

- ドイツ・チームは開戦に伴いレース活動休止
- エンゾ・フェラーリがアルファ・コルセを離脱し、自らの会社としてモデナにアウト・アヴィオ・コストルツィオーニ社を設立
- イギリスのジョン・コッブが、レイルトン・モビル・スペシャルで595km/hを記録。1929年製の航空機用レイルトンW型12気筒ネイピア・ライオンを搭載していた。速度記録更新は戦争で中断
- インディ500でマセラティ8CFTが優勝。翌40年も連覇。ドライバーはアメリカのウィルバー・ショウ
- 航空機速度記録の755.1km/hが達成される（5月）。ダイムラー製の倒立V12搭載2300psエンジンを搭載したメッサーシュミットMe209V1
- 世界初のジェット機、独ハインケルHe178の試験飛行に成功。第二次大戦の4日前のころ
- 日本軽自動車工業組合創立（全日本小型自動車協会から発展）

昭和15年

1940年

世界のうごき
- 日独伊三国同盟成立
- 創氏改名を強行
- デュポン社がナイロンストッキング発売

日本フォード、日本GMが生産中止

日本から、GMとフォードが
徹底していった。

　自動車製造事業法の制定（1936年）によってアメリカ資本の2社の年間組み立て台数は、日本フォードが1万2360台、日本ゼネラル・モーターズは9470台に制限されたが、当時の国産車に比べて品質的にはるかに優れていた両社の製品に買い手が集中し、不足分は直接アメリカから完成車を輸入しようとする傾向にあった。このため政府は外国車の輸入を抑えて、外貨の流出を防ぐと同時に、国産自動車工業の確立を図るため、自動車の輸入関税の引き上げ（1936年11月20日に完成車の価格に対して50％から70％へアップ）などを実施してきた。

　だが一方で、日華事変の勃発以来、日本円の為替相場が低落して、日本フォード、日本GM両社は採算がとりにくくなった。さらに戦時体制下での財政確立のため政府が全面的な為替管理を行うことになったため、アメリカ系両社は組み立て用部品の輸入、および売り上げ金の本国への送金も不可能となり、ついに1940年に日本での組み立て生産を中止し、工場を閉鎖してしまった。

（CG掲載、日本自動車工業史年表より引用）

Events
出来事 1940

- ポルシェが水陸両用車のシュヴィムワーゲンを設計
- フェラーリ独立後初のレーシングスポーツ815が完成。ミッレミリアに出場

フェラーリ815

- クライスラー油圧クラッチを採用
- ナッシュにモノコックボディ採用
- パッカードにエアコンをオプション設定（クローズボディのみ）
- 米CBSがカラーテレビの放送実験
- 日本、米・味噌・醤油など生活必需品に切符制採用

Column
戦前最後のミッレミリア

　1940年のミッレミリアは、ブレシア～クレモナ～マントヴァ～ブレシアの公道を閉鎖したほぼ三角形のコースで開催された。ハンシュタイン／バウマー組がドライブした空力的なクーペボディを備えたBMW328が優勝を果たした。チームの全員がナチス親衛隊（SS）の制服姿だった。

BMW328MMクーペ

04章／世界大恐慌と自動車

昭和16年

1941年

米陸軍の要請でJeep誕生

軍用車としての厳しい要求に応えて完成したJeepは、
優れた機械としての機能美もあわせ持っていた。

1940年代の初め、ドイツとイタリアがヨーロッパおよび北アフリカで勝利を挙げると、アメリカ陸軍では全地形型偵察用車輌の開発が急務となった。陸軍は1940年6月、全米の自動車メーカー130社に対して軍が望む4輪駆動車の要求仕様書を送付した。この要求仕様書によって、ジープの開発が始まった。

軍用車としての厳しい要求

政府が示した仕様は次のように厳しいものだった。4輪駆動であること。ドライバーのほかに3人が乗れること。30mm口径の機銃の銃座がつけられること。重さが1300ポンド（585kg）以内で積載量は300ポンド（135kg）。ホイールベースは80インチ（2032mm）以下、全高は36インチ（914mm）以下、トレッドは47インチ（約1200mm）以下、最低地上高は6.5インチ（165mm）以上であること。そして時速3マイル（4.8km/h）で走ることが可能で、エンジンはオーバーヒートしないこと。エンジンの最高出力は45hp以上が求められた。これらの条件の中でも特に重量制限は実現不可能と思われていた。

この厳しい要求に応えたのは、偵察用車輌納入の実績があるバンタム社と、ウィリス・オーバーランド社の2社だけだった。だが、ウィリスは7週間以内というプロトタイプの開発期限の延長を望んだ。一方バンタムは社外からの助力を必要とし、デトロイト出身のエンジニア、カール・プロブストを得て、1940年7月17日に開発に着手。1週間後、プロブストが描いたバンタム社のプランが落札され、プロトタイプ第1号車が期限内に完成した。もっともバンタム車は車重が50%近くも超過していた。

ウィリスとフォードが大量生産

このプロトタイプを約5500kmにおよぶ過酷なテストに供した陸軍は、合格との結論を下し、バンタムの設

1940年にウィリスが製作したパイロットモデル

自動車クロニクル

昭和16年

1941年

世界のうごき
☐ 真珠湾攻撃（太平洋戦争勃発）
☐ ゾルゲ事件
☐ 高村光太郎『智恵子抄』

米陸軍の要請でJeep誕生

計を元にしたプロトタイプの製作をウィリスとフォードの2社に依頼した。陸軍は契約をウィリス・オーバーランドと結び、ウィリスは短期間のうちに大量の車を製造するために、アメリカ合衆国政府に対して他社に車の製造を行わせる非独占的ライセンスを付与。フォードが大量生産に入った。第二次世界大戦中、ウィリスとフォードの2社は70万台以上の発注を受け、ウィリスMBを33万台以上も生産。第二次大戦でジープは大活躍した。

ジープの機能に徹した美しさは高く評価された。ニューヨーク近代美術館（MoMA）が1951年に開催した"8 automobiles——自動車デザインの美学に関する展覧会"では、現代の自動車デザインの礎を築いた8台の車が展示されたが、その中に乗用車に混ざって1951年ウィリス・ジープが選ばれている。

Episode
日本の自動車生産最高に

日本国内の自動車生産が戦前の最高を記録。1941（昭和16）年の国内の自動車生産は、普通車（トラックおよびバス）4万2096台、小型4輪車（トラックおよび乗用車）2590台、普通乗用車996台、合計4万5682台に達し、戦前の最高記録となった。

Events
出来事 1941

- 日本で石油の規制が始まる。乗用車およびバスのガソリン使用が全面禁止。燃料はすべて木炭、薪などの代用燃料に切り替わる。代用燃料車はガス発生炉の取り付けに費用がかかるうえ馬力もない。タクシー会社は統合がすすむ
- 自動車統制会設立（会長は陸軍中将）。自動車行政は事実上陸軍の所轄となる。自動車も統制経済に取り込まれたというわけだ
- 東京自動車工業が、ディーゼル自動車を製造する事業許可会社に指定される。社名をヂーゼル自動車工業に改称

04章／世界大恐慌と自動車

昭和17～18年

1942 ～ 1943年

トピックス

昭和17年 1942年

世界のうごき

- □ミッドウェー海戦、ガダルカナル島の戦いで日本軍が惨敗
- □米で「マンハッタン計画」に着手

出来事 1942

- ●アメリカが乗用車および民需用トラックの生産禁止、軍需用のみの生産となる
- ●米初のターボジェット機ベルXP-58Aエアラコメットの実験飛行
- ●関門海底トンネル開通（当時世界最長）
- ●ボッシュ社創業者、ロベルト・オーガスト・ボッシュ（1861年生）死去
- ●日本で外国製乗用車の販売が全面禁止に。これに先立って外貨の使用制限から輸入もできなくなっていた
- ●ヂーゼル自動車の日野製作所が分離独立して、日野重工業が誕生。日本陸軍の意向による。現在の日野自動車の前身
- ●日本自動車配給公社設立。各メーカー販売網をひとつに統合し、1県あたり1公社を置く
- ●陸軍航空本部が日産自動車に航空発動機の生産を命令

Episode
日野重工業設立

ヂーゼル自動車工業が軍用特殊車両（装甲軌道車輛、戦車など）の専用工場として建設を進めていた日野製造所（東京都南多摩郡日野町）が1941年8月27日に完成した。同社では自動車製造事業法による許可会社に指定された条件に従って、ディーゼル車の製造に専念するため、1942年5月1日、日野製造所を分離独立させ、日野重工業株式会社（資本金5000万円、全株式をヂーゼル自動車工業が保有）として発足させた。日野重工業は軍用特殊車輌のみの製造を行った。旧東京瓦斯電気工業系のメンバーが中心となって経営にあたり、現在の日野自動車工業株式会社の前身となる。

昭和18年 1943年

世界のうごき

- □「学徒出陣」始まる
- □イタリアが降伏
- □米英中首脳がカイロ会談

出来事 1943

- ●日本で軍需会社法が施行される
- ●日本小型自動車工業組合を日本小型自動車統制組合に改組

Episode
ヂーゼル自動車でPA10型乗用車を試作

1942年10月に政府から日産自動車、トヨタ自動車工業、ヂーゼル自動車工業の国産3メーカーに高級乗用車の試作が依頼された。ヂーゼル自動車では1943年6月にシャシーを完成したのち、帝国自動車でボディ架装して、同年9月にPA型の完成をみた。エンジンは水冷サイドバルブの直列6気筒4390cc（90×115mm）のガソリン、圧縮比6.2で100hp／3000rpmの出力だった。前輪はトーションバー式の独立懸架が用いられた。

（CG掲載、日本自動車工業史年表より引用）

ヂーゼル自動車　PA型

自動車クロニクル

昭和19年

1944年

戦時下で進む日本の自動車開発

日本では軍用トラックに生産が集中していたが、
軍用ではあるが乗用車も試作されていた。

日本が戦時簡易型トラックの製造開始

　戦局の悪化に伴って資材の極端な不足に追い込まれたため、軍需産業に指定された自動車も資材難から、鋼材の3割節約を目標にした戦時非常措置による簡易型車の製造に踏み切り、生産車種もほとんどトラックに限定された。

　この資材節約によって、ラジエターマスクは取り去られ、鋼鉄製の荷台は木製に代え、銅を用いていたパイプはアルミ系合金などに改め、しんちゅうは亜鉛鋳物で代用され、またヘッドランプは中央に1個だけ、ブレーキも前輪は廃止されて後輪だけになるなど、大幅な簡易化が図られた。　　（CG掲載、日本自動車工業史年表より引用）

トヨタ大型B乗用車を完成、BC型乗用車を試作

　トヨタ自動車工業では1943年秋から、政府の依頼による高級乗用車設計にとりかかり、1944年1月にB型乗用車を完成した。水冷直列6気筒OHV3386ccエンジンを搭載。ボディはホイールベース3300mmという大型で、補助席を含めて乗車定員7人、運転席と客席を分離したリムジンであった。シャシーにはねじり剛性を高めるためにX型フレームが採用され、サーボブレーキ・システムも検討され、室内には冷暖房装置も設けられていた。この大型B乗用車は3台が試作された。

　また商工省の自動車技術委員会が1939年に決定した自動車規格に従って、トヨタ自動車工業は2500ccの中型乗用車、BC型を2台試作した。観音開き式ドアを持った4ドア・セダンで、ヘッドライトがフェンダーに埋め込まれていた。エンジンはAE型乗用車などに載せられたC型をベースにしたもので、45hpを発生した。ホイールベース2800mm、全長4650×全幅1750×全高1650mmの4人乗りだ。

　自動車技術会の規格は、乗用車についてはエンジン容積によって1000cc、1500cc、2500ccおよび3500ccの4種類であった。

（CG掲載、日本自動車工業史年表より引用）

日産自動車が日産重工業と改称

　アメリカ軍による空襲の激化に伴って各種工場の疎開が相次ぐように

世界のうごき
- □「神風特別攻撃隊」初出撃
- □ノルマンディ上陸作戦
- □三島由紀夫『花ざかりの森』

Events
出来事 1944
- ●ポルシェ設計事務所、オーストリア・ケルンテン州グミュントに移転
- ●日本で自動車製造各社が軍需会社に指定される
- ●ダットサン・トラック生産開始

　なったが、日産自動車は工場だけでなく、本社をも工場街の横浜市神奈川区から東京・日本橋の白木屋3階に移し、同時に社名を日産重工業株式会社と改めた（9月18日）。

　これは軍の要請によって1943年から航空機エンジンの製造も行い、また製鋼部門にも手を広げていたことなどから、総合的な"重工業"を名乗ることになったものだ。なお同社名は第二次大戦後の1949年8月1日に、再び日産自動車株式会社に復帰した。　（CG掲載、日本自動車工業史年表より引用）

Column
ルイ・ルノー投獄

　第二次大戦開戦から間もなく、緒戦優勢のドイツ軍の前にパリは陥落し、ドイツ軍の占領下に入った。ルノーを率いていたルイ・ルノーは、一生をかけて築いた自社の工場を守るためにドイツ軍に協力する道を選んだ。1944年8月にパリが解放されると、ルイ・ルノーはナチス協力者として投獄され、44年10月25日に獄死した。ルノー社は1945年、ルノー公団になる。

昭和20年　# 1945年

世界のうごき
- □日本が無条件降伏
- □国際連合結成
- □マルセル・カルネ『天井桟敷の人々』

終戦でクルマの新時代へ

- ●ジョヴァンニ・アニエッリ（1866年生）死去。フィアットを創立したメンバーのひとり
- ●フェルディナント・ポルシェ博士が戦争に協力したとの罪状で、フランス政府が拘留
- ●GHQがトラックの製造を許可。トラックだけとはいえ、日本の戦後の自動車生産が始まる
- ●9月8日、パリ・ブーローニュで自動車レース再開、グランプリ・ド・ラ・リベラシオン（通称プリズナー・カップ）。これが戦後最初のモータースポーツとなった
- ●フランスのパナールが小型車生産主体に方向転換。空冷水平対向2気筒エンジン搭載の前輪駆動車のディナを発表。トーションバー式バルブスプリングを採用。軽合金製セミモノコック・シャシー

Column
トヨタ自動車工業の民需転換

　1945年9月25日、GHQは「製造工業操業に関する覚え書」を発し、軍需工場を民需転換させる方針を示した。戦争中、軍需会社に指定されていたトヨタ自動車工業は、10月10日に民需転換の許可を申請。12月8日には民需転換許可が下りて、トラックや自動車部品の製造が認められた。
（トヨタ自動車20年史による）

自動車クロニクル　113

05章

戦後復興と新しい潮流

1946年

↓

1954年

長い戦争が終わり、この日を待ちかねたように、
世界各国で様々な大衆車が誕生していった。
ドイツではフォルクスワーゲンの本格的な生産が始まり、
フランスではルノーが4CVを、シトロエンは2CVを世に出した。

昭和21年

1946年

平和の時代に向けた小型車が登場

1946年のパリ・サロンで、ルノーは4CVと名付けた小型車を発表、翌年から販売を開始した。

戦時中のフランスは空襲を受け、ルノーのビヤンクール工場も壊滅状態であった。そうしたなかでも平和の時代に向けた小型車、4CVプロトタイプが出番を待っていた。

後に4CVとなるこの小型車は、当時のルノー研究部門の副部長であったフェルナン・ピカール技師が個人的なプロジェクトとして手掛けていたモデルで、1943年12月の末にはプロトタイプが完成していた。ボディスタイリングこそ生産型の4CVとは異なるが、水冷4気筒OHVの760ccエンジンをリアに搭載していた。戦前型を再生産することで、大戦後の活動を始めたルノーでは、戦後の中心車種となる新型車の準備が急がれていた。すでに開発が終わっていた2000ccクラスの中型車か、あるいはピカール技師が完成していた小型車とすべきかの決断を迫られた結果、戦後の困窮したフランスには小型車が最適だろうと、後者が選ばれた。

4CVが1946年のパリ・サロンで発表された際には、安価であることは魅力だったが、一般の反応は芳しいものではなかったといわれる。だが1年後に発売されると、評価は一変し、1カ月を待たずして注文が殺到し、最長3年というバックオーダーを抱えるまでになった。

ルノー4CV

100万台を超える大ヒット

室内は4人の大人にとって充分に広く、4CVのリアサスペンションはシンプルなコイルスプリングによるスウィングアクスル、フロントはコイルとウィッシュボーン式で、快適な乗り心地を示した。

水冷4気筒OHVエンジンは760cc（55×80mm）で、圧縮比6.7から19ps/4000rpmを発生していた。1951年には国際的なモータースポーツイベントの750cc以下クラスに収まるようにと、ボアを0.5mm縮小して748ccとし、同時に圧縮比を7.25に引き上げて21ps/4100rpmとしている。スポーツのために排気量を縮小するところは、さすがにモ

世界のうごき
- 天皇の人間宣言
- 極東軍事法廷が開廷
- 真空管式電子計算機「エニアック」完成

フランスで好調な売れ行きを示した4CVは、ヨーロッパ各地でも成功し、また、外貨獲得のために大西洋を渡ってアメリカでも販売された。1961年7月6日にビヤンクール工場で生産を終えるまで、110万5547台が生産された。4CV以前にフランスで100万台を超えたクルマはなかった。

日本でも日野自動車が1953年からライセンス生産し、日野ルノーの名で販売された。

モータースポーツでも活躍

安価で入手の楽な大衆車をモータースポーツに使う人々は世界中に少なくない。ルノー4CVも例外ではなかった。小さなエンジンは快適に回り、4輪ドラムブレーキはよく効いた。ギアボックスは3段だったが、たった560kgの車重には不足はなく、ラック・ピニオンのステアリングはスムーズで確実だった。ストックのままでも、ルマンやミッレミリアにも参加したことがある。

どこにでもある4CVをベースとして、スポーティーなスペシャルを製作しようと試みた人は大勢いる。そうした中でアルピーヌは4CVスペシャルから発展し、成功を収めた。

Column

4CVから生まれたアルピーヌ

1952年、ジャン・レデレがイタリアのアレマーノに依頼して4CVをベースとして、ミケロッティのデザインになるクーペを造らせたことがあった。翌年には2台目が造られたが、同車の製造権はアメリカの企業家に売り渡され、レデレのもとには鋳型とボディ治具が残った。レデレは、このアレマーノ・クーペの設計を活かしてA106を造り上げた。これがアルピーヌの起源となった。

このA106は前述したように4CVがベースだが、1958年以降にはA108に発展する。初期型のA108はA106にドフィン・ゴルディーニ系のエンジンとギアボックスを載せたモデルだったが、1960年代中頃になると、カブリオレとクーペでは4CVのプラットフォームに代わって、アルピーヌの設計になる鋼管製バックボーンフレームが使われるようになった。

アルピーヌA106

昭和21年

1946年

平和の時代に向けた小型車が登場

Column
トランスファーマシーンとルノー

4CVは第二次世界大戦後のルノー復興の立役者となったが、その量産に貢献したのが工作機械のトランスファーマシーンだ。これは、ルノーの若いエンジニアであったピエール・ベジェが発明したものだ。同様なものはすでに存在し、アメリカの量産工場では油圧式が使われてきたが、ルノーが開発したマシーンは圧搾空気を使い、電気で自動制御するのが特徴であった。まず、4CVのシリンダーブロック加工用にビヤンクール工場に設置されたが、その存在はたちまち世界中から注目され、見学者が押し寄せたといわれている。やがてルノー製のトランスファーマシーンは世界中の生産工場に輸出され、定量生産では先輩格のGMでさえもルノーのマシーンを採用したほどだ。

Column
ポルシェ博士の設計？

ルノー4CVがフェルディナント・ポルシェ博士の設計であるという説がある。VWビートルと同時期に市販されたリアエンジンの小型車ということから流れた"誤った説"だ。だが、根も葉もない流言というわけでもない。ナチスへの協力者としてフランス占領軍に軟禁されていたポルシェ博士が、ルノーの技術者から1台のプロトタイプを見せられ、意見を求められたからである。ポルシェ博士はサスペンションとステアリングにアドバイスを与えたといわれている。

4CVのプロトタイプ

Events
出来事 1946

● フォルクスワーゲンが英軍管理下で生産再開。この年は1万200台を生産

生産1000台のセレモニー

● イタリアのピアッジョがベスパ98を発売。モノコックフレームに前後片持ちサスペンション、サイドエンジンなど航空機メーカーの技術を活かした革新的スクーター。この手の2輪車が戦後のイタリア人の足になり、大ヒットする

● スウェーデンの航空機製造会社のサーブが、同社にとって初の自動車となる試作車92.001を完成。横置き2ストローク・エンジンによる前輪駆動に空力的なボディを架装

サーブ92.001

● メルセデス・ベンツ生産再開
● ベルギー・グランプリが再開される

昭和22年

1947年

フォルクスワーゲン、本当の国民車に

VWビートルはドイツ国内のみならず大西洋を渡ってアメリカに上陸すると、優れた耐久性と経済性を訴える巧みな宣伝戦略で大ヒットした。

道路（アウトバーン）とクルマでドイツ国民の心を捕えようとしたヒトラーによって、フェルディナント・ポルシェ設計の国民車（KdF）は急速に具体化し、1938年には完成を見た。だが、実際は第二次大戦が勃発すると軍用車として使われ、クルマを持つことを夢に見ながら貯金に励んでいた国民には届くことはなかった。

アメリカ市場にも浸透

しかしそのKdFは、1946～47年にフォルクスワーゲン（文字どおり国民車）として甦った。国内市場はもちろんだが、旺盛な自動車需要を持つアメリカに目を向けたVW社は、巧みな広告展開でVWの優れた品質をアメリカ市場に浸透させ、アメリカで売られる輸入車のベストセラーとなったのはもちろん、アメリカにおける輸入車市場を飛躍的に拡大させた。

西ドイツの戦後復興に貢献

その数があまりに多かったことからアメリカの自動車産業界はVWの存在を脅威に感じるようになり、競ってVWの増殖を止めるべく小型車を市場に投入した。だが、どれもただ単にサイズダウンしたアメリカ車にすぎず、VWのライバルとはなりえなかった。VWショック以降、アメリカのメーカーは熱心に小型車開発に取りくみ、アメリカにも小型車が根付くことになった。

世界中でカブト虫と呼ばれたこのクルマは、東西に分断され、灰燼の中から蘇らなければならなかった西ドイツの戦後復興の原動力となった。

ドイツ本国におけるVWビートルの生産は1975年に終わるが、ブラジルとメキシコに生産拠点を移して2003年まで生産を続行、4輪自動車としてT型フォードを凌駕し、世界最多となる2152万9464台の生産累計を打ち立てた。

Episode
ポルシェ356が完成

オーストリアのグムュントに疎開していたポルシェ社が、VWベースのスポーツカーを試作した。1948年春に完成したこれが、後の356に発展する。

またポルシェはイタリアでチシタリアを主宰するピエロ・デュジオからの依頼により、水平対向12気筒1500cc、スーパーチャージャー付きエンジンをミドシップに搭載したチシタリアGPカーを試作製作している。

自動車クロニクル

昭和22年

1947年

世界のうごき
- 日本新憲法施行
- マーシャルプランが提案される
- 太宰治『斜陽』

フォルクスワーゲン、本当の国民車に

Episode
フェラーリが初レース

エンゾ・フェラーリは1929年に自動車レースに出場するアルファ・ロメオのユーザーを支援するために、モデナにスクデリア・フェラーリ社を設立。事実上のワークスチームとして1938年までレースに参加し、同年にはアルファ・コルセのレーシングマネジャーとなった。

1939年いっぱいでエンゾはアルファ・ロメオから独立し、スクデリア・フェラーリの本社内にアウト・アヴィオ・コストルツィオーニ社を設立した。エンゾがアルファ・ロメオから独立する際の条件に、フェラーリが一定期間は自動車生産を行わないという事項があったため、発足当時の同社は工作機械、特に油圧グラインダーを製造していた。

やがて、アウト・アヴィオ・コストルツィオーニ社の名の下で、エンゾはレーシングカーの製造に着手した。手始めにフィアット製4気筒エンジンのコンポーネンツを使い、ティーポ815と呼ばれる自社製の直列8気筒1500ccエンジンを搭載したスパイダーを製作、2台が1940年のミッレミリアに出場した。第二次世界大戦の勃発とともにモータースポーツがしばしの眠りにつくと、1943年には工場をモデナからマラネロに移した。

大戦が終わると、アウト・アヴィオ・コストルツィオーニはフェラーリと社名変更し、ジョアッキーノ・コロンボが設計した、V型12気筒1500ccエンジンを搭載するティーポ125を設計した。1947年5月11日、フランコ・コルテーゼがピアチェンツァ・サーキットで同車をドライブしてサーキットにデビューを果たし、その2週間後にはローマ・グランプリでフェラーリとして初めての勝利を手中に収めた。

Column
クーパー親子がもたらした衝撃

イギリスでクーパー・カーズ社が設立される。チャールズとジョンの父子が設立したクーパー社は、モーターサイクルの単気筒500ccエンジンをミドシップに搭載したシングルシーターで英国のモータースポーツ界に一大旋風を巻き起こし、彼らのフォーミュラがF3にも採用された。

1955年からF1進出、得意のミドシップ・レイアウトを用いた斬新なマシーンを製作し、1959、60年にはジャック・ブラバムがワールドチャンピオンを獲得した。クーパーのミドエンジン・グランプリカーのポテンシャルに驚かされたコンストラクターが次々にミドシップに鞍替えした。1968年でレース活動終了。クーパーがチューンを施したミニ・クーパーはあまりに有名。

Events
出来事1947

- 4月7日、ヘンリー・フォード1世（1863年生）死去。フォードの創業者
- ウィリアム・クレイポ・デュラント（1861年生）死去。GMの創業者
- スチュードベイカーV8モデル登場。他のメーカーもこのV8化に追随し、これ以降、アメリカではV8エンジンが標準化されていく
- ジョン・コップが、レイルトン・モビル・スペシャルで634km/hを記録
- 第1回アルゼンチンGP開催
- 戦争で中断していたフランス／イタリアGP再開
- ミッレミリア再開。優勝はアルファ・ロメオ8C2900。2位にはヌヴォラーリのチシタリア202スパイダーが入る
- FIA（国際自動車連盟）設立

昭和23年

1948年

シトロエン2CV登場

クルマを運転したことのない人が使うことを前提として開発された"農民車"。プロトタイプは、ヘッドライトも1個だけという簡素きわまりないクルマだった。

主に農村で使われることを前提として計画された、廉価で丈夫な多用途小型車として2CVは登場した。

機構的に簡便な構造を持ち、同時に快適な乗り心地でなければならず、「籠に入れた卵を割ることなく悪路を走破すること」が求められた。見た目はどうでもよく、長年の酷使に耐える信頼性の高さこそ最優先事項とされた。

農村での使用を前提

経営者ピエール・ジュール・ブーランジェから、難しい課題を突きつけられたエンジニアのアンドレ・ルフェーヴルは、その要求に応えて、"農業国フランスに相応しい車を、いかにもフランスらしい発想によって"完成させた。

ルフェーヴルは前輪駆動システムを採用し、空冷水平対向2気筒の375ccエンジンと4段ギアボックスを前車軸前においた。ステアリングはラック・ピニオン式とし、快適な乗り心地を得るために、当初はトーションバーによる全輪独立懸架を考案した。だが、生産化にあたって、一対のコイルスプリングを水平に置き、前輪と後輪とを結びつける関連懸架に改められた。このサスペンションのレイアウトにより、ピッチングが抑えられるだけでなく、きわめて良好な乗り心地が可能となった。

通常のフリクションタイプのダンパーに鉛の錘を組み込み、イナーシャタイプの特性を加味させている。この鉛が筒の中で上下動し、その慣性により各輪の無用な上下動を抑えたのである。できる限り軽量に仕上げることに留意し、ボディ製作にあたって、高価なプレス機械を使わなくてすむよう、パネルは平面で構成されていた。またドアもフロントフェンダーも簡単に外すことができた。

フロントウィンドーの開閉は単純な跳ね上げ式で、シートはチューブを曲げたフレームにゴムのストリップを渡してスプリングとした簡単なものだった。左右揃ったヘッドライト（試作型では片方にしかなかった）、

2CVのプロトタイプ

自動車クロニクル

昭和23年

1948年

シトロエン2CV登場

原始的なヒーター、電気式スターターモーター（社長のブーランジェは発売直前まで装着を認めなかった）など、必要不可欠な装備が次々に追加したため車重は当初より増えたが、それでも超軽量に仕上った。

41年間にわたり
695万6895台を生産

1949年7月に発売されたが、ボディカラーはダーク・メタリックグレーだけで、同年末までに納車されたのは924台に留まる。納車待ちリストは日に日に伸びる一方だったが、最初は農村地帯に住む医師、助産婦、獣医、聖職者などから優先的に納められた。

1952年に唯一のボディカラーがソリッド・カラーのダークグレーに変わり、これにアイボリーのホイールが組み合わされた。生産は週400台ペースに高まったが、18カ月待ちは当たり前であった。

生産型シトロエン2CV

1954年10月には、425ccの12psエンジンを搭載した新モデルAZがカタログに加わった。出力が3割向上したことで最高速が80km/hに伸び、停止すると自動的にクラッチが切れる遠心クラッチがAZでは標準装備となった。

2CVは時代に合わせた必要最小限度の変更を行いながら、フランスの庶民の移動手段として、息長く生産され続けた。2CVの慎ましさ、素朴さに新鮮な魅力を見出した若い人たちや、豪華で大きな物に辟易した大

Episode

タッカー・トーピード48発表

工場経営者のプレストン・タッカーが開発した先進的な乗用車で、リアに水平対向6気筒の5.5ℓエンジンを搭載する。安全性にも高い関心を払って設計されていた。あまりに革新的であったことと、既存のメーカーからの妨害を受けて計画は頓挫してしまった。映画監督のフランシス・フォード・コッポラは、タッカーに強い関心を持ち、『Tucker: The Man and His Dream』の題名で、自身が監督して映画を製作した。1988年に封切られた。

世界のうごき
□ベルリン封鎖
□第1次中東戦争
□帝銀事件

人たちから再認識され、支持された時期もあった。また1973年に石油危機が勃発すると、これが2CVの販売を強力に押し上げたことも忘れてはならない。

1988年2月25日、ルヴァロワ工場での生産が終了したあとは、労賃の安いポルトガルのマングアルデ工場にて生産されるようになった。

1990年7月27日、41年間にわたる生産のすえ、グレーに塗られた最後の2CVチャールストンがポルトガルのラインを離れた。最終的な累計生産台数は695万6895台であった。

2CVの派生モデルのひとつ、フルゴネット

Column
CVとは馬力のこと？

シトロエン2CVのことを"2馬力"と言うから、エンジンが2馬力しかない……と思ったという笑い話があるが、いくら軽量車でもそんな非力なエンジンでは走らない。初代の375ccエンジンだって9馬力あった。ここでいう"CV"とはフランス課税馬力のこと。"CV"はCheval Vapeurの略で、Chevalは馬を、Vapeurは水蒸気や蒸気を意味する。つまり動力源を指す。

2001年に納税者の反対で廃止されるまで、フランスには"vignette"という自動車税が存在した。これはエンジンのスペックで課税区分されており、"CV"はエンジン排気量と、車重を元に算出された定義上の馬力だ。

ちなみに17CVを超えると極端に税額が大きくなる。これについて日本の文献では「禁止税的に高額になる」と書いてある。フランスの自動車税は高齢者福祉財源に使われる目的税であったから、富裕層が乗ることが多い大排気量車の税金が高額だったのだ。1984年に税制改正で地方税となり一般財源化されたことで、反発を買い、2001年に自家用車は無税となった。

Events
出来事 1948

● アルファ・ロメオ株式会社に改組、ただし経営母体はIRIのまま国有
● ロンドン・ショーでジャガーXK120がデビュー

ジャガーXK120

● ポルシェ356の1号車が完成。ただし後の生産型とは異なり、VWから流用した水平対向4気筒エンジンはミドシップに搭載されていた
● 8月にアメリカでの自動車生産が累計1億台を突破

自動車クロニクル 123

昭和24年

1949年

世界のうごき
☐ 中華人民共和国成立
☐ 1ドル＝360円の単一為替レート設定
☐ 湯川秀樹ノーベル賞受賞

ポルシェ356登場

オーストリアのグミュントに疎開していたポルシェ社が、
独自のニューモデル356を発表。

1947年頃から、VWビートルをベースにした軽量スポーツカーを開発中だったポルシェは、1949年のジュネーヴ・ショーで"356"を公開した。設計はフェルディナント・ポルシェ博士の長男のフェリー。試作車はミドにVWの水平対向4気筒1131ccエンジンを搭載していたが、生産型ではリアエンジン方式となり、排気量もレースで1100cc以下クラスに入るため、1086ccとした。

極初期の350クーペ

Events
出来事 1949

- クライスラー社、全車に油圧ディスクブレーキを装着するが、失敗に終わる
- GMがキャディラックにV8・OHVエンジンを採用。331cu-in（5.4ℓ）のショートストローク型で160hpを発生、軽量構造。1950年からアメリカ車で勃発する馬力競争の発端
- キャディラック・クーペ・ド・ヴィルに量産車初のハードトップ登場。49型モデル終了間際に投入されたため、生産は2150台と少ない。ほぼ同時期にビュイックやオールズモビルにも設定
- 東洋工業（現：マツダ）車が初めて海外輸出。3輪トラックがインドに向けて14台販売された
- 全日本モーターサイクル選手権大会が多摩川スピードウェイで開催される。3万人が観戦し、オートレース（ギャンブル）開催へのステップとなる
- 第1回オランダGP開催

Episode
フェラーリがルマンで初勝利

戦争により1940年から中断していたルマンが復活。戦後初となるこの年、"新興メーカー"のフェラーリが見事優勝を遂げ、その名を世界に知らしめた。マシーンはV12、2ℓエンジンを搭載した166バルケッタ。

Episode
ポルシェ設計のチシタリア

トリノ・ショーでチシタリア・グランプリカーがデビューした。エンジンは水平対向12気筒1500ccの過給器付きという複雑なものであった。この意欲的なGPカーの活躍が期待されたが、チシタリアが資金難に陥ったためレースには参加できなかった。設計を担当したのはポルシェ事務所で、チシタリアから得た設計料は、フランスに戦争犯罪の罪状で収監されていたポルシェ博士の保釈金となった。

チシタリア360

昭和25年

1950年

メキシコで過酷な縦断レース開催

ハイウェイ建設は世界各国で盛んに行われた。メキシコのハイウェイ開通を記念したレースの名は、ポルシェのモデル名に受け継がれた。

ラ・カレラ・パナメリカーナ・メヒコは、メキシコを南北に横断する全長3400mにもわたる長距離レースで、1950年に第1回が開催された。

メキシコを貫き、北米と南米を繋ぐパン・アメリカン・ハイウェイの開通を記念して、メキシコ自動車協会（ANA）が企画。レースの開催にあたっては、メキシコの官民が財政援助を拠出するという、国をあげてのレースであった。

1950年の第1回は、このハイウェイ1号線を使い、アメリカとメキシコの国境の町、シウダー・フアレスをスタートして、グアテマラ国境のエル・オコタルでゴールする全長3435kmのコースを6日間かけて走破した。長い直線があると思えば、標高3200mの高地から駆け下りるガードレールのない荒れた山岳路、濃霧、穴だらけの未舗装路、コース脇に居並ぶ観客と、極めて過酷なコースであった。

第1回の出場車は、軽度の改造が許された生産車に限られていた。参加台数は100台で、欧州から招かれたワークス格のアルファ・ロメオを除けばアメリカ車が大半を占め、オールズモビルが優勝し、2〜3位にキャデラックが入った。3回目となる1952年には、スポーツカーの世界選手権に組み入れられたことで世界的な注目を浴び、ヨーロッパの有力チームが集まった。しかし、あまりに過酷で危険であったため、1954年をもって中止された。

市販車がたくさん出場した

Column
「小型自動車競争法」制定

ギャンブルレースを行うことで、自動車関係諸産業の進行を目指す通産省が「小型自動車競争法」を制定、5月に公布した。10月29日から6日間にわたって、新装された船橋のレース場で第1回が開催された。2輪車がメインだが、4輪車のレースも開催された。

トヨペット・レーサーの試作車

自動車クロニクル

昭和25年　**1950**年

世界のうごき
☐ 朝鮮戦争勃発
☐ レッドパージ始まる
☐ 警察予備隊創設

メキシコで過酷な縦断レース開催

Events
出来事 1950

- 三菱重工業がGHQの財閥解体令に基づき、東日本重工、中日本重工、西日本重工の3社に分割
- 中島飛行機を前身とする富士産業の各工場が分割・独立。富士自動車工業、富士工業、富士精密、大宮冨士工業、宇都宮車輌
- 自動車配給制度が全面撤廃
- 物品税法改正。乗用自動車は30％、小型車、2輪、3輪は20％
- 東洋工業（現：マツダ）がLB型、CT型3輪トラックを発売

マツダCT型3輪トラック

- トヨタ自動車から販売部門が独立し、トヨタ自動車販売が設立される。前年の販売不振で銀行が製造部門と販売部門の分離を進言。トヨタ自工が人員削減問題で労使紛争へ。豊田喜一郎社長の辞任で労働争議が終結
- トヨタ自動車が模索していたフォードとの提携を見送りに
- 日本の自動車会社に、朝鮮戦争勃発による特需
- 三菱系の東日本重工業（三菱自動車の前身）がアメリカのカイザー・フレーザー社と提携し、乗用車のヘンリーJの組み立て生産へ。翌51年から54年9月まで

- 関東電気自動車製造（1946年設立）が、関東自動車工業と称号を変更（5月）。トヨタの傘下に入る。関東電気自動車製造は、旧中島飛行機のエンジニアが自動車製造のために神奈川県横須賀に設立。電気自動車の生産を手掛ける。商号変更後の7月からトヨペットのボディを製造
- 戦争によって自動車生産を中断していた高速機関工業が、オオタBPセダンを新発売。900cc4気筒エンジン

オオタBPセダン

- ポルシェ社が疎開先のオーストリア・グミュントから、西ドイツ（当時）のシュトゥットガルトへ移転
- クライスラーとビュイックの1951年型にパワーステアリングが備わる
- フォーミュラ1選手権開始。タイトル戦はイギリス、モナコ、インディ500（アメリカ）、スイス、ベルギー、フランス、イタリアの7戦。1950年はアルファ・ロメオ・アルフェッタが活躍し、初代チャンピオンはニノ・ファリーナ

1950年にはアルフェッタが活躍

- ドイツで自動車レース再開
- イギリスの海底探査船チャレンジャー8号が、マリアナ海溝より深い海溝世界最深のチャレンジャー海溝（10863m）を発見
- 乗用車1台当たりの人口＝アメリカ：4.6人、欧州：48.5人、日本：1963.6人。生産台数は、アメリカ：662万8598台、欧州：110万0586台、日本：1594台

昭和26〜27年 **1951 〜 1952年**

トピックス

昭和26年 **1951年**

世界のうごき
□サンフランシスコ平和条約締結
□欧州石炭鉄鋼共同体ECSC
　（European Coal and Steel Community）条約調印
□マッカーサー元帥解任

出来事 1951

- フェルディナント・ポルシェ（1875年9月3日生）死去
- ドイツのフェリックス・ヴァンケルがロータリー・ピストン型エンジンの研究について、NSU社と技術提携
- クライスラーが"HEMI"半球形燃焼室（ヘミスフェリカル・ヘッド）を備えた5.4ℓ180hpの"ファイアパワー"を完成。これがアメリカにおける高性能V8エンジン時代の幕開けとなった。現代のクライスラー300に搭載されている"HEMI"の名のルーツ
- SCCJ（スポーツカー・クラブ・オブ・ジャパン）創立。進駐軍メンバーが中心となって設立され、特設コースでレースを行う。4月：船橋競馬場のダートトラックで日米対抗自動車レース。12月：千葉県茂原飛行場でスポーツカー3時間耐久レース。船橋・川口の両オートレース場で5回の自動車レース。ほかに：東京〜京都ロードレース（駐留軍人13名参加、記録8時間43分）など
- 船橋自動車レース場完成
- JAA（日本自動車協会）設立
- ポルシェが356クーペでルマン24時間に初出場、1100ccクラス優勝

クラス優勝したポルシェ356クーペ

昭和27年 **1952年**

世界のうごき
□血のメーデー事件
□「李承晩ライン」設定
□手塚治虫『鉄腕アトム』連載スタート

出来事 1952

- ロータス・エンジニアリング社設立。コーリン・チャップマンとマイケル、ナイジェルのアレン兄弟が参加。ロータス社の基礎ができる

ロータス・マークⅥ

- オースティン、モーリスが合併し、ブリティッシュ・モータース社（BMC）が設立される
- 鈴木式織機（現：スズキ）、バイクモーター「パワーフリー号」発売
- 豊田喜一郎（1894年生）死去
- 日本でガソリン統制が廃止される
- ミッレミリアに出場したジャガーCタイプが、スポーツカーとして初めてディスク・ブレーキを装着。優勝は果たせなかったが成功を収める。翌1953年ルマンでは1〜2位を独占。ディスク・ブレーキ時代到来

ジャガーCタイプ

- ダイハツが3輪乗用車の"ビー"を発売。水平対向2気筒の804ccのリアエンジン車。第二次大戦後、日本初の水平対向エンジン搭載市販車

自動車クロニクル

昭和28年

1953年

ノックダウン生産で始まった戦後の日本自動車産業

戦争中、日本と欧米との自動車技術格差はさらに開いた。日野ルノー、日産オースチン、いすゞヒルマンが世界に追いつく第一歩となった。

第二次大戦で乗用車生産から遠ざかっていた日本の自動車産業は、戦中の空白と、それによって生じていた欧米の技術格差を埋めようと、海外のメーカーと技術提携し、ノックダウン生産に乗り出した。もっとも戦前に日本で本格的に乗用車を生産していたといえるのはダットサンを作っていた日産くらいで、それとて海外のメーカーの水準に比べれば小規模であったから、このノックダウン生産は日本の自動車産業の本格的な幕開けの序章だったと言っても過言ではないだろう。

日本のメーカーが海外のメーカーが開発したクルマを国産化した例には、第二次大戦前の1936（昭和6）年に、日産がアメリカのグラハム・ページ社から機械設備、工具や試作車を購入して、国産化したことがあった。戦後になってからは、1951（昭和26）年に東日本工業（現：三菱）がヘンリーJの組み立てを行っていた。

日野ルノーはタクシーでも活躍

1953（昭和28）年に海外メーカー車の生産を開始したのは、日野、日産、いすゞの3社であった。

日野ヂーゼル工業（現：日野自動車工業）は、フランスのルノー公団と技術提携しルノー4CVのノックダウン生産を開始、4月には販売を開始した。後述する日産オースチンやいすゞヒルマンと比べて、750ccリアエンジンのルノーは、スタンダードで73万円と価格が安く、サイズも手頃だったことからタクシーにも多く使われた。余談ながら、俊敏な身のこなしと軽快なハンドリングを武器に都内を疾走したことから「神風タクシー」と呼ばれたその代表格がルノーであった。

当初は輸入品が多かった部品の国産化比率は年々高まり、1958（昭和33）年8月には完全な国産化を達成している。1963（昭和38）年に生産を終えるまで、およそ3万5000台を生産している。

日野はルノー4CVの組み立てから

日野ルノーのカタログ

05章／戦後復興と新しい潮流

世界のうごき

□吉田茂首相バカヤロー解散
□朝鮮休戦協定調印
□英ヒラリーがエベレスト初登頂

学んだ経験を生かし、完全な自社開発であるコンテッサ900を1961年に発売、1964年にはその発展型であるコンテッサ1300を発売している。いずれもルノー4CVと苦楽をともにしたリア・エンジン車であった。日野は1966年にトヨタ自動車と業務提携し、67年にはコンテッサの生産を終了した。

日産はオースチン、いすゞはルーツ・グループに学ぶ

1953（昭和28）年10月には、イギリスのオースチンと技術提携した日産自動車が、A40サマーセットのノックダウン生産を開始した。本国でA40がモデルチェンジしたことにより、1955（昭和30）年2月には新型のA50ケンブリッジの組み立てを開始した。1958（昭和33）年10月には完全国産化を達成した。これらのオースチンの組み立てによって、近代的な自動車生産のノウハウを学んだ日産は、その経験を発揮して1960（昭和35）年2月に完全な自社開発であるセドリックを発表。同時にオースチンの生産を終了した。

ちなみにA40サマーセットの発売当時の価格は111万4000円だったが、A50ケンブリッジは若干安くなって110万円であった。

同じ1953（昭和28）年10月には、いすゞ自動車がイギリスのルーツと技術提携し、10月にはヒルマンのノックダウン生産を開始した。1957（昭和32）年10月には、ニュー・ヒルマン・ミンクスを発売したが、この部品は完全に国産化されていた。

1962（昭和37）年には、いすゞの独自開発になるベレルが発売されたが、ヒルマンは1964年6月まで継続して生産が続けられた。

オースチンA40サマーセット

いすゞヒルマン

自動車クロニクル

昭和28年

1953年

ノックダウン生産で始まった戦後の日本自動車産業

Column
MoMAで2回目の自動車企画展

「10 Automobiles―車は20世紀の芸術展―」が開催される。

カニングハムC4（1952年、ヴィニャーレ製ボディ）、ランチアB20（1951年、ピニンファリーナ・デザイン）、アストン・マーティンDB2（1950年）、スチュードベーカー・スターライナー・クーペ（1953年、レイモンド・ローウィ・デザイン）、コメット（1952年、スタビリメンティ・ファリーナ・デザイン）、シムカ8スポーツ（1950年、ピニンファリーナ・デザイン）、MG TD（1950年、ベルトーネ・デザインボディ）、ナッシュ・ヒーレー（1952年、ピニンファリーナ・デザイン）、シアタ・ダイナ1400（1951年、スタビリメンティ・ファリーナ・デザイン）、ポルシェ1500スーパー（1952年）の計10台を選出。

ナッシュ・ヒーレー

Column
シボレー・コルベット発売

アメリカに、欧州のライバルにも匹敵する本格的なスポーツカーとして、シボレー・コルベットが誕生した。エンジンやギアボックスなどのコンポーネンツは量産モデルからの流用だが、鋼板製フレームに架装されたボディはFRP製であった。ボディにFRPを用いたのは、量産車としてはこれが世界で初めてだった。

Episode
自動車産業展示会が開催される

1953年5月、わが国におけるバス事業50周年を記念する「自動車産業展示会」が上野公園で開かれた。

これが後に「0回東京自動車ショウ」と呼ばれるもので、それには「六日会」という集団が深く係わっていた。六日会は1951（昭和26）年11月6日に、日本の自動車会社6社の宣伝担当責任者6氏が集まって組織された。

日本の自動車産業がまだ海のものとも山のものともつかないこの時代に、六日会のメンバーたちは国産車のPRとモータリゼーションの推進には国際的なモーターショーの開催が欠かせないと考えていた。そして「0回」に力を得た面々は、翌1954年に「第1回全日本自動車ショウ」の開催に漕ぎつけた。　　　　（日本のショーカー1より引用）

Events
出来事 1953

- エルネスト・アンリ（1885年1月2日生）死去。DOHCエンジンの創案者。
- 戦前から引き継がれてきたグランプリ規定、自然吸気4.5ℓ、スーパーチャージャー付き1.5ℓ最後の年
- 名ドライバーのタツィオ・ヌヴォラーリ（1892年生）病死
- サファリ・ラリー開催（5/27〜6/1、ウガンダ-タンザニア間。当初は East African Coronation Safariだった名称は1960年から East African Safari Rally に変更、74年から単にSafari Rallyになりケニヤ内の開催となる）
- ミシュランが市販初のラジアル・タイヤ、"X"を発売
- IBMがコンピュータ発売

130　　05章／戦後復興と新しい潮流

昭和29年

1954年

第1回全日本自動車ショウ開催

第1回モーターショーの会場はほとんどが2輪車でうめられ、
4輪ではノックダウン生産車が幅を利かせていた。

前年の「自動車産業展示会」の成功を受け、4月20日から29日まで、「第1回全日本自動車ショウ」が開催された。これが2007年に40回めを迎えた「東京モーターショー」の初回で、英語表記は今日も同じTokyo Motor Showであるが、日本名は異なっていた。

会場は今も当時の面影を残す日比谷公園であった。公園だから無論野外で、そこに各社が思い思いにオープンの展示場を設営していた。舗装は一部にしかなく、ほかは土が剥き出しで、砂利を敷いた会社もあった。したがって雨が降れば悲劇的であった。

展示小間の総面積は4389㎡で、今日の幕張メッセで開催される東京モーターショー（乗用車年）のざっと10分の1であった。日比谷公会堂裏のゲートを入ると2輪車と3輪車の小間がずらりと並び、その奥に4輪車メーカー8社の大きなブースが立ち、周囲を部品、用品、素材メーカーのスタンドがぐるりと取り囲むという会場構成である。4輪車メーカー8社はプリンス自動車、トヨタ自動車、日産自動車、日野ヂーゼル、三菱ふそう、いすゞ自動車、民生ヂーゼル、オオタ自動車であった。この8社のブースのうち、日産自動車、日野ヂーゼル、三菱ふそう、いすゞ自動車の4社の面積が他の4社よりひと回り大きいのは、当時の日本の自動車産業が乗用車より商用車中心であったことを物語っている。

自動車生産は商用車が約8割

ここで1954年の日本の自動車産業の実勢を数字で振り返ってみると、この年の日本の自動車生産は7万73台で、対前年比40%増であった。ただしこのうち乗用車はわずか1万4472台で、20.7％に過ぎない。商用車が実に79.3％を占めていたわけで、その力関係が自動車ショーのブースの大きさにも反映されていたのである。中小企業がウィークデイには資材や製品、商品などの輸送に使い、ウィークエンドには企業主や従業員の家族が乗用車としてレジャーなどに用いる、いわゆるライトバンを税

自動車クロニクル

昭和29年

1954年

第1回全日本自動車ショウ開催

制上も統計上も商用車として扱う制度は我が国独特のもので、これが統計上商用車の比率を高めていたことは否定できない。

それでもなお1954年の時点では大型のトラック、バスが自動車生産の主力を占めていた。これは第二次大戦による経済の荒廃からの復興のために大型トラックが必要不可欠だったのと、個人の乗用車所有など夢のまた夢であった時代に人員の大量輸送の手段として、バスの生産に力が入れられた結果であった。

自前の乗用車は4社のみの出品

自動車メーカー8社のうち、自前の乗用車（らしきもの）を造っていたのはプリンス、トヨタ、日産、それにオオタの4社で、これに日野ルノーといすゞ・ヒルマン、三菱ヘンリーJの大型車メーカーのノックダウン組み立て車が加わっていた。日産も独自のダットサンのほかに、オースチンのノックダウン生産を行っていた。トヨタのクラウンやマスター、日産のダットサン110が発売されるのは翌1955年のことなので、1954年当時の国産乗用車と言えば、戦前からの技術を引き継いだものや、小型トラックと共通のシャシーをもつ未熟なクルマばかりであった。それ

トヨペット・スーパーRHK

も需要の大半がタクシー用だったので、その酷使に耐えるよう頑丈の上にも頑丈に造られ、その結果重く性能が低く、重いが故に却って耐久性は低かった。

トヨタで言えばトヨペット・スーパーRHKとRHN、日産ではダットサン・スリフトやデラックス・セダン、プリンスならAISH-Vセダン、オオタではPH-1という時代である。トヨペットとプリンスの4気筒1.5ℓエンジンは戦後設計のOHVであったが、ほかは戦前のSVでシャシーは基本的にトラックと共通の全輪リジッドアクスルであった。中でプリンスが3段ギアボックスの2、3速をシンクロにし、コラムシフトにしていたのが特筆される程度である。

10日間で54万7000人が入場

これに対して急速に乗用車技術を

世界のうごき
- 第五福竜丸がビキニ環礁での水爆実験で被爆
- 自衛隊発足
- ゴジラ誕生

学ぶために外国メーカーと技術提携して1953年にノックダウン組み立てを始めた日産のオースチンA40サマーセット、いすゞのヒルマン・ミンクス、日野のルノー4CVは最小に見積もっても20年以上は進んでおり、遙かに洗練された本物の乗用車であった。極端にいえば彼我の差は絶望的でさえあったが、中でトヨタのみは提携による外国車の導入は避け、最新の外国車を徹底的に研究することによって技術を修得していった。

軽自動車は鈴木自動車がスズライトを出す前年のことで、まだ黎明期以前の夜明け前であった。軽自動車がなかったわけではないが、ほとんどが町工場の手作りの域を出なかった。そんな中で住江製作所が出品した極めて簡素ながら小型大衆車としての高い機能を持ったフライングフェザー(翌年発売するモデルのプロトタイプ)は、商業的な成否は別として、思想をもった軽自動車として

フライングフェザー

> **Column**
> **タービンカーブーム**
>
> この年にはフィアットがガスタービン試作車の「トゥルビナ」を試走させたほか、ルノーも「流星号」を試作、アメリカのビッグスリーもこぞって自動車用ガスタービン(狭義ではターボシャフトエンジン)の開発を進めた。クライスラーがガスタービン車の「実験車ターボI」を、GMがガスタービン車の「ファイアバードI」を発表している。
>
> フィアット・トゥルビナ

今も高く評価されている。

第1回全日本自動車ショウには実に254社が参加したが、その大半は部品/用品メーカーだし、267台の出品車のほとんどは2輪車であった。それでも10日間の入場者は驚くなかれ54万7000人にも及んだのである。わが国でこれほどの入場者を集めたイベントはおそらく初めてであったろう。乗用車は一般にとっては高嶺の花以上の存在であったから、多くの人々のお目当ては第1次ブームにあった2輪車であったろう。また、NHKと民放(日本テレビ)のテレビ

昭和29年

1954年

第1回全日本自動車ショウ開催

ジョン本放送が始まったのは前年の1953年のことで、まだ受像機の普及率は極度に低く、娯楽の乏しい時代でもあった。　　（日本のショーカー1より引用）

Column
ポルシェ550スパイダーが"カレラ"で活躍

この年のラ・カレラ・パナメリカーナ・メヒコでの総合優勝は、大会史上最速の平均速度173.6km/hで走った4.9ℓフェラーリに乗るマリオーリだった。

だが、話題となったのは小さなポルシェの活躍ぶりだった。前年に発表されたばかりのポルシェ550スパイダーに乗るヘルマンとユハンは、小型スポーツカークラスの記録を4時間も短縮する平均156.2km/hでクラス優勝を果たした。

これ以降、ポルシェは"カレラ"の名を好んでモデル名に採用した。ポルシェ初の4ドア・サルーンとなるパナメーラの名も、ラ・カレラ・パナメリカーナ・メヒコにインスピレーションを受けたもの。

この年の"ラ・カレラ"では、出走149台中、フィニッシュしたのは87台に過ぎず、事故が多発し、この年だけで4名のドライバーと3名の観客が亡くなった。この事態を憂慮したメキシコ政府とANAは、ラ・カレラ・パナメリカーナ・メヒコの中止を決めた。

ゴールするポルシェ550

Episode
スバルがP-1を試作

昭和29年2月、富士重工業（株）は、試作時の呼称をP-1、通称名をスバル1500とする6人乗りの小型乗用車を試作、発表した。機構には同社の前身である中島飛行機時代から引き継いだ航空機技術がいかんなく発揮され、日本車初となるモノコックボディが採用されたほか、前輪にはコイルを用いたウィッシュボーン式独立懸架を備えていた。乗り心地も動力性能も当時の国産車の水準を遥かに超えたものといわれたが、当時の市場状況などを考慮して、市販は見送られた。スバル360発表の5年前だ。

スバル1500

Events
出来事　1954

- BMWが1954年に新設計のOHC、V8エンジンを開発し、大型サルーンの502に搭載した。このV8ユニットは1965年まで生産
- 電電公社初の自動車電話公開実験
- 日本の乗用車生産台数が1万台を越えたが、その保有台数の75％はタクシー
- F1規定が変わる。自然吸気2.5ℓ、スーパーチャージャー付き750ccとなる。燃料には制限がなかったが、アルコールが主流
- ミッレミリアの1500ccクラスでポルシェ550スパイダー優勝

06章

モータリゼーションの波

1955年

1969年

1960年7月に成立した池田勇人内閣は1961年から1970年までの
10年間にGNPを2倍にするという、
いわゆる所得倍増計画を打ち出した。
この大胆な政策に背中を押され、
わが国の乗用車生産はその10年間に、
12.7倍という急成長を遂げる。
これは、世界的にも類を見ない急成長である。

昭和30年

1955年

シトロエンDS19、トヨペット・クラウンがデビュー

日欧の新世代乗用車が登場。日本で本格的な乗用車のクラウンが
登場した頃、フランスではシトロエンDSが既存のクルマを時代遅れにした。

1955年、フランスのシトロエンからはDS19、日本ではトヨペット・クラウンがデビューした。立場は違えど、それぞれエポックメイキングなモデルであった。

前衛の塊シトロエンDS

1955年のパリ・サロンでデビューしたDS19は、あらゆる意味で前衛的であり、技術的には時流より少なくとも20年以上先行していた。まるで別の惑星から飛来したようと形容された空力的ボディスタイルもさることながら、DSで最大の特徴は、金属バネの代わりに"気体と液体"を使った"ハイドロニューマチック"サスペンションである。

各車輪に付いた鋼鉄製円球内に封入された窒素ガスの弾性をバネとし、高圧オイルポンプから油圧を受けるシリンダーで車体を持ち上げるもので、車高と姿勢は荷重によらず常に一定を保つ。このため非常にソフトなバネ定数が設定可能となり、長いホイールベースと相まって、DSの乗り心地はいかなる大型高級車よりも快適と評された（ロールス・ロイスは、一時期シルバー・シャドウの後輪にシトロエン特許のセルフ・レベリング・システムを採用していた）。

発売初日に1万2000台の注文が殺到

現在では油圧を使ったセルフ・レベリングは珍しくない。しかしシトロエンのように、バネレートとダンピング・フォースまで変化する設計は、今日まで皆無である。DSでいっそう驚異的な設計は、前ディスク/後ドラムのパワーブレーキ、クラッチ、ステアリングのサーボのすべてが、サスペンションと同様に、エンジン駆動高圧オイルポンプの油圧によって作動する点である。また、フランスでは発売初日だけでも1万2000台の注文が殺到したという。DS19は次第に排気量を上げるなど改良を受けて20年間量産され、廉価版のIDを含めれば、145万6115台が生産された。 (SCG No.36より転載)

シトロエンDS19

世界のうごき
□保守合同で「55年体制」始まる
□森永ヒ素ミルク事件
□ワルシャワ条約機構発足

トヨタがクラウンを発表

戦後、GHQによって禁止されていた乗用車の生産がようやく許可されたのは1949年になってからだ。同年の各国の自動車生産台数は、イギリスが63万台、フランスは29万台、そしてアメリカは実に625万台。これに対して、日本はわずか3万台以下に過ぎなかった。日本国内の乗用車市場は、1951年の国産車生産台数が4000台に対して、輸入車はその6倍以上の2万7000台に達していた。これは国産乗用車にとっての大きな脅威だった。当時の国産メーカーは、まだまだ資金力や技術開発力に乏しく、特に乗用車の製造技術・設備は国際水準には程遠い状態だった。

自力で開発した乗用車

1952年6月、通産省は外国メーカーの日本市場進出の働きかけに対し、外国資本の導入はしばらく拒否するが、戦中戦後の技術的空白を埋めるため、技術提携を奨励する方針を決定した。日産はオースチンと、日野はルノーと、いすゞはルーツと提携を結んだ。こういったなかで、トヨタは、自力で国産車を開発することを決意する。1952年初頭に本格的国産乗用車の開発をスタートし、1955年1月、トヨペット・クラウン(RS型)として世に問うた。

1953年発表されたトヨペット・スーパーで実証済みの1500cc、R型エンジンを搭載、前輪はコイルスプリングを使ったダブルウィッシュボーン式の独立懸架、後輪は3枚リーフバネ式のサスペンション、ハイポイドギアを使用したディファレンシャル、油圧式クラッチ、浮動式2リーディングタイプの油圧ブレーキなどの新技術が盛り込まれていた。

1950年6月の朝鮮戦争開戦に伴う特需景気直後から日本経済の拡大基調が始まり、トヨペット・クラウンが発売された1955年を境として、国内自動車市場は驚異的な伸びを示した。1955年後半から57年前半までは、いわゆる"神武景気"と呼ばれ、テレビ、洗濯機、電気釜などの家庭電化時代が始まったのもこの頃だ。

トヨペット・クラウン

自動車クロニクル

昭和30年

1955年

シトロエンDS19、トヨペット・クラウンがデビュー

Column
"神武景気""岩戸景気"のもとで伸びた自動車生産

　"神武景気"は1958年の金融引き締めなどにより、一時"なべ底不況"に転じたものの、翌59年には再び"岩戸景気"の好況期を迎え、池田内閣のいわゆる"所得倍増計画"に支えられて61年くらいまで続く。55年にわずか7万台（うち乗用車2万台）であった国内の自動車生産台数は57年には18万台（同5万台）、60年には48万台（同17万台）、61年には81万台（同25万台）へと急伸長する。

　自動車の輸出に関しても1955年を境にして、新たな段階へと入った。政府はこれに先立つ1953年、国際収支の赤字続きを打開するために、一連の輸出振興策を展開した。しかしながら、トヨタにとっても、初期の輸出は暗闇を手探りで歩くような苦労の連続であった。飛躍的に輸出が拡大したのは1957年で、豪亜、中南米を主体に前年の880台から一挙に4000台超へと伸び、わが国の自動車輸出の60%以上を占めた。　　　（文＝松本秀夫、SCG NO.49より引用）

ダットサンカットモデルに見入る観客

Episode
第2回全日本自動車ショウ開催

　第1回と同じ日比谷公園で全日本自動車ショウが開催された。小間総面積は増えたが、参加は232社、出品車両は191台とむしろ減っていた。前回以上の来場者数になることは予想されたが、果たして第2回は12日間に78万4800人を数え、前年を20%近くも上回った。

　この年、日産がダットサン110、トヨタはダットサンよりひとまわり大きな1.5ℓ級のトヨペット・クラウンと同マスターと、両巨頭が新型乗用車を出品した。3車とも1955年の1月に発表されたばかりで、大多数の一般人の目に触れたのはこの場が初めてであった。

　ダットサン110、トヨペット・クラウン／マスターの登場により、戦後の国産車はようやく発展のスタートラインに着いたということができる。しかしこの年秋のパリ・サロンではあの別の天体から飛来したかのようなドリームカー、シトロエンDS19が、しかも市販車としてデビューしており、その先進性に比べると、国産車のレベルはまだまだ遙かに低かったと言わざるを得ない。

　この年のショーでは商用車にも大きなニューモデルがあった。トヨタが出品したトヨペット・ライトトラックSKB1000がそれである。翌1956年にはトヨエースと改称した。

（日本のショーカー1より引用）

クラウンの展示台のまえにも大挙して観客が集まった

138　　06章／モータリゼーションの波

Column
国民車構想

1955（昭和30）年5月に発表された通産省の"国民車構想"は、当時の日本の経済状況を考えれば時期尚早なことは明白だった。だが、はるか遠い存在であったクルマが少し身近に感じられるようになり、庶民が"マイカーを持つ夢"を見るようになったのは事実だったし、また自動車会社も、"国民車"を意識したクルマの開発が課題となったことは事実だ。庶民とクルマの距離を近づけたのが"国民車構想"だった。

国民車構想の内容は「乗車定員4人または2人で100kg以上の荷物が載せられること。最高時速100km以上および時速60km（平坦な道路）で、1リットルの燃料で30kmの走行が可能なこと。エンジン排気量が350cc〜500cc、車重400kg、価格は月産2000台で25万円以下」などだった。

この構想に沿って初めて誕生したのが富士重工のスバル360だ。国民車構想は実現の難しい、いわば机上の空論のようなものであったが、富士重工はその理想を追い求め、見事に具体化してみせた。もっとも価格だけはいかんともしがたく、理想を遙かに超えた42万5000円であった。大学卒業者の初任給が1万2000円だったころの話だ。

Episode
ルマンで大惨事

フランス、ルマン24時間レースで史上最悪の事故。ピエール・ルヴェーの乗ったメルセデス300SLRが観客席に飛び込み炎上。死者は80人以上。メルセデスはレースを打ち切って撤退。10月にレース活動からも撤退を表明。

Episode
ジェームス・ディーン事故死

ジェームス・ディーン（24歳）がポルシェ550スパイダーで事故死。売り出し中の人気俳優がレースに向かう途中の公道で交通事故死したことは大きな衝撃だった。アメリカでの知名度を上げ始めていたポルシェにとっても深刻な事態で、これ以降、安全性についての努力を図るようになったといわれるほどだ。

Events
出来事 1955

- 日本楽器製造から分離し、ヤマハ発動機が設立される
- 鈴木自動車工業が前輪駆動の小型車のスズライトSLを発売
- フォルクスワーゲンの累計生産台数が100万台突破
- クライスラー300シリーズの半球形燃焼室（ヘミヘッド）V8、出力は300hp超
- 第1回浅間火山レース開催。浅間火山レースは以後1957年、1959年に開催され、2輪のモータースポーツが定着
- インディ500で2連勝中だったビル・ブコヴィッチが、レース中に数台が巻き込まれた事故で死亡。米国内のレースを管轄するAAA（米自動車協会）がレース運営から撤退、ドライバーらでUSACが新組織され運営に当たることになった
- F1チャンピオンのアスカーリがフェラーリ750モンザに試乗中事故死。ドライバーを失ったランチアは財政難も重なり、レースから撤退、マシーンのD50をフェラーリに委譲する
- 事故が相次いだことで世界的にレースへの風当たりが強まる。スイスは自動車レースを禁止、ドイツ、スペインGP中止

自動車クロニクル

昭和31～32年

1956 ～ 1957年

トピックス

昭和31年 1956年

世界のうごき
- スエズ動乱勃発
- 経済白書「もはや戦後ではない」
- ハンガリー革命

出来事 1956
- 日本道路公団設立
- 日本で自動車損害賠償保障法制定施行（強制保険制度が始まる）
- 小型車を生産していたオオタ自動車工業が会社更生法を申請（1月）
- 朝日新聞がトヨペット・クラウンによる、「ロンドン・東京50000キロ」キャンペーンを実行。記者とカメラマンが乗り、その模様を紙面に連載。"国産車"の優秀性を示す
- USAC（合衆国自動車クラブ）が設立され、それまでのAAAに代わりインディカーシリーズを統括することになる
- 日産自動車がオースチン車の全部品の国産化を達成（5月）。1957年3月の予定を前倒しで
- 日本車が価格引き下げ競争。日産がダットサン（113型）を値下げ。クラウンや日野ルノーも値下げへ
- ポルシェ356の累計が1万台を達成
- ルノーのガスタービン実験車"エトワール・フィラーント"(Etoile Filante 流星号)モンレリーで試走。ボンネヴィルでガスタービン車の速度記録である308.9km/hを樹立

エトワール・フィラーント

昭和32年 1957年

世界のうごき
- ソ連が人工衛星のスプートニク1号打ち上げ成功
- 「チャタレー裁判」で有罪判決
- 日本が国連に加盟

出来事 1957
- F1規定が変わり、使用できる燃料が航空機燃料（市販ガソリン）となる。自然吸気が2500cc、過給器付きが750ccのままで排気量には変更はなし
- ミッレミリアで、フェラーリに乗るデ・ポルターゴが事故を起こし、ポルターゴは死亡、観客を含む11人も死亡。この年をもってミッレミリアは終了
- プリンス・スカイライン発売。リア・サスペンションに日本の量産車としては初めてとなるド・ディオン式サスペンションを採用

Episode
トヨペット・クラウンが豪州ラリー参加

この年、トヨタは1台のトヨペット・クラウンをオーストラリア一周ラリーに派遣した。これは、日本車にとって第二次大戦後、初めて経験する海外のモータースポーツ・イベントであった。シドニーをスタートし、オーストラリア大陸を右回りに1周してメルボルンにゴールする1万6000kmの耐久ラリーだ。この過酷なラリーで、クラウンは見事完走を果たし、52台中の総合47位。車、ドライバーがオーストラリア以外から選ばれる外国賞で3位を獲得した。

クラウン豪州ラリー出場車

昭和33年

1958年

モノコック構造の軽自動車スバル360発表

「国民車」として誕生したスバル360は、航空機産業で培った独創性ある設計に満ちていた。"てんとう虫"は新しい家族の夢を乗せて走り出した。

「国民車構想」に沿って富士重工によって開発されたスバル360には、富士重工のルーツである中島飛行機の時代から蓄積された優れた技術が活かされており、初期の軽自動車としては最も成功した1台だ。

モノコック構造の軽量で高剛性のボディは広い室内空間を備え、強制空冷2気筒2ストロークの360cc、最高出力16ps/4500rpmのエンジンをリアに搭載していた。特筆すべきは、4輪にトーションバー式の独立懸架を備えていたことで、これにより、まだ未舗装が多かった日本の道路で、軽自動車とは思えない快適な乗り心地を実現することができた。また、車両重量が385kgと軽量に仕上がったスバル360は、4人乗りで最高速度83km/hを発揮した。発売当初の価格は42.5万円で、富士重工は自動車メーカーとしてスタートを切った。

スバル360

愛称は「てんとう虫」

スバル360の開発は、1955(昭和30)年12月、同社の伊勢崎製作所で開かれた"4輪車計画懇談会"の場で、軽自動車の生産がテーマとして討論されたことから始まった。開発コードネーム"K-10"の主要課題は、車体の軽量化、生産の簡易さ、大人

Episode
ダットサン富士号が豪州ラリーでクラス優勝

1万6000kmの過酷な豪州ラリーには、前年のトヨタ・クラウンに続き、1958年に、"桜号"と"富士号"と名付けられた2台のダットサン210型で日産が参加した。初めての国際ラリー参加にもかかわらず、赤い"富士号"がクラス優勝(総合25位)、"桜号"がクラス4位と健闘した。1958年に登場した210型は、新開発のOHV 988cc 34psエンジンを搭載、フロント・ウィンドーが平面から曲面ガラスになったモデルだ。余談ながら、豪州ラリーはあまりに過酷なことから58年限りで中止された。

ダットサン"富士号"

自動車クロニクル 141

昭和33年 **1958**年

世界のうごき
☐ ド・ゴールが仏大統領に
☐ 東京タワー完成、関門トンネル開通
☐ チキンラーメン発売

モノコック構造の軽自動車スバル360発表

4人にとって充分な車体スペースの確保、快適な乗り心地の実現、そして軽量で高出力かつ高い耐久性を持つエンジンの開発だったという。

この相反する条件を克服し、スバル360と命名されて1958（昭和33）年3月3日にデビューした。その姿から「てんとう虫」という愛称で呼ばれ、12年間にわたって生産され続けた。

Column
"岩戸景気"が始まる

昭和33年の半ばころから、著しい経済成長の兆候が見られるようになり、昭和36年12月まで42カ月にわたって続く高度成長時代が訪れた。神武景気（昭和30～32年）を上回る好景気だったことから、神武天皇よりさらに遡って「天照大神が"天の岩戸"に隠れて以来」の好景気として、"岩戸景気"と呼ばれた。

Events
出来事 1958

- トヨタ自動車が1月にサンパウロに事務所を設立。1960年代に入ってからサンパウロ郊外に工場を建設した。これがトヨタにとって初めての海外生産拠点となった
- ホンダ・スーパーカブ発表でモペッド・ブームが起こる
- 「日本一周ラリー」が開催され、トヨペット・クラウンが優勝
- ロータス・エリート登場。史上初のFRP製フルモノコックボディ採用
- スチール家具メーカーとして知られる岡村製作所が、1957年発売の商用車に続き、軽快な2/4シーターのミカサ・ツーリングを発売。自製の空冷水平対向2気筒585ccエンジンとトルクコンバーター式変速機を搭載
- ロスアンゼルス輸入車ショーにトヨタと日産が出品（1月）。クラウン、ランドクルーザー、ダットサン・セダン（210）など
- 6月、30台のクラウンが輸出第一陣としてロスアンゼルスに到着。力不足、高速走行時の安定性に欠けるとの苦情により販売を手控え
- 9月、ダットサン210型セダン466台がアメリカに到着。クラウンと同様の問題発生
- 社団法人日本自動車振興会が発足
- ダイハツが4輪トラックを発売。3輪からの転身を図る
- 東洋工業が1100ccエンジン搭載の1トン積み4輪トラック、ロンパーを発売。3輪車を手掛けていた同社が4輪車生産に乗り出す
- いすゞ自動車がヒルマンの国産化を達成
- コスワース設立。マイク・コスティンとキース・ダックワースが設立したレーシングカー・エンジン会社。フォードをベースにしたレーシングエンジンを供給
- ローラ・カーズ・リミテッドが、エリックH.ブロードレイによって設立される
- コヴェントリー・クライマックス製エンジンがF1に参戦。エンジン専業メーカーとして誕生したコヴェントリー・クライマックス社は、同社の携帯式消防ポンプ用として使うエンジンをレース用に供給したことから、モータースポーツと密接な関係が築かれ、F1にも進出。ロータスに搭載され大活躍した

昭和34年

1959年

小さなミニの大きな衝撃

石油不足から生まれた「ミニ」は、その優れた設計で
すべての小型車の基本をつくりあげた。

　1959年にイギリスの民族資本系自動車会社であるBMCが発表した超小型車のオースティン・セヴンとモーリス・ミニマイナーは、横置きエンジンによる前輪駆動を使用し、巧みなレイアウトで、小さな外寸からは想像できないほど広い室内空間を得ることに成功、小型車の革命といわれた。

　だが、ミニが以後の小型車設計に革命をもたらしたという事実だけに着目したのでは不充分だ。このクルマの名称になった"MINI"という言葉が、小さく可愛いものの代名詞となったことを忘れてはならない。そして1960年代の音楽界に革命をもたらしたビートルズと同様、それ自体がひとつの文化として、60年代英国の新しいイメージを全世界に発信したのである。

石油危機で超小型車が必要に

　1922～1939年のオースティン・セヴンによって代表されるように、英国からは優れた小型大衆車が多く輩出されているが、ミニが開発された背景には石油危機があった。1956年に、エジプトの国民的英雄であったナセルがスエズ運河を国有化する

デビューのときはオースティン・セヴンの名だった

という国際的な大事件が勃発した。この事件が引き金となって石油危機がおこり、これに過剰反応した西欧諸国からは、燃料消費量の少ない超小型車が望まれた。イギリスの民族資本系自動車会社のBMCでは、モーリス・マイナー（1948～1971年）という優れた小型車を設計した実績からアレック・イシゴニスを起用、マイナー用のAタイプ850ccエンジンを使うこと以外は一切条件を付けず、まったく新しい小型車の設計を命じた。その結果生まれたミニは、当時の標準から見ればすべての点で異端だった。

パッケージングの勝利

　ミニのデザインはパッケージングの勝利といえる。横置きに搭載したエンジンのサンプ内に収めたトランスミッションによる前輪駆動、全長

昭和34年　　　　　　　　　**1959**年

世界のうごき
□キューバ革命、カストロ政権成立
□皇太子明仁親王と正田美智子さまご成婚
□伊勢湾台風来襲

小さなミニの大きな衝撃

ミニはモンテカルロ・ラリーで大活躍した

　僅か305cmの真四角なボディ四隅に位置する直径がたった10インチのタイヤ、ゴム塊の弾性とヒステリシスをバネとダンパーに利用した巧妙なラバー・サスペンションなどが、これほど小さい外形寸法内に、大人4人の居住空間と多くの小物格納場所を確保できた秘密である。

　本来ミニマムな実用車として計画されたミニは、その剽悍な運動性に着目したジョン・クーパーらの手で、ミニクーパーSという小型スポーツサルーンに変身し、雪のモンテカルロ・ラリーに事実上3度優勝するという偉業をたてた。生産は2000年9月まで続いた。
　　　　　　　　　（SCG No.36より転載）

Events
出来事　1959

- ホンダが2輪世界グランプリに参戦
- 7月、ヴァンケルがKKM250型ロータリー・エンジンを完成、耐久テストで成功を収める。翌年1月にはドイツ技術者協会で公開運転を行う
- ロールス・ロイスがV8エンジンを初投入
- デイムラーが2.5ℓのV8を市場に投入

Column
伸び続けたテールフィン

　1949年にキャデラックから始まったテールフィンの流行は、アメリカ車だけでなく世界中に伝播した。アメリカでそれがピークに達したのは1959年モデルだろう。特にキャデラックは、高く派手だった。

Episode
軽自動車より少し大きな三菱500登場

　1959年の東京モーターショーで発表された三菱500は、通産省が発表した"国民車構想"に沿ったものだ。三菱が小型車の開発を開始したのは、昭和32年の初頭といわれ、同年末に主要仕様が決定した。
　その小型車の姿は、「4人乗りで実用性のある最小の、最も簡単、かつ安価な乗用車」で、「奇をてらわない簡易なスタイルで、プレス、溶接、組み立て容易なもの」であった。サイズは軽自動車規格より大きいため普通自動車となり、税金や車検、運転免許などの恩典が受けられなかった。三菱があえて大型化した理由は、4人の大人が無理なく乗れる最小限のサイズを選んだ結果からだとされており、当時の軽自動車の枠から、全長で140mm、全幅で90mm大きい。500ccの空冷2気筒をリアに搭載。

三菱500

144　　　06章／モータリゼーションの波

昭和35年

1960年

小型大衆車が次々登場

"国民車構想"をうけて各社が製作した小型車が出そろい
「マイカーブーム」が到来。乗用車の生産も倍増した。

晴海で開催されるようになって2年目となる同年の全日本自動車ショーは、14日間の開催期間の中で、およそ81万人という未曾有の入場者を数えるに至った。

1960年の日本の乗用車生産は初めて10万の大台を超えて16万5094台を記録、59年の7万8598台に対し前年比実に210.05％、すなわち2.1倍に達した。後にも先にも倍増したのは1960年だけである。

パブリカのショーモデル発表

それを象徴するビッグなニューモデルが、今日で言うところの参考出品車として展示された。トヨペットUP10、翌1961年6月に発売されるトヨタ"パブリカ"である。

UP10は日本で初めて軽自動車と小型車の間に位置する"大衆車"という概念をもたらすクルマであった。

トヨタから大衆車のパブリカがデビューした

カタログに「これ以下ではムリ、これ以上はムダ」というキャッチフレーズを使っており、ついに自ら軽自動車を造ることのなかったトヨタにとってのミニマムであった。トヨタが当初"1000ドルカー"（当時の固定為替レートで36万円）を目指したにもかかわらず、40万円近い38万9000円となった。それでも中年サラリーマンに月賦でようやく手の届くところまできて、マイカーブームに拍車を掛けることになった。

マツダ360、三菱500

パブリカとともに日本のモータリゼーションを大いに促進するクルマがもう1台、このショーに登場した。5月に発売された東洋工業の軽自動車マツダR360クーペがそれで、スバル360により実用性が実証された軽乗用車への参入であった。もっとも大きな話題となったのは4段ギアボックス付きで30万円という価格で、一般大衆は熱烈歓迎した。実は松田恒次社長が「チラシ代わり」と言って憚らなかったように、このクルマはオート3輪の大メーカーであった東洋工業の乗用車への進出を告げる打ち上げ花火でもあったのだ。

自動車クロニクル

昭和35年　　　　　　　　　**1960**年

世界のうごき
□所得倍増計画発表
□安保闘争激化
□米スパイ偵察機をソ連が撃墜

小型大衆車が次々登場

　もうひとつ、当時の新三菱重工もこの年の4月に大衆車の三菱500を発表、このショーではそれにデラックスを加えた。おそらく1955年の通産省の"国民車構想"に示されたスペックに最も忠実に開発されたクルマであった。発表直後に生産工場の同社名古屋製作所が伊勢湾台風の高潮に襲われ、出鼻をくじかれて生産が遅れ、結局大ヒットとなることなく終わった。

　このほか、ともに4月に発売された日産初代セドリックと、トヨタの第2世代コロナが揃ってショーデビューを果たした。（日本のショーカー1より引用）

トヨペット・コロナ

Events
出来事 1960

- 日本の2輪車生産が世界一になる。149万台を生産
- スズキが2輪世界GPに参戦
- フォーミュラ2レースでポルシェがコンストラクター優勝。もちろんエンジンは空冷の水平対向4気筒
- ETC（欧州ツーリングカー選手権）開催

Episode
マツダR360クーペ登場

　5月28日、東洋工業（現：マツダ）が2+2の軽乗用車を発売した。スバル360に代表される当時の軽自動車は2ストロークエンジンを搭載していたが、R360クーペは量産軽乗用車として初めて4ストロークエンジンを搭載した。356ccのV型2気筒エンジンの一部にはマグネシウム合金を用い、16psを発生、90km/hの最高速度を誇った。価格はスバル360より安く、標準タイプで30万円。当時としてはめずらしいAT仕様も発表された。この頃から3輪車業界の軽4輪への転換が始まった。

マツダR360クーペ

Episode
交通取り締まり

　東京都内で初のスピード違反取り締まりが実施される。3月13日に、自動車事故対策として、第一、第二京浜など8カ所で行われ、半日で381人が検挙された。
　駐車違反車撲滅に「レッカー車」が登場した。警視庁が1960年12月20日に施行した新道路交通法により、警官が駐車違反車を移動できるようになったからだ。12月26日に、築地4丁目に違法駐車の小型車が移送第1号となった。

昭和36年

1961年

日本にスポーツカーの息吹

国産のスポーツカーが相次いで登場、
日本のクルマも多様化してきた。

1961年の乗用車生産も24万9504台と25万の大台に近づき、対前年比151.13％増を記録した。当然ながら一般のクルマに対する関心はいやが上にも高くなり、10月25日から11月7日までの14日間に全日本自動車ショーが集めた観客は95万人と、前年比117.2％に及んだ。こうした一般大衆の期待に応えて、この年には多数の新型車がショーのスタンドを賑わせた。その多くは次年度に発売予定のクルマで、いち早く前年のモーターショーに出品して、発売までに人気を高めておこうとする販売戦略はこの頃に定着したものであった。

この年の最大のトピックスは2台の生産予定のスポーツカーが参考出品されたことで、翌年の鈴鹿の第1回日本グランプリの開催を目前にして、わが国でも本格的なスポーツカーを造る気運が高まってきたことを示していた。その一つはダットサン・フェアレディ"SP310"だ。もう一つはプリンスのスカイライン・スポーツで、実は1960年11月のトリノ・ショーに続いて2回目のショー登場で、発売は翌1962年の4月であった。ジョヴァンニ・ミケロッティ・デザインの2＋2クーペまたはコンバーチブルを着せたもので、スポーツカーというよりスポーティーなラクシュリーカーであった。モーターショーの会場で観客は初めて見る純粋イタリアン・デザインにすっかり魅了された。

ノックダウン生産の成果

実用的なセダンに目を移すと1952年から53年にかけて、日産は英国のオースチン、いすゞは英国のルーツ・グループ、日野はフランスのルノーと技術提携を結び、それぞれオースチンA50、ヒルマン・ミンクス、ルノー4CVのノックダウン組み立てを開始した。やがて国産化に歩を進め、この間に最新の乗用車造りのノウハ

プリンス・スカイライン・スポーツ・クーペ

昭和36年

1961年

日本にスポーツカーの息吹

ウを学んだ。日産の1958年のブルーバードや1960年のセドリックはその成果であったが、この年のショーには日野コンテッサ900といすゞ・ベレルの2車がデビューした。

このほかこの年のショーにはトヨタのトヨペット・スポーツXとダイハツの700ccセダンの2種の試作車が出品された。トヨペット・スポーツXはクラウンの1.9ℓエンジンを搭載し、イタリア風のボディを着せた、いわゆるスタイリング・エクササイズである。前述のフェアレディ"SP310"やスカイライン・スポーツなど日本でもスポーツカー製造の気運が高まりつつあるところから、トヨタが一般の反応を調べようとしたのだろう。一方のダイハツはオート3輪の大手メーカーで、ライバルの東洋工業に続いて乗用車への進出の機会を窺っており、これも市場の反応を試すものであった。

今日風に言えばトヨペット・スポーツXもダイハツ700もコンセプトカーであり、1956年にプリンスBNSJ-1という前例があるにはあったが、一般の反応を確かめるためのクルマが堂々とショーに登場したのはこれら2車が初めてであった。

（日本のショーカー1より引用）

Episode
パブリカ発表

前年の第7回全日本自動車ショーで発表されたトヨペットUP10がいよいよ発売された。"国民車構想"に基づいて開発された小型大衆乗用車で、空冷700ccの水平対向2気筒エンジンをフロントに搭載して後輪を駆動した。小排気量車ながら広い室内を持ち、大人4人が余裕を持って長距離を移動することができ、また軽快な走行性能を備えていた。パブリカの名は公募で選ばれたもので、"パブリック・カー"を意味する造語であった。発売価格は38.9万円と"国民車構想"から生まれたライバルに比べて割安だった。1963年10月にはコンバーチブルを加え、1966年には800ccへのスケールアップが図られた。

トヨタ・パブリカ

Episode
東洋工業がロータリー・エンジンの開発に着手

この年の7月、東洋工業（現：マツダ）が西ドイツのNSU・ヴァンケル社と技術提携を結び、ヴァンケル（ロータリー）エンジンの開発に着手した。11月に試作第1号機を完成。この日からマツダのロータリー・エンジン開発の苦闘の日々が続くことになる。63年4月にはロータリー・エンジン開発部が発足している。

世界のうごき

- □ ジョン・F・ケネディがアメリカ第35代大統領に就任
- □ 人工衛星ヴォストークでガガーリンが地球一周
- □ ベルリンの壁できる

Column
ピニン・ファリーナとピニンファリーナ

　イタリアを代表するカロッツェリアであるピニンファリーナを表記するとき、私たちは、なんの迷いもなく、ピニンファリーナと綴る。だが、注意深い方ならピニン・ファリーナと、ピニンとファリーナを分けて表記している文献をご覧になったことがあるかもしれない。誤植ではなく、それにはちゃんとした理由がある。

　カロッツェリア・ピニンファリーナの創始者は、ジョヴァンニ・バッティスタ・ファリーナ（1895年生）である。幼い頃から彼は、家族や友人から、愛称であるピニンの名で呼ばれることが多かった。後に独立して自らカロッツェリアを設立するに当たって、このピニンのニックネームを組み合わせてピニン・ファリーナと命名。この名が広く知られるようになった。そして1961年、社会的業績が認められ、大統領から許しを得て、ジョヴァンニ・バッティスタ・ファリーナは、姓をピニンファリーナと改めた。会社名もCarrozzeria Pinin Farinaから、Pininfarinaとひとつに結ばれた。

　したがって、会社名を記すときには、1961年以前と以降とで表記を書き分けているというわけだ。没したのは改名から3年後のことだった。4月3日没。享年70。

Column
4WDグランプリカー初勝利

　F1のオウルトン・パークGP（英国、ノンタイトル戦）で、ファーガソン・クライマックス・プロジェクト99が、4WDのグランプリカーとして初めての勝利を挙げた。ドライバーはスターリング・モス。レースが大雨のなかで行われたことが有利に働いたと言われる。ファーガソンは4WDシステムのスペシャリストで、自製のシャシーのフロントにクライマックス製のFPFエンジンを搭載していた。これがグランプリレース史上で最後にレースに出走したフロントエンジン搭載車となった。時代はすでにミドエンジン時代に突入していたのだ。

　ファーガソンの4WDシステムは、英国の高級パーソナルカーであるジェンセン車に採用され、1966年秋のロンドン・ショーでジェンセン・インターセプターFFの名で発売された（FFはファーガソン・フォーミュラの略）。まだ、アウディ・クワトロが登場するはるか以前に登場したフルタイム4WD GTの先駆者だった。

ジェンセン・インターセプターFF

Events
出来事　1961

- ●ヤマハが2輪世界GPに参戦
- ●F1規定が変わり、NAが1300cc以上〜1500cc以下、過給の禁止（F2と同じ）。最低車両重量450kg。市販ガソリン使用。セルフスターターの義務づけ。レース中のオイル継ぎ足し禁止。インディ500がF1選手権から外れる
- ●日本航空が国内線でのジェット機の使用を開始

昭和37年
1962年
日本の乗用車が種類と質で急速に充実

小型大衆車でマイカーが現実的な存在となり、
さらなる発展を信じて、あらゆる模索がはじまった。

三者三様の軽自動車

自動車ショーにはさまざまなクラスのモデルが集められた。まず軽自動車では、マツダがR360クーペを卒業した顧客に向けてフル4シーターのキャロル360を発表。スズキもライトバンのテールを切ってトランク付きセダンとしたフロンテ360LTAを出し、三菱もミニカLA20をショーでデビューさせた。

なかでもキャロルはアルミニウム製ブロックを持つ4気筒5ベアリングで、OHVながら半球形燃焼室を持つという凝ったもので、18ps/6800rpmという高回転型であった。モノコックのボディもクリフカットのルーフを持つという斬新なデザインであった。なおこのショーではエンジンを拡大したキャロル600も登場させた。

1ℓクラスではマツダ1000とスズキの試作車が注目された。マツダ1000は4気筒OHV、977ccエンジンの比較的平凡なフロントエンジン・リアドライブ。スズキは明らかにフロンテ800の初期試作車であった。4ドアのセダンボディはいずれもあまり垢抜けないデザインであったが、その後両方ともフラットデッキ・スタイルに改め、マツダ1000は1964年のファミリア（800cc）に、スズキは1965年のフロンテ800になる。

上級車は乗り心地を重視

この年いすゞ・ベレルが発売された。1.5〜2ℓ級ではニッサン・セドリックとプリンス・スカイラインがマイナーチェンジを受け、ともに横四つ目になった。トヨペット・クラウンとプリンス・グロリアはフルチェンジされ、ボディがよりフラットなものに一新された。クラウンではフレームがGM式のX型になり、クラウン・グロリアともスプリングの変更など乗り心地の向上に努めていた。

スズキの試作車

マツダ・キャロル

世界のうごき
- □キューバ危機
- □堀江謙一がヨットで単独太平洋横断に成功
- □マリリン・モンロー死亡

2.8ℓエンジンも登場

　また小型車の枠を超えるものとしてプリンスが、グロリアのボディに直列6気筒SOHC、2.5ℓ、135psのエンジンを積んだグロリア2500を、日産が大型化したボディに直列6気筒ℓOHV、115psエンジンを搭載したセドリック・スペシャルを参考出品した。グロリア2500は後にグランド・グロリアとして市販されるが、一足先に2ℓに縮小した6気筒SOHCエンジンを搭載してグロリア・スーパー6が発売になった。1964年の日本グランプリでデビューするスカイライン2000GTのエンジンもこれである。

セドリック・スペシャル

ホンダとトヨタの
ライトウェイト・スポーツカー

　最後にこの年のショーで最も注目され、特に若い世代を熱狂させたの

パブリカ・スポーツ

は2台のウルトラ・ライトウェイト・スポーツカーであった。そのひとつはホンダ・スポーツ360と500で、グランプリ・ユニットを小さくしたような珠玉のエンジンをもつクルマであった。軽自動車の枠に収まる360はついに市販化されなかったが、500は少数ながら生産、販売され、間もなく600に拡大された。

　もうひとつはトヨタのパブリカ・スポーツで、パブリカをベースとした空力的なボディを持つ2座スポーツクーペであった。スライディング・キャノピーのままでは製品化されず、デタッチャブルトップに改めて1965年にトヨタ・スポーツ800の名で市販化された。いずれも1960年代後半の国内スポーツカーレースで大活躍することになる。

　会期中の入場者数は初めて100万人の大台を超えた。この年の乗用車生産は、対前年比107.73％増の26万8784台であった。

(日本のショーカー1より引用)

昭和37年 / **1962年**

日本の乗用車が種類と質で急速に充実

Events
出来事 1962

- ●鈴鹿サーキット完成。（本田技研工業が三重県鈴鹿にオープンした日本で初めての常設サーキット）
- ●ポルシェ356の累計生産台数が5万台に
- ●ルノー8発表

ルノー8

- ●アルファ・ロメオ・ジュリア・シリーズ発表
- ●モーリス1100（ADO16）、オペル・カデット、フォード・タウナス12M発表
- ●ロータス・エラン発表

ロータス・エラン

- ●運輸省、クルマのナンバープレートに陸運事務所所在地の頭文字の表示を決定
- ●首都高速道路建設開始
- ●フランスGPでポルシェ初優勝（ドライバーはアメリカ人のダン・ガーニー）

ポルシェF1

- ●グレアム・ヒル（デイモン・ヒルの父親）がイタリアGPで優勝し、チャンピオンを決める
- ●インディ500にガスタービンエンジン（ボーイング社製ターボプロップ）を搭載したジョン・ジンク・チームの"トラックバーナー"が出場。ダン・ガーニーがドライブするが予選落ち
- ●ルマンでフェラーリ330LM優勝
- ●日本の大都市でスモッグ問題が発生

Column
スモッグ(smog)

スモッグとは、smoke（煙）とfog（霧）を合成した造語。石炭を燃料としていた19世紀後半以降のロンドンで、石炭を燃やした際に排出される煙の微粒子と、ロンドンの気候がもたらす霧が混じった大気が滞留し、呼吸器疾患などの健康被害が発生して社会問題となった。1952年12月には、スモッグにより1万人以上が死亡したといわれるロンドンスモッグ事件と呼ばれる惨事が起こった。こうした石炭を燃料とした煙の微粒子と霧が混じって発生するスモッグをロンドン型と呼ぶことがある。

Column
1000人あたり9.4台

CAR GRAPHICが創刊されたこの年、日本の乗用車普及率は人口1000人あたり9.4台だった。今日の1/50ほどだった。
　1962年の国内自動車生産台数は113万5000台で、対前年9％増であった。このうち約21万台が4輪乗用車、4輪トラックが約45％、軽自動車が31.8万台だった。

昭和38年

1963年

ポルシェ911誕生

現代に繋がる偉大なスポーツカーが産声をあげた。356の後継モデルとして登場した901（発売時には911に改称）は、すべてが新設計だった。

この年、ポルシェは356に代わるまったく新しいモデルとして911を発売した。VWビートルは初代のフェルディナント・ポルシェ、356はその息子であるフェリー・ポルシェの作品とすれば、この911は芸術的才能に恵まれた孫の"ブッツィ"・アレクサンダー・ポルシェの描いたシンプルなデザインが基になって誕生した。さらに911が発売になってから最初の10年間に、多くの初期トラブルを克服したのは、当時30代のフェルディナント・ピエヒであった。彼も初代ポルシェ博士の孫に当たる。

23年間続いた356のあとを受けて1963年にデビューした911（当初は901と呼ばれていたが、プジョーの抗議により911と改められた）は、空冷水平対向エンジンをリアのオーバーハングに搭載した実用的な2+2の高性能GTという、356と共通の

プロトタイプは901と呼ばれていた

性格を除けばすべてが新設計だった。

このコンセプトの中で最も進歩したのはそのパワーユニットで、356のOHV4気筒1600ccから、130psを発揮するSOHC6気筒2000ccとなり、ギアボックスも4段から5段に進化した。ボディも356のプラットフォームシャシーから、911ではフルモノコックに変更された。

万能のGTカー

エンジンの高性能化に伴い、フロント・サスペンションはダブル・トレーリング・リンクからマクファーソン・ストラット／トーションバーに替わり、リアはセミ・トレーリング・アーム／トーションバーに改められた。また、ラック・ピニオン式ステアリングが、主としてスペース性と衝突時の安全性から採用された。

デビュー以来、911は数多くの記憶に残るモデルを生み出すことになる。1967年に登場したタルガ、1973年の2.7ℓカレラRS、1974年のターボ、1982年のカブリオレ、1988年の4輪駆動カレラ4、それに1988年に現れた400psの911ターボなどである。1964年以来、ポルシェ911とそのバリエーションは、

昭和38年

1963年

ポルシェ911誕生

休むことなくルマン24時間に挑戦して好成績を挙げている。またラリー・カーとしても活躍し60年代末にはモンテカルロ・ラリーに3回優勝を飾った。911ポルシェが万能のGTカーだというのは、まぎれもない事実なのだ。1998年秋に長年にわたって911の特徴であった空冷エンジンを水冷化し、現在でも911は万能スポーツカーであり続けている。

(SCG No.36より一部転載)

Episode
ホンダが4輪生産を開始

1963年はにわかに自動車熱が加速、モータースポーツの花も開いた。1962年に開業した鈴鹿サーキットで第1回日本グランプリが開催。それに合わせるかのようにホンダから高度なメカニズムを持つホンダS500が登場する。S500は最も初期のDOHCエンジン搭載車だが、国産初のDOHCエンジン搭載車といえば同じホンダが2カ月前の8月に発売していた軽トラック、T360で、これがホンダ初の4輪車だった。

(CG45+より引用)

ホンダT360

Column
第1回日本グランプリ開催

5月3〜4日、日本で初となる国際レース、第1回日本グランプリが鈴鹿サーキットで開催された。グランプリレースと名乗っているが、F1ではなく、さまざまなジャンルのスポーツカーやツーリングカーによるレースが2日間で11レース行われた。メインは国際スポーツカーレースであったが、これに参加したクルマとドライバーは、すべてヨーロッパから招聘され、そこで繰り広げられた"本場のレース"は集まった観客の度肝を抜いた。

なかでもピーター・ウォーがドライブするロータス23の車高の低さとコーナリングスピードの速さ、それに激しくテールスライドしながらコーナリングするハンシュタインのポルシェ・カレラの走りは圧倒的であった。このほか細かくクラス分けされたツーリングカーレースには様々な日本車が登場した。

国際スポーツカーレースに出場したフェラーリSWBとアストンDB4GTZ

ツーリングカーレースには日本のメーカーも力を入れた

世界のうごき

- ケネディ大統領暗殺
- 部分的核実験停止条約調印
- 三井三池炭坑爆発事故

Column
ランボルギーニ350GTVがショーデビュー

　この年の10月26日、トリノ・ショーの会場でランボルギーニ社が同社にとって1号車となる350GTVを発表、新しく誕生した自動車メーカーの存在を強くアピールした。

　フェルッチョ・ランボルギーニは、農業用トラクターや冷凍機、空調装置などを作るメーカーを一代で築き上げた実業家であった。自身もアイディアマンで、イタリア軍から放出されたモーリス・エンジンを改造し、始動暖機時のみガソリンを使うものの、その後は安価な灯油を燃料とするトラクターを考案し、これが足がかりとなり莫大な富を得た。

　成功者となったフェルッチョは、アルファ・ロメオ1900スプリントを手始めに、ランチア、マセラティ、メルセデス300SL、フェラーリ250と、様々な高性能車を乗り継いだが、自身の要求を満たすことのできるクルマには出会うことができなかった。フェラーリ250GTをベースにDOHCヘッドや6キャブレターに改造するなどのテストを経て、ついに自らが理想とするグラントゥリスモの製作に乗り出すことになった。フェルッチョの頭の中にあったのは、フェラーリ250GTの存在であり、それをすべての点で凌駕するクルマでなければならなかった。

　1962年4月に自動車生産部門を立ち上げたランボルギーニは、ゼロから高性能車の開発と生産を始めるにあたって、若いエンジニアのジャンパオロ・ダラーラを開発責任者に据え、元フェラーリの技術者で当時はフリーランスとなっていたジオット・ビッザリーニにエンジンの開発を依頼した。

　ビッザリーニはフェルッチョが理想とするエンジン像を見事に具体化し、4カムシャフトV12、3497cc、6基のダウンドラフト型ウェバー・キャブレターを備えたエンジンを完成させた。最初のベンチテストで358bhp／9800rpmを発生したと記録に残っているが、フェルッチョが最高出力が高くなることに比例して報酬も増額するという契約を結んだことで、極端に高回転型の出力特性になってしまったという逸話が残されている。当時はフェラーリもSOHCであり、排気量1ℓあたりの比出力が100馬力を超えるロードカーは存在しなかった。

　ボディのデザインは、ジュリエッタ・スプリントに代表される秀作を手掛けたフランコ・スカリオーネに依頼。サルジョットの工房で1台のプロトタイプが製作された。トリノ・ショーでのデビューが予定されていたが、ショー初日には完成が間に合わず、3日目になってやっと展示された。

　350GTVは、このままの姿では生産されることはなく、生産型のボディはスーパーレッジェラ・トゥリングに委ねられ、エンジンも使い勝手を優先してデチューンが施された。

ランボルギーニ350GTV

Episode
日本にも高速道路時代が到来

　1月6日、第2阪神国道の尼崎市辰巳橋ー神戸市高羽間18kmが開通。これは全長30kmの第2阪神国道の1/3にあたる部分で、幅50m10車線の国道は日本初だった。7月には名神高速道路も一部開通した。

Episode
日本車がサファリ・ラリーに挑戦

　日産が第11回イーストアフリカン・サファリ・ラリーに出場。主催者からの呼びかけに応えたもの。ブルーバードとセドリックが各2台。日野もコンテッサで出場。劣悪なコースに悩まされ、全車リタイア。

昭和38年

1963年

ポルシェ911誕生

Column
昭和38年ごろの日本車の動向

　この年のモーターショーでは、1000〜1500cc級にニューモデルが集中した。7月26日、わが国はOECDの「資本移動の自由化に関する規約」に参加、予想される外国資本の進出に備えて、各社が量産車でシェアを拡大しておこうとした結果であった。

　ショー以前に発売されたものとしては、7月の三菱コルト1000と、9月のダットサン・ブルーバード410があった。ブルーバード410は構造的には310を踏襲していたが、モノコックボディをイタリアのピニンファリーナのデザインで一新した。

　いすゞ・ベレットとプリンス・スカイライン1500、ダイハツ・コンパーノ・ベルリーナなどが、モーターショーで初公開された。ベレットはコロナ・クラスの4ドアセダンだが、後輪に独立懸架を採用していることが先進的であった。

　プリンス・スカイラインは名前以外はまったくの新型車で、1500ccクラスの小型ファミリーセダンだ。後にホイールベースを延ばして6気筒SOHC、2000ccエンジンを搭載してスカイラインGTを仕立て、国内レースで大暴れをすることになる。

　コンパーノ・ベルリーナはトリノのヴィニャーレのデザインになるコンパーノ・ライトバンのルーフをモディファイした3ボックスの2ドア5座セダンで、ダイハツの乗用車第1号はこのクルマであった。

マツダ・ルーチェ

日野コンテッサ900スプリント

トヨペット・コロナ・スポーツクーペ

　乗用車のプロトタイプとしては4車が名乗りを上げた。その1、クラウン・エイトはクラウンを"平面図で十字に切断して"拡大、日本初のV8エンジン（2600cc）を搭載した大型乗用車で、翌年に発売された。

　その2はマツダ・ルーチェ1000／1500だ。ジウジアーロ・デザインの美しいボディをもっていたが、生産化されずに終わり、名前だけが後に再利用された。

　その3はスズキの普通乗用車、スズライト・フロンテ800で、1965年に12月になってようやく発売された。

いすゞ・ベレット1500GT

プリンス1900スプリント

いすゞは第2回日本グランプリまでのホモロゲーションを狙ってベレット1500のクーペ版"GT"を参考出品し、日野はコンテッサをベースに、ミケロッティが軽快で美しいクーペを着せたコンテッサ900スプリントを出した。これは美しいクルマだったが、商品化されずに終わった。さらにトヨタはトヨペット・コロナ・スポーツクーペを、プリンスが1900スプリントを参考出品したが、いずれもスタイリング・エクササイズに終わり、商品化されることはなかった。

大いに注目されたのが東洋工業のヴァンケル式ロータリー・エンジンで、このショーにはエンジン単体が展示された。しかし傍らにはそれを搭載する2座スポーツ・クーペの写真と図面が展示されていた。これがコスモ・スポーツとして発売されるクルマの初の公開であった。

その4は三菱コルト・デボネアで、もとGMのデザイナー、ハンス・ブレッナーのデザインになる一見リンカーン風のボディをもつ2000cc級高級車で、1964年の4月に三菱デボネアとして発売される。

スポーツカーの試作車が多い年でもあった。

Events
出来事 1963

- メルセデス・ベンツに初めて量産V8が登場、新型の最上級モデル600シリーズに搭載される。600シリーズはロールス・ロイスのファンタムに匹敵するプレスティッジカーだが、R-Rをはるかに上回る運動性能と動力性能を持つ
- ランチア・フルヴィア発表。狭角V型4気筒エンジンを搭載した前輪駆動車。スポーツモデルのHFはラリーで大活躍
- ポルシェ904発表（11月）。連続する12ヵ月間に100台以上生産してGTのホモロゲーションを受けると発表。鋼板製セパレートフレームにFRP製ボディを架装、ミドシップにDOHC水平対向4気筒の"カレラ"ユニットを搭載した意欲的なレーシングGT。レースデビューは1964年
- JAF（日本自動車連盟）設立
- いすゞ・ベレット発表
- 三菱コルト1000発売
- トヨタ・コロナ、ダットサン・ブルーバード410発表
- 日産は9月18日に、新型ブルーバードを旧型より1万2000円値下げすると発表した。これは通産省の自由化対策要請を受けてのもので、9月20日にはトヨタも7車種を一斉値下げし、自動車の値下げ競争が行われる
- プリンス・スカイラインS50発表
- ルマンにガスタービンエンジン搭載のBRMローバーが参考出走（ギンサー／ヒル）。参考出走だが、8位相当で完走した
- 英ドナルド・キャンベル（父はマルコム）が"ブルーバード"で648km/hに速度記録更新

昭和39年

1964年

野生馬マスタングの誕生でポニーカー大増殖

さまざまなオプション装備から、好きなものを選んで自分仕様に仕立てる。
今では当たり前となったクルマ選びの楽しみは、このマスタングから生まれた。

1964年4月13日、フォードはまったく新しいジャンルの新車を"マスタング"の名で発表した。マスタングは、アメリカ車だけには留まらず、全世界のクルマ造りに影響を与える新しい手法を提唱するものだった。

スポーティーなコンパクトカー

マスタングを機構面で分析すれば、既存のコンパクトカークラスに属する乗用車であるファルコンのフロアユニットを流用し、109インチ(約2769mm)のホイールベースを108インチ(約2743mm)に短縮し、エンジンの搭載位置を後退させるとともに低め、それにロングノーズ・ショートデッキの2ドア4座ハードトップとコンバーチブル・ボディを架装したクルマだ。ダブルウィッシュボーン/コイルの前輪独立懸架、リーフスプリングで吊ったリジッドアクスルの後輪懸架もファルコンと共通だ。

マスタングが開拓したジャンルは、コンパクトカーにスポーティーな味付けを加えたモデルだ。それは既存のアメリカの2ドア・パーソナルカーにはなかった若々しいイメージを備えたモデルで、アメリカ南西部に棲む野生馬を意味する"Mustang"という名称が極めてマッチしていた。

多様なオプション装備

ユーザーは、エンジンやギアボックス、内装、タイヤサイズやホイールなど様々に用意されているオプションから自分の好みの品を選び、自分のライフスタイルや好み、予算に合わせた1台を造ることが可能だった。

ユーザーはマスタングに飛びつき、この成功に刺激されたアメリカのメーカーは、同様のジャンルのクルマを開発し、マスタングと同様に好んで馬の呼称を用いたことで、このジャンルに属するクルマは"ポニーカー"と呼ばれるようになった。マスタングの成功はアメリカのみならず、欧州や日本のメーカーにも大きな刺激を与えた。

初代フォード・マスタング

世界のうごき
- □ 東京オリンピック開催
- □ 東海道新幹線開通
- □ トンキン湾事件が発生

Episode
ホンダがF1デビュー

モーターサイクルのグランプリを席巻したホンダがいよいよ4輪の最高峰たるF1レースに挑戦を開始したのは1964年のことだ。もちろん日本のメーカーがF1に参戦したのはこれが初めてだ。デビューレースはニュルブルクリングで開催された西ドイツGPで、ドライバーはアメリカ人のロニー・バックナムだった。ホンダはエンジンのほかシャシーも自社開発し、220psというライバルを遥かにしのぐ高出力を発揮する4カムV12気筒エンジンを横置きに搭載したことが特徴だった。

1964年ホンダF1(RA272)

Episode
ナイセストピープル・キャンペーン

アメリカ・ホンダが行ったこの販売キャンペーンは、全米にホンダ製オートバイの存在を知らしめた。現在でも優れた広告の一例として、しばしば引き合いに出される。

1962年のアメリカ・ホンダの年間総販売台数は4万台を突破、契約販売店数も全米1位の約750店に達した。同社の川島支配人は、1963年度の販売目標を62年度実績の5倍に当たる20万台に設定、そのためには、"バイクに乗る人たちの社会的評価とホンダの商品の知名度をさらに高める"ことが不可欠と考えた。

巨額の広告宣伝費を投入して"You meet the nicest people on a HONDA (素晴らしき人々、ホンダに乗る)"をキャッチコピーにアメリカ西部の11州を対象に大々的にキャンペーンが展開された。

それまでアメリカでは、バイクは特殊な人々の乗り物という印象が強く、特にアウトローを連想させ嫌悪感を抱く人たちが少なくなかった。

ところがホンダの広告には、主婦や親子、若いカップルといった"nicest people"が、さまざまな目的でスーパーカブに乗る姿を描いた色彩鮮やかで完成度の高いデザインのイラストが用いられ、バイクに無関心だった人たちにも手軽な移動手段であることをアピールした。これにより幅広い層に大衆商品として認められ、大きなヒットに繋がった。

自動車クロニクル

昭和39年

1964年

野生馬マスタングの誕生でポニーカー大増殖

Episode
スカイライン神話

　1964年の第2回日本GPの話題はGT-Ⅱレースに集まった。優勝を目標に掲げてプリンスが準備したスカイラインGTは、スカイラインの鼻先を延ばし、本来は4気筒1500ccが収まる場所に、グロリア用の直列6気筒SOHC2000ccエンジンにウェバー・キャブレターを3基装着して搭載したモデルで、GTのホモロゲーションを取得すべく、100台を生産してレースに臨んだ。それにストップを掛けるべく西ドイツから急遽空輸された式場壮吉のポルシェGTS 904は、GTを名乗るものの、事実上は完全なコンペティションカーで、その一騎打ちが最大の話題となった。

　結果はポルシェが勝ち、スカイラインGTは2～6位を占めたが、ポルシェを相手に善戦したスカイラインはその後何年にもわたって国内レースの2ℓクラスで勝ち続けるのである。後世に続く「スカイライン神話」はここから始まる。スカイラインGTはその後正式な生産モデルとなり、多くのスカイラインファンを生んだ。

スカイライン神話はこのクルマから

Events
出来事 1964

- ホンダS500発売（2月）。価格は45.9万円。1964年9月に生産を終了するまでの登録台数累計は1363台
- 東洋工業（現：マツダ）が、東京モーターショーにロータリー・エンジンを搭載した2座スポーツカーの試作車、コスモを参考出品
- ヨーロッパ・カー・オブ・ザ・イヤーが始まる。記念すべき最初の受賞車はローバー2000

ローバー2000

- 首都高速が一部開通
- 茨城県谷田部に日本自動車研究所の高速周回路が誕生
- トヨペット・コロナ（RT40）発表

トヨペット・コロナ

- マツダ・ファミリア発表
- アメリカのクレイグ・ブリードラヴが"スピリット・オブ・アメリカ"で847km/hを記録。ジェットエンジンによって推進し、車輪を駆動していないために「自動車」の記録としては非公認

昭和40年

1965年

いざなぎ景気にのってニューモデルが続々登場

クルマの輸入自由化で、日本メーカーは奮起。
新型車投入はもちろん、ホンダF1やプリンスR380などで高性能を実証。

　所得倍増政策が奏功してこの年の末には5年間にわたる未曾有の好況、いわゆる"いざなぎ景気"がスタートする。国民所得は次第に上がっていき、一般大衆にとってもクルマは高嶺の花から、少し背伸びすれば手の届く所まで近づいてきた。1965年のわが国の乗用車生産は69万6176台と70万の大台に迫り、東京モーターショーの入場者数も150万人に近づいた。

　この年の東京ショーを訪れた人々は、膨大な数の新型車に完全に圧倒されたはずだ。開会のわずか19日前に実施された外国車の輸入自由化に対応するために、各社が競って新型を出した結果で、ある意味で日本の自動車産業の気力が最も充実していた時期かもしれない。

V8プレジデントがデビュー

　この年の新型車は文字どおり枚挙に暇がない。日産はセドリックのデザインをイタリアのピニンファリーナに依頼してフルモデルチェンジ。セドリック・スペシャルに代えてわが国初の4000cc、V8をもつプレジデントをデビューさせた。トヨタはトヨペット・クラウンに直列6気筒SOHC、半球形燃焼室、クロスフローの2000ccエンジンを積んだクラウン2000と、その高性能版クラウンSを発表した。これらは明らかに高速道路時代の到来に対応するものであった。

　水平対向4気筒、OHVエンジンを搭載した前輪駆動車のFWD車スバル1000と2ストローク4気筒の三菱コルト800が発表されたのもこの年で、画一的だった日本車に一石を投じる個性派として注目された。ベルトーネ（ジウジアーロ）デザインのマツダ・ルーチェがプロトタイプとして出品され、ホンダもS800エンジンをモディファイして搭載した後輪駆動の2ドアセダン、N800を参考出品した。

スバル1000

昭和40年

1965年

いざなぎ景気にのってニューモデルが続々登場

スポーツカーが花盛り

　スポーツカーはもっと華やかで、トヨタ2000GT、プリンス・スカイラインGT-A、ホンダS800、いすゞ・ベレット1600GT、マツダ・ファミリア・クーペ、ダイハツ・コンパーノ1000GTなどがショー・デビューを果たした。レース専用モデルとしては4つの国際（2000cc級）速度記録を更新した最初のプリンスR380と、日野のコンテッサGTプロトタイプが展示された。R380は1966年5月に富士スピードウェイで開催される第3回日本グランプリで、ポルシェ906と相まみえ、1～2位、4位に入る健闘を見せた。市販が期待されたコンテッサGTは市販化に至らなかった。

　なお、このショーには直前の1.5ℓF1最後のメキシコ・グランプリで初の勝利を上げたホンダF1と、これから大暴れするブラバム・ホンダF2が展示され、熱狂的な人気を博した。

（日本のショーカー1より引用）

トヨタ2000GT

Episode
ホンダF1が初優勝

　メキシコ・グランプリで、リッチー・ギンサーがドライブするホンダF1（RA272）が初優勝を果たした。ホンダにとってのF1初勝利は、グッドイヤータイヤにとってもF1初勝利となった。1966年からはF1のレギュレーションが3ℓになることから、1964年の西ドイツGPからF1への参戦を開始したホンダにとっては、このメキシコが1.5ℓフォーミュラで最後のチャンスだったのだ。

東京モーターショーに展示されたホンダF1

Episode
フォードGT40発表

　ルマン制覇をもくろむフォードは莫大な資金と物量作戦を展開することを決定。市販車ベースのV8エンジンを搭載するレーシング・プロトタイプのフォードGTを、ローラのエリック・ブロードレイが設計した。フォードが"敵"として念頭に置いていたのは常勝のフェラーリだが、莫大な資金を投入しても、そう簡単に勝てないのがルマンだった。

フォードGT40

世界のうごき

□日本が安保理非常任理事国に
□アメリカがベトナム北爆を開始
□朝永振一郎博士がノーベル物理学賞を受賞

Column
"3C"の普及

いざなぎ景気とは、日本の戦後で最も長く続いた景気の拡大期間で、1965（昭和40）年から57カ月間にわたる期間。「いざなぎ」は古い神話に登場する神の名。一般家庭の所得が増えたことから、カラーテレビ（color television）、クーラー（cooler）、自動車（car）の、いわゆる"3C"の普及が進んだ。

Column
欠陥車問題がアメリカでクローズアップ

ラルフ・ネーダーの著書、『Unsafe at Any Speed: The Designed-In Dangers of the American Automobil』によって、欠陥車問題が注目されるようになる。ネーダーが危険なクルマとしてやり玉に上げたのが、リア・エンジンのシボレー・コーヴェアだった。テールヘビーのコーヴェアが示すオーバーステア特性は、フロントエンジンの後輪駆動車が"標準"だった平均的なアメリカ人にとっては危険なものに映った。

Column
"限定運転免許"廃止

軽自動車だけが乗れた限定運転免許が廃止され、普通免許一本になった。16歳以上で取得できた"軽免"がなくなったことで、悲しんだ若者は多いはず。

Events
出来事 1965

- 名神高速道路全線開通
- 日本が完成乗用車の輸入を自由化
- 日本の免許所有者が2000万人を突破
- 12月18日に、神奈川県横浜と東京都（16.6km）を結ぶ第三京浜道路が開通。6車線の自動車専用道路としては日本初。1962年1月に着工、総工費は278億円
- 日産とプリンスの合併予定を発表（5月）。正式発表は翌66年8月
- 浮谷東次郎（1942年生）、鈴鹿サーキットで練習中に事故死
- プリンスR380が茨城県谷田部の日本自動車研究所高速周回路で、235.05km/hの日本記録を樹立
- ルノー16発表
- トヨタ・スポーツ800発売
- スズキ・フロンテ800発表
- オースチン1800、ヨーロッパ・カー・オブ・ザ・イヤー受賞
- モンテカルロ・ラリーでBMCミニが2連勝
- コヴェントリー・クライマックス社がレース界から引退
- ジム・クラークがロータス・フォードに乗りインディ500に優勝、インディにもミドエンジン車の流れが起きる。ロータスにとってインディ初優勝
- 富士スピードウェイ完成
- 船橋サーキット開設
- ヴィットリオ・ヤーノ（1891年4月生）死去。フィアット、アルファ・ロメオ、ランチア、フェラーリの設計者として数々の名車を生んだイタリアの名設計家が、自ら命を絶った
- シトロエンがパナールを吸収
- ボブ・サマーズの"ゴールデンロッド"658.6km/hの速度記録を樹立。クライスラー・ヘミヘッドV8を4基搭載した4輪駆動車

自動車クロニクル

昭和41年

1966年
日産とプリンスが合併

クルマの輸入自由化を控えて、日本の自動車産業で
2社が合併するという業界再編が行われた。

「マイカー元年」といえるこの年、日本の自動車業界の大きな話題は、8月に日産がプリンス自動車工業と合併し、同社を傘下に収めたことだ。

マイカー元年

1964、65年の800cc級大衆車の続出に続いて、この年は2大メーカーから1000～1100ccの新型車が発表され、後に「マイカー元年」と呼ばれるようになる。まず4月には日産がサニー1000を発売、東京モーターショーではトヨタが1100ccのカローラを公表、ショー終了後の11月に発売した。いずれも大メーカーの量産車らしく、冒険を避けた堅実な設計の2ドア5座セダンである。かつてのBC（ブルーバードvsコロナ）戦争がひと回り小型のクラスで再現されたわけだ。サニーの半年後に登場したカローラは1100ccとして「プラス100ccの余裕」という宣伝キャンペーンを行った。

軽自動車の出力競争

軽乗用車ではスズライトとスバル、マツダを追ってダイハツがフェローで、ホンダがN360で参入した。いずれも2気筒だが、フェローは水冷2ストロークの後輪駆動（後輪独立懸架）、N360は空冷SOHCのFWD（後輪リジッド）と性格を分けた。特にN360は8500rpmという高回転で31psを出しており、その後の軽自動車の時ならぬ出力競争の火付け役となった。

スポーティーカーに目を転じると、いすゞが3月のジュネーヴ・ショーに出品した117スポーツを早くも国内デビューさせた。ギア・デザインの美しいボディをもつ4／5座クーペで、実際のデザインに当たったジウジアーロによれば「パッケージングはアルファ・ロメオのジュリア・スプリントGTより巧くいった」という。ただし発売までには2年待たなければならなかった。同じギア・デザイン（ジウジアーロではない）の1.6ℓ級6座セダンのいすゞ117は、翌1967年12月フローリアンの名で発

カローラ1100

世界のうごき

- 全日空機羽田沖に墜落、133人死亡
- ビートルズ来日
- 中国で紅衛兵結成

サニー1000

売される。もうひとつ忘れてはならない出品車は、プリンスが開発してきた天皇御料車の国産初の本格的リムジン、ニッサン・プリンス・ロイヤルであった。

ニッサン・プリンス・ロイヤル

レーシングモデルの隆盛

またダイハツはヴィニャーレ・デザインの"スポーツ・ハードトップ"を出したが、これは文字どおりショーカーに終わった。レーシングカーとしては第3回日本GPの総合7位、1ℓクラスの1位になったダイハツP3、富士の全日本ドライバーズ選手権のスポーツカー選手権レースで3位に入賞した日野の1.3ℓプロトタイプが展示された。今やレーシングモデルは東京ショーには欠かせないアトラクションになり、ほかにも多くの勝利車が展示された。なおホンダはこの年も新しい3ℓF1とブラバム・ホンダF2を出品した。

(日本のショーカー1より引用)

Episode
ミドエンジン・ロードカーが続々誕生

前年の11月に開催されたトリノ・ショーにおいて、さながらコンペティションカーのようなV12エンジンをミドシップに横置きに搭載したロードカーのシャシーを展示し、大きなセンセーションを巻き起こしたランボルギーニは、3月にベルトーネ製の美しいクーペボディを架装したP400ミウラを発表した。フェラーリはF2用に開発した2ℓV6エンジンをミドシップに搭載し、これにピニンファリーナ製のボディを架装したディーノ206GTを11月に発表。そして12月にはロータスが、前輪駆動車のルノー16用のエンジンとギアボックス・アクスルユニットをミドシップに搭載したヨーロッパを発表した。それまでミドシップ・エンジンのロードカーは希な存在だったが、この3台の登場でロードカーにもミドエンジン時代の到来が予見された。

ランボルギーニP400ミウラ

自動車クロニクル

昭和41年　**1966**年

日産とプリンスが合併

Episode
プリンスR380がポルシェに勝利

　5月、富士スピードウェイで開催された第3回日本GPで、砂子義一のプリンスR380が、ポルシェ・カレラ6を破って優勝を果たした。第2回日本GPでポルシェの後塵を浴びたプリンスは、4台のマシーンで布陣を敷き、2月に発表されるや早くも欧州でめざましい活躍を始めたカレラ6を迎えた。物量と経験で勝るワークス勢を相手に、プライベートエントリーのポルシェは善戦したが、クラッシュによって戦列を去った。ワークス対プライヴェティアの戦いであったが、日本車が欧州の名門を破ったと話題になった。

プリンスR380　　　　ポルシェ・カレラ6

Column
有害排出ガスの種類

- ジョヴァンニ・バッティスタ・ピニンファリーナ（1895年生）が死去。享年70
- ルマンでフォード・マークⅡ優勝。ルマン制覇に挑んだフォードが莫大な資金を投入した結果、ついに念願を果たした
- インディ500で、ローラ・フォードに乗るグレアム・ヒルが優勝。2年続けて欧州勢がインディを制した
- ルノー16がヨーロッパ・カー・オブ・ザ・イヤー受賞
- 日産自動車とプリンス自動車工業合併（4月20日）、8月1日に日産自動車株式会社が発足。比率は日産1：プリンス2.5
- 排出ガス規制実施（9月1日）。3輪、4輪新型ガソリン車の一酸化炭素濃度を3％以下にするなど。日本では事実上初めての排出ガス規制となる
- スバル1000発売。水平対向4気筒エンジンを搭載。当時の日本車としては極めてめずらしい前輪駆動レイアウトを採用
- いすゞ117スポーツ発表（発売は68年12月）
- インディ富士200マイルレース開催。インディを日本で開催しようという計画。富士スピードウェイを使い、ショートカット路を新設してバンクを使わないコースを設定した
- トヨタは2000GTでスピードトライアルに挑戦、13の世界スピード記録を樹立。
- トヨタと日野自動車工業が業務提携（10月）
- 富士重工といすゞ自動車が業務提携（68年5月に提携を解消）
- この年からF1の規定が3ℓとなった。ホンダはイタリアGPから3ℓのRA273を投入
- この年ブラバム・ホンダF2が12戦中11勝を達成
- ジャック・ブラバムが、レプコ・ブラバムに乗りフランスGPに優勝。ドライバーが、自分自身の名を冠したマシーンに乗っての優勝は1950年以降のGPレース史上初
- USGPでジム・クラークがドライブするロータスBRMが優勝。F1ワールドチャンピオンシップ史上で唯一の16気筒エンジンの勝利

昭和42年

1967年

マツダ・コスモ・スポーツ発表

新時代のエンジンとして世界各国から熱い視線を浴びた
ロータリー・エンジンだったが、実用化までの道程は困難を極めた。

1961年2月にNSUヴァンケル社と技術提携した東洋工業（現：マツダ）は、以来、ロータリー・エンジンの開発を行い、東京モーターショーでその進捗状況を公開してきたが、1967年5月30日、世界で初めて量産化に成功した2ローター型REエンジンを搭載したコスモ・スポーツを発表した。

マツダは、その市販化に至るまでに極めて困難な研究開発を強いられた。中でも開発陣の頭を悩ませたのは、長時間運転すると、ローターハウジングの内面に発生する、チャターマークと呼ばれる波状の異常摩耗だった。三角形の「おむすび型」シリンダーの頂点に備わり、ローターハウジング面との気密を確保するアペックスシールに問題があることは判明したものの、その解決までに長い時間を費やした。材質ではなく、その形状に問題があることが判明。60台の試作型コスモに搭載され、1966年2月から12月にかけて、全国のマツダ販売店による大規模な市場評価テストを経て、さらなる改良が加えられ、ついに市販化に至った。

マツダ・コスモ・スポーツ

Episode
静かで速かったガスタービンカー

この年のインディ500に、インディ史上で初めてのガスタービンカーが出場した。パクストン製のガスタービンエンジンを搭載した4WD車のSTPスペシャルだ。パーネリ・ジョーンズのドライブにより、予選最速の267.2km/hを記録。本戦では圧倒的な速さでトップを独走するが、残り3周の時点で些細なトラブルから戦列を去った。

Column
世界初のロータリーエンジン搭載車

ヴァンケル（ロータリー）エンジンのライセンスを持つドイツのNSUは、1964年に世界で初めてその搭載車、ヴァンケル・スパイダーを発売した。レシプロエンジン車のシュポルト・プリンツをオープン化したボディのリアに、単室容積500ccのシングルローター、50ps/5000rpm、7.5mkg/3000rpm（ともにDIN）を搭載した。1964年から生産を終了する67年までに2375台が造られた。

NSUヴァンケル・スパイダー

自動車クロニクル

昭和42年　**1967**年

世界のうごき
☐第三次中東戦争が勃発
☐四日市ぜんそく訴訟
☐EC、ASEANが発足

マツダ・コスモ・スポーツ発表

Column
コスワースDFV

　F1用として開発された3ℓV型8気筒32バルブのレーシングエンジン。コヴェントリークライマックスという強力なパートナーの撤退という事態で、F1用の強力なエンジンの供給元を失ってしまったロータスのコーリン・チャプマンが画策し、フォードからの多大な援助を受けてコスワースが完成させた。ピークパワーでは最強のホンダV12にはおよばないが、軽量小型で扱いやすいエンジンといわれた。チャプマンはこのエンジンの特徴を有効に活かすべく、エンジンをモノコックの延長部分と考えたタイプ49を完成させた（同様の例は、これより先マートラが実施済）。6月4日のオランダGPから出場したが、ジム・クラークのドライブによってデビューウィンを飾った。当初は契約によりロータスが独占使用していたが、契約が切れてからは、チーム内でエンジンを製作できないチームがDFVを搭載、以来155勝し、F1で最も成功したエンジンとなった。スポーツカーレースにも使われた。

コスワースDFVエンジン

Events
出来事 1967

- ジョン・サーティーズがドライブするホンダF1（RA300）がイタリアGPで優勝。ホンダF1の2勝目を飾った
- スウェーデン、車輛が右側通行に
- NSUが2ローター型のロータリー・エンジンを搭載した前輪駆動車のRo80を発表
- BMWがグラース社を吸収
- 欧州フォード成立
- ルマンでフォード・マークⅣ優勝。これで2連勝
- デイトナ24時間でフェラーリが1-2-3位を独占。フェラーリがフォードの地元で66年ルマンの雪辱を果たしたということになる
- カリフォルニア州の大気汚染をきっかけに上院で大気浄化法が可決（1970年に関連項目を掲載）
- 船橋サーキット閉鎖
- グロリア（A30）発表
- 第4回7日本GPで、生沢徹のポルシェ・カレラ6が日産R380勢を退けて優勝。元プリンス・ワークスの生沢は、66年の日本グランプリのあと単身英国に渡り、プライベートながら欧州のレースで腕を磨き、連覇を狙う日産勢に後塵を浴びせた
- トヨタとダイハツが業務提携
- フィアット124、ヨーロッパ・カー・オブ・ザ・イヤー受賞

昭和43年

1968年

ロードカーに最高速の戦いが勃発

漫画に触発され、後に"スーパーカー"として日本の子供たちにブームを
巻き起こすミウラやデイトナは1960年代後半に相次いで生まれた。

イタリアのスーパースポーツカーによって、非現実的な速度域での最高速競争がピークに達したのが、1968年頃だ。

戦後にコンストラクターとして歩み始めたフェラーリは、1950年代後半になると250GT系をシリーズ生産することによって、高性能ロードカーの生産に糧を求めるようになる。高価格かつ高性能グラントゥリスモというジャンルは、フェラーリより一足先にマセラティが3500GTの成功によって先鞭を付けたものであった。

この2大メーカーによる勢力地図の塗り替えが始まったのは、1962年からだ。第一波はフェラーリの地元モデナからだった。軽便な3輪トラックや超小型車のイセッタを生産していたレンゾ・リヴォルタ率いるイソ社が、一転して高性能車の生産に乗り出したのだ。自製のスチール

フェラーリ365GTB/4デイトナ

製モノコック・シャシーに搭載した4基のウェバー・ツインチョーク・キャブレターを備えたシボレー・コーヴェット用の"327"5359ccV8は、400hpを発生。最高速度は258km/hに達した。これにベルトーネがクラシカルな4座クーペボディを製作した。

フェラーリvsマセラティvsランボルギーニ

翌1963年になると、打倒フェラーリを標榜したランボルギーニが狼煙を上げた。メカニズムはフェラーリより凝ったものだった。1966年のジュネーヴ・ショーでランボルギーニは横置きミドエンジンのP400ミウラを発表、265km/hの最高速度を豪語した。フェラーリはこれに対抗して、SOHCエンジン搭載だった275GTBをツインカム化して275GTB/4に発展させ、トップスピ

マセラティ3500GT

自動車クロニクル

169

昭和43年

1968年

ロードカーに最高速の戦いが勃発

ードを260km/hに引き上げた。だが、このジュネーヴではマセラティがギブリを発表、この最高速度が270km/hだったことから、フェラーリは出鼻を挫かれることになる。1968年のジュネーヴでは、イソまでもが290km/hを標榜するグリフォ7ℓを発表するに至り、フェラーリは最高速競争で完全に遅れをとった。

石油危機で市場が崩壊

もちろんフェラーリも手をこまねいていたわけではなく、1968年のパリ・サロンで、275GTB/4に代わるニューモデル、365GTB/4"デイトナ"を発表した。4カムシャフトの4.4ℓエンジンは352psを発生し、カタログ上で280km/hの最高速を誇った。これは"楽観的な数字"ではなく、『AUTOCAR』誌のテストでも実証されている。ちなみに同誌のテストでは、ミウラが277km/hであった。ポール・フレールは1971年に公道上でデイトナの最高速度をテストしたが、カタログ値を凌いでフェラーリ・デイトナが282.3km/hを記録、当時としては最も速い最高速度ホルダーの座に着いた。ちなみに2位はランボルギーニ・ミウラの272km/h、3位はスイスのモンテヴェルディHai450SSの270.5km/h

ランボルギーニLP400カウンタック

だった。

この戦いは、ランボルギーニが1971年のジュネーヴでカウンタックLP500を、同年のトリノでフェラーリが365GT4/ベルリネッタ・ボクサーを発表、ともに2年後（LP500

Episode
スポンサーカラーが初登場

スペインGPからロータスF1が英国のレーシングカラーであるグリーンから、赤・白・金色のゴールドリーフ・カラーに変わり、グランプリファンに大きな衝撃が走った。F1全体の大口スポンサーだったエッソが撤退したことにより、ロータスに個別スポンサーとしてインペリアル・タバコがついたことが理由だ。これによりF1にスポンサーカラーが初めて登場した。タバコ会社などがスポンサーとして名乗りを上げ、それまで守られてきた国別ナショナルカラーが、これ以降崩壊していく。現在に至るF1商業化の始まりといえる出来事だった。

ロータスF1のゴールドリーフ・カラーには驚いた

世界のうごき

☐ プラハの春
☐ 3億円事件
☐ 川端康成がノーベル文学賞を受賞

はLP400にエンジンをスケールダウン）して市販を開始し、延長戦となるかに見えた。1971年にはランボルギーニが前衛的なデザインを持つカウンタックを発表、フェラーリも12気筒搭載のロードカーとしては自社初になる365GT4ベルリネッタ・ボクサーを公開して迎え撃ったが、2年後に両者が発売された時には、世界的な石油危機が巻き起こり、この手のスーパースポーツカーの市場は崩壊を始めていた。

Column
世界3位になった日本車の動向

この年の大きなトピックとしてはブルーバードとセドリック、コロナとクラウンの間に1800ccの中間クラスが生まれたことである。まず3月にニッサン・ローレルが4気筒SOHCの1800ccエンジンを搭載して登場、この年の東京ショー直前にはこれも4気筒SOHC、1600/1800ccエンジンをもつトヨペット・コロナ・マークⅡが発売された（マークⅡは後に"コロナ"が取れる）。ローレルもマークⅡも純粋にオーナードライバー用の高級車で"ハイオーナーカー"と分類された。いずれもスペックでは当時のBMW1800を意識したものであった。

この年の3月にはニッサン・スカイライン1500がフルモデルチェンジしたが、このショーではその新型ベースのスカイライン2000GTがデビューした。新型の6気筒SOHCエンジンは旧プリンス系のスーパー6ではなく、日産系のL20になった。もう一つ、スカイライン2000GTにR380の6気筒DOHCエンジンを積んだホモロゲーション用のモデルも追加された。後のGT-Rである。

ホンダはこのショーに空冷V8エンジンのRA302 F1を出品していることでもわかるように、空冷エンジンに凝っていた。そこでN360からステップアップしてくるユーザーのために新設計したのが、横置きの空冷4気筒SOHCエンジンで前輪を駆動するホンダ1300である。もちろん強制空冷で、ドライサンプとして大型の空冷オイルタンクで冷却を助けるものであった。クロスビームの後輪独立懸架など、ユニークな機構を持っていたが、市場では大成功というには至らず、後のシビックに大きな教訓を残した。

このショーではニッサンR381とトヨタ7という2台の大型レーシングスポーツカーが展示されたが、排ガス規制の波がすぐ近くまで押し寄せてきており、本格的なレーシングカー造りは終焉を迎えようとしていた。

1968年の日本の乗用車生産は初めて200万の大台を超えて205万5821台（対前年比49.43％増）に達した。1958年からの10年間で、実に50倍、1963年からの5年間でも5倍という急成長で、世界的に見てもこんな急カーブを描いて成長した自動車生産国はない。この結果1968年、日本はフランス、イギリス、イタリアを一挙に抜き去って、アメリカ、西ドイツに次ぐ世界第3位の乗用車生産国にのし上がったのである。　　　（日本のショーカー1より引用）

ニッサン・ローレル

昭和43年

1968年

ロードカーに最高速の戦いが勃発

Events
出来事 1968

- NSU Ro80、ヨーロッパ・カー・オブ・ザ・イヤー受賞。ロータリー・エンジン搭載車にとって初めてのCOTY受賞だった
- フィアットが経営難に悩むシトロエンと提携。だがこの提携は1973年までしか続かなかった
- フォードがルマンで3連勝を達成。規定の変更により、7ℓ車は参加できず、5ℓエンジン搭載のGT40での勝利だった
- ブルース・マクラーレンが、自らの名を冠したマシーンにF1初優勝をもたらす
- 日本で大気汚染防止法と騒音防止法が公布
- ホンダが、1968年シーズンでF1活動を休止すると発表
- 横浜ゴムからラジアルタイヤのGTスペシャルが発売される
- 三菱といすゞが業務提携。長くは続かず1969年5月に解消される
- 日産-富士重工、業務提携発表
- モンテカルロでポルシェ911優勝（1970年まで3連勝）
- サファリ・ラリーでプジョー404が3連勝
- モナコGPで初めてF1でフェラーリがウィングを装着
- ロータスのドライバー、ジム・クラーク（1936年生）がホッケンハイムF2で事故死

Column
日本グランプリで日産とトヨタが激突

日産とトヨタが直接対決し、これにローラやポルシェを有する滝レーシングという強力なプライヴェティアが加わり、面白いレースが展開されるだろうとの前評判で始まった富士の頂上決戦だった。結果は、エアロスタビライザーと名付けられた2分割式のウィングを備えたニッサンR381が、トヨタ7を退けて優勝を果たした。だが、トヨタが自製の3ℓV8エンジンを搭載していたのに対し、日産はなんとシボレー製の5.5ℓを搭載していたのは興冷めだった。

Episode
やってこなかったガスタービンカーの時代

1968年にはインディとルマンの双方にガスタービンカーが出場している。インディ500には、昨年の雪辱に燃えるアンディ・グラナテリのSTPがロータスのコーリン・チャプマンと組み、タイプ56ガスタービンカーを3台用意して臨んだ。前年、圧倒的な速さを見せたことでガスタービンエンジンには大幅な規制がかけられ、予選2番（グレアム・ヒル）が最上位だった。またもや些細なトラブルで優勝を逃し、3台ともリタイアに終わった。しかしながらガスタービンカーのポテンシャルは高く、翌年から"自動車用ガスタービンエンジン"以外は禁止となり、事実上締め出された。

1968年のルマンにもアメリカからガスタービン・エンジン（ヘリコプター用）搭載車、ホーメットTXが2台出走した。1965年にローバーBRMが記録した10位以上の成績が望まれたが、2台とも完走はできなかった。

昭和44年

1969年

欧州の巨人フィアットが前輪駆動を採用

ミニの大きな影響はまだ続いていた。スペース効率を追求した前輪駆動車が欧州のメーカーから続々と登場、フィアットも例外ではなかった。

フィアットが本格的に小型大衆車の前輪駆動化を開始した。

乗用車の駆動レイアウトとして、小型モデルにはリアエンジン（500、600、850）、それ以上のクラスにはフロントエンジン、リアドライブを用いてきたフィアットだったが、後輪駆動の1100モデルの市場を引き継ぐモデルとして発表した128では前輪駆動（FWD）を採用した。128は好評を持って市場に迎えられ、1970年のヨーロッパ・カー・オブ・ザ・イヤーに選出されるなど大成功を収め、これ以降、フィアットはFWDを急速に推し進めていった。

ミニとは異なるFWDレイアウト

小型FWD車の成功作には、英国のBMCミニがある。ミニはその巧みなパッケージングにより、最小のサイズの中に外寸では遙かに大きいモデル以上の室内空間をもたらした。ミニではそのためにエンジンのサンプ内にギアボックスを一体化（簡単にいえば2階建て）することで、エンジンルームを短縮している。

これに対してフィアットでは、後輪駆動車と同様にエンジンとギアボックスを一直線上に繋ぎ、このまま横置きに90度回転させて搭載している。ディファレンシャルはギアボックスの背後（スカットル側）に一体化している。設計はフィアットにあ

フィアット128

> **Column**
> **自動車の安全基準**
>
> この年3月には東名高速道路が開通。日本にも本格的な長距離高速走行の時代が到来、クルマの性能は急速に上がっていった。しかし高性能にはそれに見合う安全性の裏付けがなければならない。先進国アメリカでは運輸省が1967年1月31日に連邦自動車安全基準（MVSS）を発表、年々強化していった。わが国でも自動車工業会が1968年1月6日に10カ条の自主規制案を作成、1969年型から適用に踏み切った。
>
> 当時の運輸省も1968年7月4日省令の「道路運送車両の保安基準」を改正、安全のための要求を盛り込んだ。サイドウィンカー、バックライト、パーキングランプ、ハザードウォーニング、シートベルト、シートのヘッドレストなどはこの時に設置が要求されたものである。1969年のショーで発表された新型車にはこれらの安全装備を備えたものが少なくなかった。
>
> （日本のショーカー1より引用）

昭和44年

1969年

欧州の巨人フィアットが前輪駆動を採用

って数々の名作を生んだダンテ・ジアコーサで、これに因んでこの方式のFWDレイアウトをジアコーサ方式と呼んでいる。これに対してミニの方式をイシゴニス方式と呼ぶ。

フィアットは量産モデルの128にFWDを採用するにあたって、グループ内のアウトビアンキに先行して用い、1964年にプリムラとして発売した。

Column
第16回東京モーターショーの華、フェアレディZ

この年の東京ショーで発表された完全なニューモデルのうちで、最も注目されたのはニッサンのフェアレディZで、6気筒SOHCの2000ccエンジンをもつ2座ファストバック・クーペが基本になった。後には、2400ccエンジンを搭載した240Zの輸出が開始され、世界中のGTレースやラリーで縦横無尽の大活躍を見せ、やがて"Z"は世界で最もポピュラーなスポーツカーとなるのである。

もう一つの完全なニューモデルは三菱のコルト1500に代わるコルト・ギャランで、当時の最新のイタリア車に匹敵するモダンな4ドアセダンに、三菱初のSOHCを持つ4気筒1500ccエンジンを搭載する。同時に同じフロアユニット上に低いファストバックの2座ハードトップ・クーペを構築したモデルがギャランGTX-1の名で参考出品された。SOHC1500ccと、DOHC1600ccの同車は1年後にギャランGTOとして発売される。

このショーでは次の各車がフルモデルチェンジを受けた。まずトヨタではパブリカがボディを一新、空冷フラットツインの800に加えて、水冷直列4気筒OHVの1000と1200が新設された。またトヨタとダイハツの1967年11月の業務提携の効果が早くも表れ、新型パブリカのボディにダイハツ自前の4気筒OHV、1000ccエンジンを積んだダイハツ・コンソルテも登場した。軽自動車では三菱ミニカがフルチェンジしてボクシーなミニカ'70になり、スバルもよりモダーンでルーミーなボディをもつ"R-2"にフルチェンジした。しかし依然として空冷2ストローク・ツインのリアエンジンとい

う成功したレシピを崩していない。

1960年代末には基本的な4ドアセダンに加えて、それをベースとした2ドア4/5座のクーペ（多くはハードトップ）を設けるクルマが目立つようになった。1968年ショーのトヨタがその好例で、コロナ・マークⅡばかりか法人用の高級車と考えられていたクラウンにまでハードトップを出した。セダンは万能には違いないが、クーペの軽快さと趣味性を求める層が生まれつつあることを示しており、自動車社会の成熟を感じさせる。1969年もにホンダが1300クーペを、ニッサンがブルーバードにクーペを、三菱がミニカにクーペをそれぞれ登場させた。

参考出品車に目を向けると、トヨタのEX-Ⅰ／Ⅱ／Ⅲ、いすゞのミドエンジン・スポーツ"ベレットMX1600"、三菱のコミューターなど、単なるスタイリング・エクササイズではなく、クルマの新しいあり方を模索するようなモデルが増えた。今日で言うところのコンセプトカーの芽生えと見ることができる。この年の乗用車生産はさらに好調で、対前年比27.03％増の261万1499台であった。

（日本のショーカー1より引用）

フェアレディZ

世界のうごき
- アポロ11号月面着陸
- ウッドストック・フェスティバル開催
- 東大安田講堂に機動隊突入、入試は中止に

Episode
メルセデス・ベンツのロータリー

300SLをイメージさせるガルウィングドアを持ち、新時代のパワーユニットといわれたロータリー・エンジン（3ローター）を搭載したスーパースポーツカー、C111の出現にメルセデス・ファンは色めき立ち、ロータリー・エンジンを市販するのかとの衝撃が走った。1970年のジュネーヴ・ショーには4ローター型が展示され、いよいよ生産は間近との観測だったが、73年の石油危機により、市販化は見送られた。

メルセデス・ベンツC111

Episode
ルーチェ・ロータリークーペ発売

マツダは、これまでのコスモとファミリア・ロータリークーペの2本立てだったロータリー・エンジン車のラインアップに、新に排気量の大きな（13A型）エンジンを搭載した、高級なクーペを追加した。ルーチェのデザインコンセプトを引き継いだ2ドアのハードトップボディを備えるが、駆動方式はルーチェ・セダンの後輪駆動に対して、前輪駆動を採用していた。

ルーチェ・ロータリークーペ

Events
出来事 1969

- マツダのロータリー・エンジン搭載車が、アメリカ連邦政府排出ガステストに合格
- 英国の自動車産業が再編成。BMH（旧BMC：British Motor Corporation）とレイランドモータース（Leyland Motors）が合併して、BLMC（British Leyland Motor Corporation）が組織された。これでイギリスの量産車生産会社が1社に集約されたことになる
- ポルシェ917が2月のジュネーヴでデビュー。水平対向12気筒の4.5ℓエンジンを搭載した917の登場により、ポルシェがスポーツカーレースで総合優勝を狙う体制が整った
- ドイツで自動車メーカーの再編成。NSUとアウトウニオンが合併
- フィアットがフェラーリを傘下に入れる
- 福沢幸雄が静岡県袋井市のヤマハテストコースで、トヨタ7のテスト中に激突死
- 東名高速全線開通（5月）
- スカイラインGT-Rがデビュー戦のJAF GPで初勝利
- 日野自動車が乗用車の生産を中止し、大型車に集中
- ホンダ・ドリームCB750、カワサキ500マッハⅢなど大型2輪車発売
- 日本GPでニッサンR382優勝
- ポルシェ、メイクス世界選手権獲得（71まで3年連続）
- ルマンでフォード4連勝
- 日・大気汚染測定結果の公表始まる
- プジョー504、欧州カー・オブ・ザ・イヤー受賞

Column
欠陥車問題

『ニューヨークタイムズ』が、日産とトヨタの欠陥車秘匿回収を報道。ブルーバード、コロナの秘密回収、および対米輸出車の構造・部品・材質などの欠陥を公表した。これに呼応して、6月になって日本では運輸省が日産・トヨタの欠陥車種を公表するとともに、総点検と修理を指示。8月に欠陥車リコール制度が発足した。これをきっかけに日本も自動車安全性の議論が高まる。

自動車クロニクル

07章

公害問題と
オイルショック

1970年

↓

1979年

70年代は自動車業界全体を揺るがす厳しい法案で幕を開けた。
続いて中東戦争に端を発するオイルショック、
欠陥車で露呈した自動車の安全問題、交通戦争など、
我が世の春を謳歌してきた自動車は、
過酷な現実に向き合わなければならなくなった。

昭和45年

1970年

マスキー法可決で排出ガス規制広まる

自動車産業の息の根を止めるかのように思われた厳しい法規制に、アメリカを含め世界中のメーカーが拒否反応を示したが……。

マスキー法（Muskie Act）は、米国で1970年12月に改定された大気汚染防止のための法律の通称名。正式名は大気浄化法改正案第二章だが、エドムンド・マスキー上院議員が提案したことから、この通称で呼ばれる。

1975年以降に製造する自動車の排出ガス中の一酸化炭素（CO）、炭化水素（HC）の排出量を1970～71年型の1/10以下に、さらに1976年以降の製造車では、窒素酸化物（NOx）の排出量を1970～71年型の1/10以下にすることを義務づけ、達成できないクルマは猶予期間以降の販売を認めないとした。

1972年になると、さらに厳しくなり、1976年型では窒素酸化物が0.4g/mileと規定された。当時、この規制値は自動車の排出ガス規制としては世界一厳しかったことから、北米を筆頭にした自動車メーカーの猛反発にあい、実施されることなく1974年に廃案となった。

メーカーの努力を促す

しかしながら1972年にホンダのCVCCエンジンが世界で初めてこの基準をクリアしたことで、技術的には達成できる見通しがついた。深刻化する大気汚染の前にはアメリカのメーカーも努力しないわけにはいかなかった。また、アメリカのメーカーだけでなく、全世界の主要メーカーにとって重要な市場であったカリフォルニア州が、全米でもっとも大気汚染に悩まされていたこともあって、排出ガス規制自体は徐々に強化されていった。1995年にはマスキー法で定められた基準に達している。

日本ではマスキー法の成立を受け、中央公害対策審議会での審議が始まり、1978年からはマスキー法で定められた基準と同じ規制である昭和53年規制が実施された。

Column

欧州では高性能車のデビューラッシュ

オイルショック勃発の前夜ともいえるこの年、アメリカでは排ガス規制の開始が決まり、クルマの先行きに暗雲が垂れこめた。だが、欧州ではいくつかの高性能車や成功作が誕生している。いくつかを列挙してみよう。シトロエンSM（2月）。ランボルギーニ・ハラマ（2月）。デ・トマゾ・パンテーラ（4月）。レンジローバー（6月）。シトロエンGS（8月）。ランボルギーニ・ウラッコ（11月）、ベルトーネ・ストラトス（11月）。

世界のうごき

□大阪万国博覧会開催
□よど号ハイジャック事件が発生
□三島由紀夫が自衛隊市谷駐屯地に乱入して割腹自殺

Column
サニーvsカローラ

サニー（B110）発表。「隣の車が小さくみえまーす」とはそのキャッチコピーだ。1000ccでデビューしたサニーに対し、トヨタは1100ccのカローラで対抗。サニーをモデルチェンジした日産は、1200ccエンジンを搭載した。冒頭のコピーにある"隣のクルマ"とはもちろん宿敵のトヨタ・カローラにほかならない。

サニー1200

Column
マツダのロータリー、世界へ

この年、マツダのロータリー・エンジンにいくつかのニュースがあった。まず海外にも本格的に輸出されるようになった。5月にはヨーロッパ市場へ本格的に上陸を開始し、6月には北米への輸出が始まっている。また5月には、新シリーズのカペラ・ロータリーシリーズ（12A型搭載）が発売された。12月にはロータリー・エンジン車の生産累計が10万台を達成した。

Episode
光化学スモッグ事件

1970（昭和45）年7月18日午後1時、東京都杉並区にある私立東京立正高校グラウンドで運動中の女子生徒が、涙が出る、チカチカする、喉が痛い、咳が出るなどの症状を訴えて19人が次々に倒れ、同校生徒や周辺住民など計43人が病院に運ばれた。

この原因が「光化学スモッグ」という、当時、一般に耳慣れない新種の公害であると報じられたことから、社会に大きな衝撃を与えた。新宿区にある大気汚染測定所の測定機が、32pphmというオキシダント濃度を示していたことによって、光化学スモッグと断定された。この影響は私立東京立正高校だけには留まらず、被害を感じたのは東京都内でおよそ5200人、埼玉で400人を数えた。これ以降、全国各地でも光化学スモッグによる大気汚染問題が多発した。

光化学スモッグとは、自動車や工場などから排出される窒素酸化物や炭化水素（特に不飽和炭化水素）が、太陽光線（紫外線）を受けて、光化学反応により二次的汚染物質を生成することによって発生する。この二次的汚染物質のほとんどがオゾンだが、これ以外にPAN（パーオキシアシルナイトレート）、二酸化窒素などの酸化性物質、アルデヒド類（R-CHO）、アクロレイン等の還元性物質があり、酸化性物質のうち二酸化窒素以外の物質を光化学オキシダントと呼ぶ。

光化学スモッグは石油系燃料を燃焼することによって生じるため、クルマが多く空気が乾燥しているロサンゼルスで深刻な被害が発生した。そのためロサンゼルス型スモッグと呼ぶこともある。

オキシダントが高濃度になる条件は、いくつかある。夏型の気圧配置であること。日中の最高気温が25℃以上あり、9～15時の間に2時間半以上の日照がある。東京周辺で発生する場合には、東京湾および相模湾から海風が吹き込んでいること。大気の状態が安定していること。これ以外にも大気中の高度による温度差などの要因がある。

自動車クロニクル

昭和45年

1970年

マスキー法可決で排出ガス規制広まる

Column
牛込柳町で鉛害事件

1970年5月にはもうひとつの公害問題が明らかになっている。東京都新宿区牛込柳町の交差点付近の住民を対象に民間の医療団体が健康診断を実施したところ、鉛中毒の疑いがある人が多数存在することがわかったのだ。当時、ガソリンにはノッキング（異常燃焼）を防止するために四エチル鉛が混入されており、排出ガス中に含まれていた鉛が人体に取り込まれたものと断定された。この報告を受けて、東京都は体内の鉛と有鉛ガソリンの因果関係を調査した。だが、鉛中毒と疑われた住民にはほとんど、その心配がないことが判明した。

だが、この事件を転機として環境の鉛汚染について問題が提起され、ガソリンの無鉛化政策のほか、工場や事業場からの鉛の排出が規制されることになった。日本では1975年以降、自動車用レギュラー・ガソリンは完全無鉛化され、ハイオクタン・ガソリンについても、順次、鉛に代わるアンチノッキング剤に取って代わられていった。ガソリンの無鉛化は、同じく社会問題化していた排出ガス中の有害成分の除去の面からも不可欠なことだった。排ガス浄化のためには触媒コンバーターを装着する方法が効果的であったが、排ガス中に残留した鉛が触媒の効果を損なってしまうため、ガソリンの無鉛化は急務であったのだ。

Column
有害排出ガスの種類

一酸化炭素（CO）：有機化合物が燃焼（酸化）するとき、酸素の供給が不充分でない状態、すなわち不完全燃焼である場合に発生する。大気汚染の悪化から排ガス規制が行われるようになると、CO低減対策として、酸化触媒を装着することでCO_2に変化させて大気中に放出した。CO_2は生物の代謝によって発生し、光合成に必要であり、低濃度なら生物に無害であるからとの考えからだった。まだ、この時期にはCO_2が温室効果ガスの元凶であるとの考えはなかった。

炭化水素（HC）：ガソリンの燃焼が不完全で燃焼できずに排出されたときや、揮発することで発生する。太陽光の紫外線に当たると、光化学オキシダントへと変化し、光化学スモッグを引き起こす。

窒素酸化物（NOx）：内燃機関の燃焼室内が高温高圧状態になると窒素が酸化しやすくなり、窒素酸化物が発生する。酸素の結合量によって多数の窒素酸化物があるので、NOxと表記している。大気汚染や光化学スモッグ、酸性雨の原因となる。

浮遊粒子状物質（SPM）：排出ガス中に含まれる粒子状物質で、人体に有害とされる直径10μm以下のものを指す。内燃機関ではディーゼルエンジンの排出ガスに含まれている。肺胞に達してしまうと体外に排出できず、肺ガンを引き起こすとされている。

硫黄酸化物（SOx）：主に二酸化硫黄と三酸化硫黄を示し、硫黄を含む燃料が燃焼することによって発生し、酸性雨の原因のひとつとされている。

二酸化炭素（CO_2）：地球温暖化の原因物質として削減策が進んでいる。内燃機関の場合、CO、HC、NOxなどの有害物質をすべて削減しようとすると、反比例して二酸化炭素が増加してしまう。すべてを削減するためには燃料の消費量を減らす以外に方法はない。このことから、電気エネルギーやハイブリッド、ディーゼル、ガソリンエンジンの省燃費策が急がれている。

Episode
セリカがデビューした第17回東京モーターショー

このショーでデビューした生産車としてはベイビー・マスタングといってもいいトヨタのセリカと、それと共通の車台をもつ1.4ℓ、1.6ℓ級セダンのカリーナがある。日産は、R380と共通の6気筒DOHCエンジンをもつスーパーモデル、フェアレディZ432とスカイラインGT-Rを生産車として出展、愛好家を楽しませた。三菱も同様に、ギャランをベースとしたファストバック・クーペに4気筒1.6ℓのSOHCとDOHCエンジンを搭載したコルト・ギャランGTOをデビューさせた。当時はまだ最高速度を表示しないという申し合わせがなく、125psのGTO・MRは200km/hを豪語していた。

実用車ではこのショーで日産初の前輪駆動車としてチェリーが登場、日本の小型車にも本格的なFWD時代が到来しつつあることを告げた。この年の1月にサニー、5月にカローラがフルチェンジして、それぞれの第二世代へ発展（両者の熾烈なライバル関係がわかる）。2月発表のコロナの第三世代もこのショーでショーデビューを果たした。同様5月に発売されたマツダ・カペラも、ここで初めて一般に披露された。572cc×2、120ps、200km/hのカペラ・ロータリークーペGSもあった。

軽自動車ではそれまで丸々としたスタイリングだったスズキ・フロンテが、一挙にボクシーで鋭角的なフロンテ71に衣替えした。依然リアエンジンだが、まるでフロントエンジンのようなグリルをもち、トランクスペースの確保に躍起になっていた。4月に発売されたダイハツの軽自動車フェローの第二世代も、ボクシーで鋭角的なフェロー・マックスとなった。この頃の軽自動車は、厳しい寸法制限の中で室内空間を最大限確保しようと努めていたのだ。こうした方向と対照的な動き方を見せたのがホンダのZ360で、空力的でスポーティーなロングノーズのハッチバッククーペで若い世代にアピールしていた。軽自動車では馬力競争が過熱し、31ps、33ps、34psと1psを競い合う泥仕合の様相を呈していた。

初めて安全と公害に関する展示パビリオンが設けられ、業界を挙げてこれらの問題と取り組んでいく姿勢が示された。

この年の日本の乗用車生産は317万8708台で、対前年比21.7％増と依然高い成長を維持している。中でも普通車が5万1619台、前年比106.7％増と、需要の上級志向が始まったことを示している。またこの年の乗用車生産に占める輸出比率は、すでに22.8％に達していた。

（日本のショーカー2より引用）

セリカ1600GT

Events
出来事 1970

- フィアット128、ヨーロッパ・カー・オブ・ザ・イヤー受賞
- イギリスのルーツがクライスラーUKへと社名変更、フランスのシムカはクライスラー・フランスへと社名変更
- ダイムラー・ベンツ、ABSの開発を発表
- 三菱、クライスラーと資本・業務提携契約
- 東洋工業（現：マツダ）とフォードが業務提携を発表
- いすゞと日産の業務提携発表。提携は71年7月で解消
- 三菱重工業から自動車部門独立、三菱自動車工業が誕生
- いすゞとGMが業務提携発表
- サファリ・ラリーでダットサン・ブルーバード優勝
- 川合稔、鈴鹿でトヨタ7のテスト中に事故死
- 日本の乗用車普及率が4世帯に1台となる
- WRC・世界ラリー選手権開始
- ポルシェがモータースポーツ大活躍。モンテカルロ・ラリー：3連覇、タルガフローリオ：5連覇、ルマンでは初の総合優勝（917）
- 米ガイリー・ゲイブリッチが"ブルーフレーム"で地上で1000km/hを超える。液化天然ガスと過酸化水素を用いたロケット動力。自動車としては非公認
- 筑波サーキット完成

自動車クロニクル

昭和46年
1971年

資本自由化で日米の提携が強化

日本は世界第二位の自動車生産国となり、その押し寄せる日本車に頭を悩ませたビッグスリーは、日本のメーカーとの資本提携という方策をとった。

日本からの輸入車の急増に危機感を抱き始めていたアメリカのビッグスリーは、早いうちに日本の主要メーカーを影響下に収めておきたいと、日本に対して自動車の資本自由化を迫っていた。抗し切れなくなった日本政府は、この年の4月、遂に自動車産業の資本取引の自由化に踏み切った。

もちろん日本の自動車メーカー各社はこの日の来ることを予測して、早くから体力強化に努めてきたが、中小メーカーでは外国資本の攻勢を防ぎようがなかった。この年の9月、クライスラーが三菱自工株の15%を、ゼネラル・モーターズがいすゞ株の34.2%を取得して資本提携した。さらにフォードは1971年12月にマツダと業務提携し、79年11月にはマツダ株の24.41%を取得して資本提携した。またGMは1981年にスズキ、1999年に富士重工とも資本提携する。しかしこれらの提携話のうち、フォードとマツダを除いては、すべてアメリカ側の都合で最近までに解消されたのは周知の通りである。

(日本のショーカー2より引用)

Episode
アルファスッド設立

アルファ・ロメオは国営企業ならではの新規事業に乗り出した。貧困に悩むイタリア南部の経済格差解消と雇用確保を図るという国策を受けて、ナポリ郊外のポリミアーノ・ダルゴに進出、新会社をアルファスッド（スッドとは伊語で南の意）と名乗った。ミラノ生産のモデル（スッドに対してミラノ生産車は北を意味するノルドと呼ばれた）とは別の、まったく新規の専用モデルが開発された。スッドはそれまでのアルファ・ロメオが造るモデルとは異なり、初めてFWDを採用。新開発の水平対向4気筒SOHCの1200ccユニットを搭載していた。

ボディのデザインおよび構造を担当したのはジウジアーロが率いるイタルデザインで、スタイリッシュで広い室内を持つ小型大衆車のアルファスッドを誕生させた。アルファにとって初めての量産FWD車であったが、ライバルをしのぐ優れたハンドリングを備え、廉価版ではありながら、紛れもないアルファ・ロメオであった。この南工場の新設を機に、アルファのエンブレムから"MILANO"の文字が消えた。

アルファスッド・ベルリーナ

世界のうごき

- □ ドルショック（金とドルの交換停止）
- □ 中国が国連に復帰
- □ カップヌードル発売

Column
第18回東京モーターショーはショーカーが花盛り

この年の東京ショーでは、フェアレディ240Z、チェリー・クーペ、スバル1000の後継車レオーネ、三菱ギャランFTO、軽自動車のスズキ・フロンテ・クーペが新登場した。

2年めとなった外国車館の出品は前年よりやや少なく、85台に留まった。しかしアストン・マーティンDBS、ジャガーEタイプV12、VWポルシェ914、メルセデス・ベンツ350SL、BMW 3.0CS、アウディ100、シトロエンGS、リンカーン・コンチネンタル・マークIVなど、強力なニューカー群が日本車の前に立ちはだかるように展示された。この年、GMのスタイリング担当副社長ビル・ミッチェルが東京ショーを訪れたが、この頃から海外のメーカー首脳やジャーナリストにとって、東京ショーは欠かすことのできない存在になっていった。

1971年のショーでもいわゆるショーカーは花盛りで、人々の目を楽しませた。その多くが技術力の高さを誇示することによって、自社ブースに観客を引き寄せるための文字通りのショーカーであった。中でトヨタのセリカをファストバックにしたSV-1のみが、2年後に発売されるセリカLBのパイロットモデルとしての役割を果たした。その他のショーカーに一つのトレンドを探せば、それはスポーツワゴンであり、トヨタのRV-1といすゞのその名もスポーツワゴンがその範疇に入る。いすゞの方はベレットのコンポーネンツを用いた比較的オーソドックスなものであるが、トヨタのRV-1はリアクォーターにガルウィング式に跳ね上がるグラスハッチを設けることによって、夢を与えようとしている。

それらに対して日産の216Xは、近未来の高速GTのスタイリングの可能性の一つを提示するモックアップで、ミドシップに直列エンジンを横向きに積むことを意図している。当時から電気自動車に熱心だったダイハツは、サイリスタチョッパー制御をもつ、コミューター風のBCXを参考出品した。大きなグラスエリアをもつ、今日で言うところのワンボックススタイルで、コンポーネンツも入っており、同じものが2台展示されたところをみると、実際にテストしていたのだろう。このほかにも既製モデルを派手なレース仕様にしたクルマが何台か出品されたが、これは見せるべきものが少ないメーカーが使う常套手段であった。

（日本のショーカー2より引用）

セリカSV-1

Events
出来事 1971

- ● シトロエンGSがヨーロッパ・カー・オブ・ザ・イヤー受賞
- ● マツダ・サバンナ発売
- ● マツダがロータリー・エンジンの累計生産台数20万台を達成（10月）
- ● フィアットが128に続いてさらに小型の127を発表（1月）
- ● この年も高性能車が百花繚乱だった。アルピーヌA310（5月）。ランボルギーニ・カウンタック（5月）。マセラティ・ボーラ（5月）。ランチア・ストラトスHF（10月）。フェラーリ365GT4/BB（10月）
- ● 富士グランチャンピオン・レースが始まる（4月）
- ● 映画『栄光のルマン』監督 リー・H・カツェン。スティーヴ・マックィーン（主演）
- ● ロールス・ロイス・リミテッドが1971年4月に倒産。自動車部門以外は国有化

自動車クロニクル

昭和47年

1972年

排ガス対策と安全への関心が高まる

この年の東京モーターショーには、目前に迫った必須課題と真剣に
取り組む日本のメーカーの姿があった。

この年の東京ショーでの大きな話題は、参考出品されたホンダCVCC（複合渦流調速燃焼）エンジンの発表であった。

低公害エンジン

2年後に本家アメリカより厳しいとされた日本版マスキー法（昭和50、51、53年排出ガス規制）の施行を控えて、各社が低公害エンジンの開発に躍起となっていたが、その先陣を切ったのが、すでに米マスキー法をクリアしていたホンダCVCCだ。

マツダとダイハツもそれぞれ独自のサーマルリアクター（排ガス中のHCやCOを熱酸化反応によって低減させる装置）による低公害技術を参考出品したが、マツダはショーの直後に発売した第二世代のルーチェのロータリーにAP（アンチポリューション）の名で実用化する。同じ目的でマツダは6月に発売したばかりの軽自動車シャンテを電気自動車にした実験車、シャンテEVを参考出品した。まだまだバッテリーの容量は小さく、2座にしてウェストラインから下にはぎっしりと改良鉛蓄電池を積まなければならなかった。

実験安全車

クルマに関して低公害とともに世間一般の関心が高まったのは安全性で、アメリカのMVSS（安全基準）を追って年々保安基準が強化されるのは必定であったから、各社ともその技術開発に力を注いでいた。その実験と、研究開発の進捗情況を一般に知らせて理解を深めるために試作されるのがESV（実験安全車）で、このショーにもトヨタと日産から2台が参考出品された。これらのESVの成果はすでに現在の量産車の中にフルに活かされている。当時は主として事故が起きた時に乗員を守るパッシブセイフティー（受動安全）の追求であった。それに対し今日では事故を未然に防ぐアクティブセイフティー（積極安全）へと安全の思想も進化している。

このショーでは、ほかに日産が2ローター・ロータリー・エンジンと、

展示されたホンダCVCCエンジン

世界のうごき
- □沖縄返還
- □日中国交正常化
- □ウォーターゲート事件

それを搭載したサニー・クーペを参考出品するなど、全体として技術開発ショーの色彩が濃厚になった。

スポーツワゴンに注目

ショーカーとしてはトヨタRV-2、いすゞ117クルーザー、スバル・レオーネ4WDスポーツアバウトなどが、いわゆるスポーツワゴンのバリエーションとして注目された。それ自体は地味なものであったが、スバルのレオーネ・スポーツワゴンの思想は、後のレガシィのツーリングワゴンやインプレッサ、フォレスターの中に脈々と生きていると言えよう。

生産車の新型としては空冷エンジンで衝撃的なデビューを果たしたホンダ1300が、水冷エンジンを搭載してホンダ145に発展。第二世代のマツダ・ルーチェ、軽自動車の三菱ミニカもこのショーでフルモデルチェンジした。なお、9月の初代ホンダ・

トヨタRV-2

Column
ルマンでフランス車が優勝

ルマンで22年ぶりにフランス車（マートラ・シムカMS670）が優勝を果たした。ドライバーはフランス人のアンリ・ペスカローロと、イギリス人のグレアム・ヒル。マートラ・シムカとペスカローロのコンビは、これ以降、ルマン3連勝を果たす。22年前の1950年にルマンを制したのはタルボ・ラーゴT26GS。自国のレースながら、永年にわたって外国勢に勝利をさらわれていたフランス人は、待ちに待ったフランス車とフランス人の優勝にさぞかし溜飲を下げたに違いない。

マートラ・シムカMS670

シビックと第三世代のニッサン・スカイラインなどにとっても初のモーターショーであった。同様に軽自動車でも6月のマツダ・シャンテと7月のスバル・レックスが新シリーズとしてショー・デビューした。

この年の日本の乗用車生産は初めて400万の大台を超えて402万2289台となった。対前年比は8.2％増に減速したが、依然この台数でこの成長率は他に例を見ないものであった。

（日本のショーカー2より引用）

自動車クロニクル

昭和47年

1972年

排ガス対策と安全への関心が高まる

Episode
ホンダ・シビックが大ヒット

7月に、ホンダが1200cc水冷エンジンを横置きに搭載した前輪駆動車、シビックを発表した。欧州的な雰囲気の2ボックスカーでハッチバック仕様もあり、既存の日本車にはなかったテイストが好評となり、大きなヒットとなった。日産チェリーとともに日本車の前輪駆動化の牽引役となった。

シビック1200

Column
グレアム・ヒルがレース三冠王に

1972年にルマン優勝を果たしたことで、グレアム・ヒルはインディ500、F1ワールドチャンピオン、そしてルマンという3種のジャンルのレースをすべて制したことになった。この記録は2007年現在で、まだ誰も達成していない。

Column
ECが拡大し一大経済圏に

1月22日、新たにイギリス、アイルランド、デンマーク、ノルウェーの4カ国が拡大EC（ユーロピアン・コミュニティー）に調印、すでにメンバーになっているフランス、西独、イタリア、オランダ、ベルギー、ルクセンブルグとともに加盟国は10カ国となった（ただしノルウェーだけは9月の国民投票で拒否され結局9カ国になる）。これにより世界貿易の1/3を占める一大経済圏が出現した。それが今日のEUに発展した。

Column
F1チャンピオンの最年少記録

この年、ロータスに乗るエマーソン・フィッティパルディが25歳で、F1史上で最も若いワールドチャンピオンになった。2008年現在の記録保持者は、2008年のルイス・ハミルトンの23歳9ヵ月。

Events
出来事 1972

- 10月、ホンダが低公害エンジンのCVCCを発表。12月には世界で初めてマスキー法をクリア
- 東洋工業がロータリー・エンジンで排ガス規制をクリア
- フィアット127、ヨーロッパ・カー・オブ・ザ・イヤー受賞。フィアットの前輪駆動車のラインナップにさらなる量販車が加わる
- VWビートルが販売1500万台を達成（2月17日）。フォードT型の記録を破る
- ヴァイザッハにポルシェ開発センターが完成。シュトゥットガルトにポルシェ・デザイン社が設立される
- アルファ・ロメオがジュリア系の後継型として、トランスアクスルとド・ディオン式後輪懸架を備えたアルフェッタを発表
- フィアットがFWD小型大衆車である128シリーズのコンポーネンツを活用した、廉価版スポーツカーのX1/9を発表
- 初心者マーク登場。運輸省が普通免許取得1年目のドライバーが運転する自動車に掲示を義務化
- スカイラインGT-R、レース50勝を達成
- トヨタWRCのRACラリーに初参戦
- モンテカルロ・ラリーでランチア・フルヴィアHFが優勝、ランチアにとって18年振りのモンテカルロ優勝となった

昭和48年

1973年

オイルショックが自動車を変えた

排ガス浄化という問題に取り組み、その解決方法を見つけた
自動車メーカーに、省エネルギーという新たな難問が課せられた。

　第四次中東戦争が勃発し、10月17日、OPEC（石油輸出国機構）に属するペルシャ湾岸の6カ国が、原油価格の15％引き上げを一方的に通告した。同じ日、OAPEC（アラブ石油輸出国機構）10カ国が原油生産を5％削減すると発表した。サウジアラビアの国営石油会社ペトロミンは日本に対して原油価格の70％引き上げを通告してきた。国際石油資本（メジャー）に対しても原油積み出し価格の30％値上げや10％の供給削減が通告され、世界は第一次石油危機へと突入する。

　日本でも店頭からトイレットペーパーが姿を消すなど、大パニックが起きたが、この石油危機をきっかけに、世界経済は数年に亘る低迷期に入る。日本では11月4日に当時の田中角栄首相が記者会見を行い、国民に省エネルギーを求めた。

　海外でもアメリカ、オランダ、ベルギーなどで最高速度制限が行われたほか、日曜日のドライブ禁止や暖房用石油の供給制限などが実施され、それまで謳歌していたスーパースポーツカーの市場が崩壊、メーカーが存亡の危機に陥った。

（日本のショーカー2より引用）

Column
日本が対ドルの変動相場制に移行

　2月13日、前年に64億ドルもの貿易赤字を出したアメリカが、ドルの10％切り下げを実施した。これを受けて翌14日、日本は対ドルの変動相場制への移行に踏み切り、基準相場を1ドル＝277円22銭に切り上げた。それまでは1ドル＝308円の固定相場であった。

Column
世界経済を揺るがす中東戦争

　中東戦争とはイスラエルと周辺アラブ国家との間で起こる戦争で、1948年から73年までの間に4回の大規模なものが勃発している。1973年10月6日にエジプトが前戦争でイスラエルに占領された領土を奪還するため、シリアと組んでイスラエルに先制攻撃をかけたことで始まったのが第四次中東戦争である。エジプト・シリア連合軍は、ユダヤ教徒にとって贖罪日である休日を狙って攻撃を仕掛けたため、軍事攻撃を予想していなかったイスラエルは大打撃を受けた。イスラエル軍は一週間ほどで態勢を建て直して猛反撃にうつり、優勢に転じたところで、国際社会の調停が入り、10月23日に停戦となった。アラブ各国は、イスラエルを援助する西側諸国に対して石油戦略をもって臨み、世界的なオイルショックが起こった。

自動車クロニクル

昭和48年 **1973年**

オイルショックが自動車を変えた

Column
安全車と電気自動車の研究が進む

米国運輸省（DOT）が提唱する一種の開発・設計競技であるESV実験安全車計画には日本政府も調印、それに応じてトヨタと日産が車重2000ポンド（約900kg）クラスのESVを製作、11月にはそれぞれ10台ずつを提出することになった。国からは両社に各3億円が支給されたが、それぞれこのプロジェクトには20億円を投じ、100台を超す試作車を作ったとされる。もちろん、このトヨタと日産のESVもショーに展示された。DOTのESVではないが、ボルボが独自に開発したVESCも、輸入車コーナーのヤナセのブースに展示されていた。

一方、無公害で石油に代わるパワーソースを求めて電気自動車の研究も進められていた。国は通産省工業技術院を通じて5年間に50億円の巨費を投じて実用的な電気自動車を開発する大型プロジェクトを1971年にスタートさせた。これに応えた5社の第一次実験車が完成、このショーで初めて一般に公開された。それらはダイハツの軽量乗用車EV1、トヨタの小型乗用車EV2、マツダの軽量トラックEV3、日産の小型トラックEV4、三菱の路線バスEV5で、少なくとも見た目にはすぐにでも実用化できそうであった。
（日本のショーカー2より引用）

Episode
VWパサート、オペル・カデットが登場

5月にVWが前輪駆動の小型車、パサートを発表した。この年にヨーロッパ・カー・オブ・ザ・イヤーを獲得するアウディ80の姉妹車として登場したモデルで、これがVWビートルの後継モデルではないかといわれた。だが実際はそうではなく、後に登場するゴルフがVWのマーケットを引き継ぐことになる。この年の10月には、GMがグローバルカーとして位置づけたオペル・カデットが登場した。シボレーではシェヴェット、いすゞではジェミニとして造られた。

VWパサート

Column
ロータリー・エンジンはクリーン!?

マツダが日本で初めての低公害車優遇税制の認定（5月）。認定を受けたのは1973年に発売されたルーチェAPだ。第2号もマツダでサバンナAPだった。ともに排ガス対策を施したロータリー・エンジンを搭載、この時点で、世界で最もクリーンなクルマだった。だが、オイルショックが起こると、今度はクリーンでも燃費の悪さで苦境に陥ることになる。6月にはロータリー・エンジン車の生産累計が50万台を達成した。

マツダ・ルーチェAP

世界のうごき

- 石油危機でトイレットペーパー買い占め騒動
- 金大中事件

Column
ターボチャージャーブーム

この年のフランクフルト・ショーで、ドイツのメーカーから2台のターボチャージャー付き市販車、BMW2002ターボとポルシェ930ターボが発表された。ともに既存のエンジンをベースにターボチャージャーチャーを備えて、大きな出力を発揮させたもので、この2車の登場により、世界的な"ターボ"ブームが巻き起こった。

ポルシェ930ターボ

BMW2002ターボ

Column
ターボチャージャーの誕生は1905年

スイスの蒸気タービン技術者であるビュッヒが開発し、1905年に特許を取得している。1912年にはルドルフ・ディーゼルが、ディーゼル機関車用エンジンのために、低回転域のトルクを向上させる目的で導入を試みている。

市販ガソリン車では、1962年にGMがオールズモビルF85とシボレー・コーヴェアにオプションと用意した例があるが、成功せずに終わっている。

Column
ルマンに日本車が初挑戦

ルマン24時間レースに初めて日本製のマシーンが参戦した。シグマ・オートモティヴが製作したMC73マツダで、シグマ自製のシャシーにマツダのロータリー・エンジンを搭載していた。生沢徹／鮒子田寛／P.タルボが組み予選14位を得たが、本戦ではリタイアに終わった。マツダのロータリー・エンジンは、1970年にシェブロンB16に搭載されて出場したことがあった。

Events
出来事 1973

- フィアットとシトロエンの提携が解消
- 日本で48年排出ガス規制が適用される
- 東京モーターショーが、オイルショックを受けてこの年を最後に隔年開催に変更、次回は1975年開催
- 富士GC第5戦で中野雅晴、事故死
- タルガフローリオが終わる
- 世界ラリー選手権WRC開幕。それまで世界で別開催されていたラリーを組織化して世界選手権としてスタート
- ポルシェ917/30がCan-Amシリーズを制覇。1000psといわれたパワーによって、413.5km/hの速度記録を南仏のポール・リカールで達成。これはレーシングカーの最速記録だった

ポルシェ 917/30

- ジャッキー・スチュワートが3度目のワールドチャンピオン獲得、引退
- アウディ80、ヨーロッパ・カー・オブ・ザ・イヤー受賞

自動車クロニクル

昭和49年

1974年

VWゴルフ I 発表

ビートルという偉大な成功作を引き継ぐモデルを模索してきた
フォルクスワーゲンは、まったく新しいモデルを完成させた。

　ビートルとともに歩んできたフォルクスワーゲンだったが、あまりに偉大な存在であったビートルが旧態化すると、その後継モデルについて大いに悩むことになった。ビートルの呪縛から逃れることができなかったからだろうか、その空冷水平対向4気筒エンジンによるリアエンジンというレイアウトを踏襲したモデルを次々と手掛けるが、どれも大きな成功を収めることはなかった。

　また、まったく新しいアプローチとして、1970年にNSUと組んで前輪駆動サルーンのK70を製作したがこれも不発に終わった。アウディ80とコンポーネンツを共用したパサートを1973年に発表したが、これはVWビートルのマーケットより上のクラスを受け継ぐモデルであることは明らかだった。

　果たして、1974年5月に登場したゴルフは、水冷の4気筒エンジンを横置き（ジアコーサ方式）に搭載した前輪駆動方式を採用、イタルデザインが担当した機能的なボディデザインを持つ小型車であった。VWゴルフは大成功を収め、世界中の小型車に大きな影響を与え、第四世代（1997年登場）は、2002年6月に累計生産台数が2151万7415台を超え、ビートルの生産台数を上回った。

VWゴルフ

Column
初めてのマイナス成長

日本がオイルショックの影響をまともに受けたのが1974年だった。GNPは初めてマイナス成長を喫し、自動車界ではモーターショーが中止され、乗用車生産もアメリカほどの落ち込みではないものの、それまでの右肩上がりから初めてマイナスに転じた。

Episode
ヒュンダイ・ポニー発表

チューリッヒ・ショーで韓国の現代自動車（ヒュンダイモーター）が1台の小型車を発表。これが韓国として初めての自国開発によるクルマだった。現代自動車が設立されたのは1967年のことで、当初はフォード車のノックダウン生産を行っていたが、ジウジアーロ（イタルデザイン）と三菱自動車と技術提携を結び、独自の自動車開発を開始し、ポニーの完成に至った。積極的に海外市場に進出し、1986年には生産累計で100万台、1988年には200万台、総生産台数1000万台を達成し、1996年には400万台を輸出した。

07章／環境問題とオイルショック

世界のうごき

- ウォーターゲート事件でニクソン大統領辞任
- 田中角栄首相退陣、三木内閣成立
- 佐藤元首相がノーベル平和賞受賞

Episode
シトロエンCX発表

この年の10月に、DSに代表されるシトロエンDシリーズの後継モデルとなるCXシリーズが登場した。もちろんハイドロニューマチック・サスペンション・システムを備え、空力的なボディデザインが新鮮に映った。1989年にXMにマーケットを譲るまで、15年の長寿を誇った(ブレークは1991年までの17年)。1975年のヨーロッパ・カー・オブ・ザ・イヤーを受賞した。

「Events」欄にもあるように、11月にシトロエンはプジョーと業務提携してPSAグループを形成。これ以降、コンポーネンツの相互供給を行ったため、CXがシトロエンにとって最後の独立モデルとなった。

Column
ビートルの後継車はミドエンジン!?

ビートルの後継モデルを模索していたVWは、ゴルフ誕生以前に、ポルシェからの提案による小型車の製作を検討した時期があった。それはEA266と呼ばれるモデルで、1969年頃にフォルクスワーゲンの依頼によってポルシェが設計した試作車だ。2ボックス型の小型車だが、驚くべきことに1.6ℓの直列4気筒エンジンを横倒し、後席の座面の下、すなわちミッドシップで搭載していた。

数年間にわたり開発が続けられ、かなりの真剣に検討されたようだが、推進派のロッツ社長が退陣すると、新経営陣によって計画は破棄された。コストが嵩む上に整備性が悪くては、大衆車のなんたるかを熟知したVWの大衆車としては失格であった。

EA266

Episode
日本製F1"マキ"現る

この年、日本の耳慣れぬコンストラクターがF1マシーンを製作、レース界に衝撃が走った。すでにレーシングスポーツカーやフォーミュラカーを手掛けていた三村建治や小野昌朗が手掛けたマシーンで、自製のシャシーにコスワースDFVエンジンを搭載していた。7月のイギリスGPでデビューしたが、予選ではトップから4秒も遅いタイムしか記録できず、レースには出場できなかった。次戦のドイツGPでは予選中にクラッシュし、これ以降撤退した。

Column
5マイルバンパー

1974年にアメリカで自動車安全規制が施行され、アメリカで販売されるクルマへ新しいバンパーの装着が義務づけられた。時速8km/h以下の衝突でボディにダメージを与えないことが要求された。

Events
出来事 1974

- メルセデス・ベンツ450、ヨーロッパ・カー・オブ・ザ・イヤー受賞
- アストン・マーティン・ラゴンダ(10月)。前衛的なウェッジシェイプの4ドア・ボディを持つサルーンには度肝を抜かれた
- ポルシェ911ターボ発表。同社がレースで築いてきたノウハウを駆使して、ロードカーにもターボチャージャーを備えた
- プジョーとシトロエン、提携関係、PSAグループを結成
- 日本グランプリ、石油危機を理由に中止
- ルマンでマトラ・シムカが3連覇

自動車クロニクル

昭和50年

1975年

ポルシェのフロントエンジン車924デビュー

VWがビートルの後継モデルの姿を模索していたように、
ポルシェもまた偉大な911の将来を模索していた。

　VWと共同で具体化した914シリーズという例外を除けば、356以降、ずっと911だけに依存してきたポルシェは、この年、新しい試みの第一段階を公開した。VW-アウディ・グループとの密接な関係によって誕生した924シリーズがそれだ。水冷の4気筒エンジンをフロントに搭載した2＋2クーペで、ポルシェとしては初めてフルオートマチック・トランスミッション仕様も用意されることになった。

　この時期、ポルシェは911の後継モデルについて悩んでいたことは明らかで、911の顧客を、924とこの上級クラスに位置するV8エンジンを搭載した928（1977年登場）によって吸収しようと考えていたようだ。

　しかしながら、結果的にポルシェの顧客は911から離れることはなく、さりとて水冷モデルが大きな市場を獲得することもできず、その間、911の進化が足踏み状態であったため、やがてポルシェの経営は窮地に陥ることになった。924は944に進化し、ポルシェの名にふさわしい性能を得ることができたが、主流にはなりえなかった。

ポルシェ924

Column
オイルショックと乗用車生産台数

　世界の乗用車生産は1950年には815万台に過ぎなかったが、1955年には1101万台、1960年には1284万台、1965年には1895万台、1970年には2275万台と順調に伸びてきた。20年間に179％増という急上昇で、この急進には1950年当時には限りなくゼロに近かった日本の生産と市場の急成長の功績が大きい。1973年の世界の乗用車生産は、2998万台と3000万の大台にあと一歩と迫った。

　しかし第一次オイルショックの暗雲が全世界を覆った結果、1974年には2595万台、1975年には2496万台へと初のマイナス成長を喫した。これは両大戦と大恐慌を別にすれば例をみないことであった。最もひどかったのはアメリカで、1973年の967万台から1975年には672万台と、わずか2年間で実に30.5％も下落した。これに対し日本は1973年の447万台から1974年には393万台へと下降したが、1975年には1973年を凌駕する457万台に回復した。

世界のうごき

- ベトナム戦争終結
- 第1回先進国首脳会議（サミット）開催
- 国鉄スト権スト

Column
ガスタービンのハイブリッド

1年休んで1975年に再開された東京モーターショーもまた、オイルショック下、低公害と省燃費に焦点を合わせた控えめなものとなった。トヨタはこのショーに、センチュリーのガスタービン・ハイブリッドを出品した。トヨタは早くからガスタービンの研究を進めていたが、このクルマはガスタービン・エンジンで直接駆動するのではなく、「ジェネレーター→バッテリー→モーター」というハイブリッドドライブにしていた。トヨタは今から30年以上も前からハイブリッドの研究をしていたのだ。

ガスタービン・ハイブリッドを搭載したセンチュリー

Column
安全実験車

東京ショーには安全実験車ESVも参考出品された。日産は小型総合安全実験車と位置付けた4ドアセダンのGR-1を、政府のESVプロジェクトに準参加していたホンダはシビック・ベースのESVを、三菱は4ドアをベースにしたギャランSVを展示した。初期のESVはいかにも実験車然とした奇怪な形をしていたが、しだいに量産車に同化させていこうとする傾向が出てきた。

Events
出来事 1975

- 日本の乗用車に対する排ガス規制が強化される。4月から48年規制より厳しい50年排ガス規制が適用、さらに進んだ51年排ガス規制の告示が2月に行われた
- マツダ・ロードペーサー発売。豪州のGM子会社であるホールデン社から輸入したインターミディエイト・クラスのプレミアーのボディ／シャシーに、マツダが13B型ロータリー・エンジンを搭載したモデル。ショファー・ドリブンで使われることも多かった

マツダ・ロードペーサー

- フェラーリ308GTB発表（10月）。V8エンジンをミドシップに搭載したフェラーリのスモールGT。ディーノ246GTの後継モデルとして位置づけられた。12気筒モデルばかりだったフェラーリに加わった新風

フェラーリ308GTB

- シトロエンCX、ヨーロッパ・カー・オブ・ザ・イヤー受賞
- 業績不振に悩むマセラティがデ・トマゾ傘下に入る
- 英国のドライバー、グレアム・ヒル（1929年生）が飛行機事故で死亡

昭和51年

1976年

日本でF1初開催

富士スピードウェイを舞台にして、
日本でもF1が見られることになった。

　この年、日本で初めてのF1レース『F1世界選手権・イン・ジャパン』が、富士スピードウェイで開催された。本来なら『日本グランプリ』と名乗るべきだが、F1の日程が決定する以前に、全日本F2000選手権最終戦が『日本グランプリ』と名付けられていたからだった。

　日本で初めてのF1レース、しかもフェラーリのニキ・ラウダが、3ポイントの差でマクラーレンのジェイムズ・ハントをリードしていることから、最終戦の日本でチャンピオンが決まるとあって、決勝当日、激しい雨が降るにもかかわらず多くの観客が集まった。雨が降り続くなか、何度もレース開催の可否が議論されたが、スタートは強行された。そのなかで、ラウダはレースができる状況ではないと、チャンピオンが懸かっていながら、2周走っただけで自らリタイアする道を選んだ。この年のドイツGPで瀕死の重傷を負ったばかりのラウダにとっては、当然の選択であったのだろう。結果は3位に入ったハントが1ポイント差でワールドチャンピオンの座についた。優勝はロータスのマリオ・アンドレッティ。翌77年にもF1は富士で開催された。

ジェイムズ・ハントのマクラーレン

Column
原付ブーム到来

「ラッタッター！」vs「やさしいから好きです」——。

　この年、ホンダの原動機付きバイクのロードパルが発売され、翌77年にライバル車種としてヤマハがパッソルを発表。50ccのいわゆる「ファミリーバイク」「ソフトバイク」が2輪市場を席巻、「原付ブーム」が巻き起こった。ホンダのロードパルは女性でも気軽に乗れることを謳ったモデルで、イタリアの大女優、ソフィア・ローレンをキャラクターに起用したCMを展開、彼女が口にした「ラッタッター」のフレーズが大人気となった。

　このロードパルに真っ向から立ち向かったのが、ヤマハのパッソルで、女性にアピールするため、またがらずにスカートでも乗れることを売りにした。CMキャラクターには女優の八千草薫を起用、「やさしいから好きです」をキャッチ・コピーに使った。このソフトバイクには、昭和61（1986）年、道交法施行令の一部改正により50cc以下の原付車へのヘルメットの着用が義務化され、反則点数1点が課されるようになると、これを機に市場は鈍化した。

世界のうごき

- □ ロッキード事件
- □ ベレンコ中尉がミグ25で函館空港に強行着陸
- □ 村上龍『限りなく透明に近いブルー』

Episode
軽自動車が大きくなった

1月1日付けで軽自動車新規格枠が施行され、軽自動車の排気量とサイズが拡大された。排気量は、これまで長らく360cc以下と定められていたものを、550cc以下に改めた。これは排ガス規制をクリアするためには360ccでは無理との判断があったからだ。同時に全長が20mm延びて3200mm以下に、全幅も100mm拡大され1400mmとなった。

Column
タイヤが6個のF1カー

1976年の自動車界での最大の驚きが6輪グランプリカーの登場だろう。英国のティレルが発表したP34にはタイヤが6本付いていたのだ。発表会では、集まった記者の多くはF1史上前代未聞の突拍子もないアイディアに驚愕し、ジョークだと笑い出したといわれる。だが、デザイナーのディレック・ガードナーには、前輪を小さくすることで空気抵抗を減らし、接地力と荷重を確保するために前輪を4輪とすればいいとの確固たる考えがあった。第4戦のスペインGPからデビューしたP34は、嘲笑のなかで予選3位という快走ぶりを見せ、第7戦のスウェーデンGPでは1-2フィニッシュを遂げ、シーズンを終えてみればコンストラクターズ・タイトルで3位という好成績を収めた。

ティレル P34

Column
オープンカーが姿を消す

年々厳しくなるアメリカの安全基準をクリアできないことから、アメリカ車にとって欠くことのできないコンバーティブルが姿を消していった。最後のモデルとなったのはキャディラック・フリートウッドだった。アメリカ車にコンバーチブル・モデルが復活するのは1982年のことだ。

Events
出来事 1976

- ●トヨタが生産累計2000万台を達成
- ●ホンダ・アコード新登場。好評のシビックより上のクラスに向けたモデル。最初は大きなハッチバックを持つ2ドアのファストバック・ボディだった
- ●三菱、低燃費・低公害車のギャランΣを発表。1978年度排気ガス規制に合格する新エンジンが開発された
- ●WEC・世界耐久選手権開催
- ●ERC・欧州ラリー選手権開催。エルバ島ラリーにフィアット・アバルト131ラリーがデビューウィン
- ●クライスラー・アルパイン、ヨーロッパ・カー・オブ・ザ・イヤー受賞
- ●プジョーがシトロエンを傘下に
- ●フィアット126発表。イタリアのミニマムな大衆車として長く君臨してきたヌォーヴァ・チンクエチェントの生産が終了し、後継モデルとして126が登場した。前モデル同様にリアに空冷2気筒エンジンを搭載
- ●51年排ガス規制適用

自動車クロニクル

昭和52年

1977年

ターボ、ラジアルタイヤ──F1の新しい波

ルノーがおよそ70年間の沈黙を破って、ターボエンジンとラジアルタイヤを
ひっさげて、グランプリレースにカムバックしてきた。

　1966年から発効したF1レギュレーションでは、レシプロエンジンの場合は3000cc以下の自然吸気、または1500cc以下の過給器付きエンジン、このほかにガスタービンエンジンが使用できると定められていた。だが、実際にレースに出場していたのは3ℓの自然吸気ユニットだけで、コスワース・フォードの独壇場であった。ルノーはこうした状況のF1に参戦するにあたって、まだどこも手掛けていない過給器付きユニットを選択、スポーツカーレースやF2で経験を積んだV6エンジンにターボチャージャーを備えた。

　周囲が懐疑的な目で見守るなか、7月のイギリスGPにデビュー、オランダ、イタリア、アメリカと参戦したが、どれもリタイアに終わった。だが、ルノーは確かな手応えを感じたようで、開発を続け、78年には初入賞、79年には初めての優勝を果たし、80年には3勝を果たすまでになった。このルノーの成功によって急速にターボ旋風が吹き荒れることになる。

　ルノーにとって1977年が初めてのグランプリレースではない。1906年に史上初のグランプリとなったACF（フランス自動車クラブ）GPで優勝したのがルノーだった。

1977年にデビューしたルノーF1

グラウンドエフェクトカーが常識に

　ルノーがF1に参戦するにあたって、エルフやミシュランがスポンサーについた。ミシュランといえばラジアルタイヤの先駆者。当時のF1タイヤはバイアス構造だけだったが、ミシュランはもちろんラジアルで挑んだ。よってこれがグランプリレースへのラジアルタイヤの初見参だった。

　この年の開幕戦、アルゼンチンGPでレースデビューしたロータス78は、グランプリ初のグラウンドエフェクトカーであった。いつも新しいアイディアをレースに持ち込むコーリン・チャップマンが、空気の流れによってクルマが路面に吸い付いて走るという方法を考案してきたのだ。これによってコーナリングスピード

世界のうごき
- 円高で1ドル=240円
- 日航機ハイジャック事件
- 王貞治、通算本塁打756号達成

は飛躍的に向上し、アンドレッティは17戦中で4勝を果たすことができた。この成功によってグランドエフェクトカーがたちまちF1の常識となった。

ロータス78

カナダの実業家、ウォルター・ウルフはこの年から自らの名を冠したマシーンでF1に参戦した。デザイナーにハーベイ・ポスルズウェイト、マネジャーにピーター・ウォー、ドライバーにジョディー・シェクターの強力な布陣でに臨み、開幕戦のアルゼンチンGPでデビューウィンの快挙を成し遂げた。

デビューウィンを果たしたウルフF1

Column
富士での死亡事故で日本のF1が中断

1976年に続き、富士スピードウェイでの2回目のF1開催となったが、この年をもって日本でのF1開催は中断されることになる。レース序盤にフェラーリのジル・ヴィルヌーヴがティレルのロニー・ピーターソンに追突してコースアウト、立入禁止区域に飛び込んで、観客2名が死亡するという事故が発生した。レースは続行されジェームズ・ハントが優勝したが、表彰式はキャンセルされ、日本でのF1は2回限りで幕を閉じることになった。

この事故は、当時はモータースポーツに極めて批判的だった新聞各紙を始めとしたマスコミに糾弾された。日本でF1が再び開催されるのは1987年の鈴鹿サーキットのことで、また、再び富士スピードウェイで開催されるのは30年後の2007年のことになる。

Column
排ガス規制と日本車

日本の自動車界ではメーカーは、年々強化されていく排出ガス規制への対応におおわらわであった。乗用車では48年規制から始まったそれは段階的に強化される計画だった。自動車メーカーの間からは、当面の目標となった53年規制は、現在の技術では到底達成できないとの声があがったが、初期には各社とも苦しんだものの、次第に技術が確立されていき、次々とクリアしていった。

この時期に、日本車が排ガス規制と真っ正面から向き合ったことで、日本のメーカーは少ない燃料を効率よく燃焼させる技術を磨き、日本車が世界市場で優位に立つことになったのは、紛れもない事実だ。

（日本のショーカー2より引用）

自動車クロニクル

昭和52年 **1977**年

ターボ、ラジアルタイヤ——F1の新しい波

Column
アメリカが燃費基準を発表

1975年に制定された自動車生産社別の燃費基準（Corporate Average Fuel Economy：CAFE）が、77年発売の78年モデルから試行された。CAFEとは、各生産社の各モデル別の燃費を新車販売台数で加重平均して算出する値。その値は、EPA（米国環境保護庁）が定めた、実走行燃費（Estimated Mileage）として表示され、カタログなどにも表示される。量産車の場合では、シティ（市街地）およびハイウェイ（高速走行）の2種の平均値がCAFEとなる。（2007年の稿に続く）

Column
日本が世界一の乗用車輸出国に

日本の乗用車生産は1976年に502万7792台（対前年比10％増）、1977年に543万1045台（同8％増）であった。1977年にはアメリカの総生産の58.9％まで追い上げたが、かつてのアメリカと日本の差を知る者には驚異的な数字である。乗用車の輸出は1976年に総生産の50％を超え、1977年には295万8879台で遂に世界一の輸出国にのし上がった。

（日本のショーカー2より引用）

Events
出来事 1977

- ポルシェ928が登場。1977年3月に新世代ポルシェのフラッグシップとして登場。911より上位モデルとして開発され、フロントに自社開発の軽合金製V8、4.5ℓSOHCユニットを搭載、メルセデス製クーペに代表されるラグジュアリー・クーペとしての性格が強められた。1995年まで生産
- マツダ・ファミリア（ハッチバック）発表（1月）。シャシーは後輪駆動のままだったが、世界的に流行していたハッチバック・ボディを採用。印象がだいぶ若返ったことで、ヒットした

マツダ・ファミリア

- ダイハツが3気筒エンジン搭載の、小型ハッチバック前輪駆動車のシャレードを発表

- 三菱が小型ハッチバック前輪駆動車のミラージュを発表

三菱ミラージュ

- ローバー3500、ヨーロッパ・カー・オブ・ザ・イヤー受賞

ローバー3500

- 三菱電機が電子方位計を開発。これがのちにカーナビに発展していく

07章／環境問題とオイルショック

昭和53年

1978年

日本の排ガス規制が大幅強化

53年排出ガス規制適用。「日本版マスキー法」といわれる53年排出ガス規制が実施された。当時としては世界一厳しい水準。

- 日本の自動車輸入関税がゼロに
- 円高続伸、1978年末頃には一時1ドル＝180円を突破
- ポルシェ928、ヨーロッパ・カー・オブ・ザ・イヤー受賞

ポルシェ928

- シトロエン・ヴィザ発表。プジョーと合体してPSAグループとなって初めて登場した小型のシトロエン

シトロエン・ヴィザ

- トヨタ・スターレット登場
- ニッサン・パルサー登場
- ホンダ・プレリュード登場。ホンダ初のスペシャリティーカー

ホンダ・プレリュード

- ルマン24時間でルノーが初勝利（A442ターボ）

Column
第二次石油ショックの衝撃

この年、イラン革命が始まり、翌79年にホメイニ体制が確立された。革命によってイランの石油生産が中断し、イランに原油供給の多くを依存していた日本で需給が逼迫して、第二次石油ショックが引き起こされた。

Episode
BMWのスポーツカーM1発表

BMWにとって初めてのスーパースポーツカー、M1が10月に登場した。同社のモータースポーツ部門のブランドである"M"を冠する初めてのモデルだった。鋼管と鋼板を溶接によって構築したフレームに、イタルデザインの手になるFRP製のクーペボディを架装した。エンジンは3.5CSL用として開発された直列6気筒のDOHC24バルブで、277ps/6000rpmを発生した。有名ドライバーによるM1ワンメイクの"プロカー"レースも行われた。生産台数には諸説あるが、BMWは399台としている。

自動車クロニクル

昭和53年 **1978年**

世界のうごき
☐ 成田空港開港
☐ 試験管ベビー誕生
☐ プロ野球ドラフトで江川問題

日本の排ガス規制が大幅強化

Episode
トヨタの前輪駆動車　ターセル／コルサ登場

これまで前輪駆動車を持たなかったトヨタは、8月にターセルとコルサと名付けた新しい前輪駆動車を発表した。エンジンはVWゴルフやフィアットなどが採用して一般的となっていた横置きではなく、4気筒1.5ℓエンジンは縦置きに搭載していた。

トヨタ・ターセル・4ドア

Episode
マツダ・サバンナRX-7登場

パワフルで軽量というロータリー・エンジンの特性がいかんなく発揮されたスポーツモデルの登場だった。2+2のボディはスポーティーなデザインを持ち、日本に久々に登場したスポーツカーとして歓迎された。11月にはマツダのロータリー・エンジン搭載車の生産累計が100万台に達した。

マツダ・サバンナRX-7

Column
ドイツでのビートル生産終了

1978年1月19日にフォルクスワーゲン・ビートルが1930万台を生産して西ドイツでの生産を終えた。まだまだ需要はあったから、メキシコなどではその後も生産を続行した。

Column
沖縄も左側通行に

7月30日、沖縄でクルマが左側通行に変更される。アメリカの占領時代には右側通行であった沖縄が、日本に返還されたことにより、『一国一交通形態を規定した国際条約』に基づき、約200億円をかけて本土と同じ左側通行となった。初日のこの日には、路線バスを中心に人身・物損事故が82件発生した。

もしこのとき、さらに費用はかかるだろうが、本土を右側通行にしていたら、今の日本はどうなっていただろうか。

スウェーデンは1967年に右側通行に変更、地続きのヨーロッパが右側通行に統一された。いうまでもなくイギリスは現在でも左側通行を守り続けている。

昭和54年

1979年
低公害と省燃費が重要テーマに

排ガスの浄化と省燃費という、困難な問題の解決に邁進する日本の自動車メーカー。この努力が、大きな競争力を蓄積していった。

日本の自動車メーカーの投資は、低公害／省燃費エンジンの開発費に集中していた。この年の第23回東京モーターショーは、いわゆるショーカーの少ない、地味なものとなっていた。

その代わり新技術や代替エンジンなどの展示はこれまでになく多く見られた。例えば日産は将来の実用化を前提としてスターリング・エンジンを展示したし、マツダはミラーサイクル・エンジンを出品した。前回のショーから排ガス対策と省燃費の一手段として乗用車用ディーゼル・エンジンの試みが見られたが、このショーでも複数のメーカーが発売に踏み切った。ディーゼル乗用車は1980年代初頭にかけて日本でも普及の兆しを見せたが、結局騒音や振動が嫌われて大々的に普及するには至らず、いつの間にか消えていった。

しかし普及率70％を超えるフランスを始めとして、ヨーロッパではディーゼルが広く普及し、現地生産の日本車には外国メーカーのディーゼル・エンジンを積むものもあり、今、日本でもディーゼルへの関心が再燃している。

このほか武蔵工大・古浜研究室がスズキ・セルボをベースに試作した水素自動車LH2カーIIIや、軽自動車用エンジンを搭載したダイハツ・シャルマンのハイブリッド車なども注目された。

1978年の日本の乗用車生産は597万5968台（対前年比10％増）、1979年は617万5771台（対前年比10.3％増）であった。1979年にはちょうどその半分を輸出した。

Column
日本初のターボ付き乗用車

12月に発売されたセドリック／グロリア・ターボは、国産で初のターボチャージャー付き乗用車となった。ポルシェやBMWが性能アップの手段としてターボを備えたモデルを発売していたが、日本は遅れをとっていた。もちろんメーカーが研究中であったことは間違いないが、行政がターボの装着に待ったをかけていたからだ。日産は、燃費向上に役立つと謳い、スポーツモデルでなく、おとなしい乗用車に装着することで許可を取り付けた。6気筒SOHC2000ccのL20E-T型エンジンは、ターボ付加により+15psの145psを得ていた。

セドリック・ターボS

自動車クロニクル

昭和54年

1979年

低公害と省燃費が重要テーマに

Episode
いすゞ・ピアッツァが鮮烈にデビュー

　ジュネーヴ・ショーで、イタルデザイン（ジウジアーロ）によるコンセプトカー"アッソ・ディ・フィオーリ"がデビューした。美しいボディの下にはいすゞ・ジェミニ（RWD）のコンポーネンツが用いられていたことから、そろそろ旧態化した117の後継モデルとして市販化が望まれた。

　これが原型となっていすゞ・ピアッツァが誕生した。"アッソ・ディ・フィオーリ"の市販化にあたっては、フロアパンをジェミニと共通化することを避けて新規に製作、サスペンション形式こそ踏襲したが、トレッドとホイールベースはジェミニより拡大されている。だが、ボディサイズが"アッソ・ディ・フィオーリ"より大きくなったとはいえ、そのオリジナルデザインが持つ美しいフォルムは破壊されることなく活かされている。

　搭載されるエンジンは4気筒の2000ccユニットだが、DOHCとSOHCの2種のバリエーションがあった。前者は117クーペのそれと共通の出力を持つが、広範囲に手が加えられており、電子式燃料噴射装置の空気流量検出にホットワイアを用いたほか、クランク角センサーに無接点式を用いるなど、世界でも初めての試みが盛り込まれており、決してデザインだけのクルマではなかった。

　1981年5月に発売されると、日本国内はもとより、海外のメディアにもショーカーがそのまま生産化されたと好評をもって迎えられた。

　市販時には、まだドアミラーが法規では許されておらず、フェンダーミラーのデザインもジウジアーロに任されたといわれている。だが、オリジナルの美しいフェンダーラインに魅了されていたファンを嘆かせたことは事実で、アフターマーケットから"アッソ・ディ・フィオーリ"に似たドアミラーがいくつか販売されていた。法規改正によって晴れてドアミラーが装着されたのは、1983年にマイナーチェンジが施されてからである。ターボチャージャー付きモデルや、イルムシャー仕様、ハンドリング・バイ・ロータスなどの仕様を追加しながら、1991年8月に生産を終えるまで、およそ11万3000台が生産された。

いすゞ・ピアッツァ

07章／環境問題とオイルショック

世界のうごき

- □ ソ連軍がアフガニスタンに侵攻
- □ 米スリーマイル島で原発放射能漏れ事故が発生
- □ 英サッチャー首相就任

Episode
スズキ・アルト、47万円！

5月に発売されたアルトは日本の自動車界の衝撃だった。このクルマの開発にあたって行われたマーケットリサーチにより、軽自動車ユーザーは一人または二人で乗ることが多いとのデーターを得て、当時、軽ボンネットバン（商用車）の物品税が無税だったこともあり、商用車（4ナンバー）として造られたのがアルトだった。さらに徹底的なコストダウンを図り、全国統一車輛本体価格が47万円という驚異的な低価格で販売された。この「47万円」をCMのキャッチフレーズが大きな話題となり、大ヒットとなった。

ところが、アルトに代表される軽ボンネットバンが急速に普及すると、さっそく税制が改正され、商用車にも2％の物品税が課せられるようになった。これに抗して、スズキは2座席の商業車が対象外であるという間隙をついて2座席モデルを追加し、47万円の価格を守った（4座席は49万円）。いかにもコストコンシャスなスズキが造る軽自動車だった。

スズキ・アルト

Events
出来事 1979

- ● フォードがマツダに資本参加
- ● 第1回パリ・ダカール・ラリー開催。期間は79年12月26日から80年1月7日。参加車両167台
- ● クライスラー・ホライズン、ヨーロッパ・カー・オブ・ザ・イヤー受賞
- ● 東名日本坂トンネル内で事故発生。玉突き事故から出火して173台が焼失、7人が死亡、4人負傷した。全面復旧には2カ月近くかかった
- ● カルロ・アバルト（1908年生）死去 
- ● GMが初めて自身で手掛けたFWD車のXカーを発表。シボレー・サイテーションのほか、ポンティアック・フェニックス、オールズモビル・オメガ、ビュイック・スカイラーク

シボレー・サイテーション

- ● ルノーF1がフランスGPで初優勝。ターボ付きF1が史上初めて優勝

自動車クロニクル

08章

日本車が世界を席捲 1980年代

1980年

↓

1989年

第二次石油危機という暗い社会状況とともに始まった
1980年代だったが、
その危機を乗り越えて経済は活発に発展し、
やがて日本はバブル経済という異常な熱気に包まれた。
クルマもこの社会情勢にリンクして
大きく、速く、豪華になっていった。

昭和55年

1980年

世界一になった日本の自動車生産とアメリカ市場

日本の自動車メーカーは、完成車を北米市場に輸出するだけではなく、
アメリカでの現地生産に乗り出すことになった。

1980年代の自動車界は暗いムードの中で始まった。1979年2月にイラン革命が起こり、サウジアラビアに次ぐ石油輸出国のイランが4カ月間にわたって原油の輸出をストップ、第二次石油危機、いわゆるイラン・ショックが起こったためである。さらに1980年9月22日にはくすぶり続けていたイラン、イラク関係の悪化が全面戦争に発展した。

これらによる石油供給不安は世界的により経済性の高いクルマへのシフトをもたらし、その結果いっそうの小型化が求められた。その傾向が最も顕著であったのはアメリカで、クルマの小型化がさらに進んだ。この小型車志向は日本の自動車産業には有利に働き、1980年のわが国の乗用車生産は703.8万台に達し、637.6万台のアメリカを抜き去って初めて世界一の座に就いた。自動車全体でも日本の生産総数は1104万台で、初めて801万台のアメリカを上回って世界一になった。

輸出から現地生産へ

それ以前からアメリカのメーカーや労組は日本車の急進出に危機感を抱いており、日本車を叩き壊すパフ

ホンダのオハイオ工場をラインオフするアコード

ォーマンスまで行われた。もし世界最大の自動車市場たるアメリカへの進出を続けたいなら、輸出から現地生産の切り替えは必須であった。

そしてその口火を切ったのは本田技研で、1980年1月、「オハイオ州ですでに稼働中の二輪車工場の隣に四輪車工場を新設し、1982年から

Column

ピットサインの生みの親、死去

アルフレード・ノイバウアー（1891年生）死去。メルセデス・ベンツの名物チームマネジャー。シルバーアローが成し遂げた数多くのレースをピットから支えた。コースを走るドライバーと意思の疎通を図るため、レース史上初めてピットサインを採用した。1926年のソリチュードのレースで初めて用いたあと、1928年のドイツGP（ニュルブルクリング）でピットからサインを出し、メルセデス・ベンツ・チームを勝利に導いた。ノイバウアーが使ったのは現在のようなサインボードではなく、黒と赤の旗と信号板だった。

世界のうごき
- □ ポーランドで自主管理労組「連帯」結成
- □ イラン・イラク戦争勃発
- □ モスクワ・オリンピックで西側諸国がボイコット

クイントを現地生産する」と発表した。これに対してアメリカの自動車界は「アメリカ経済を助け、アメリカの労働者に雇用の機会を与えるもの」と高く評価して歓迎、「日本の他のメーカーもホンダに続くことを期待する」とした。この時点ではトヨタも日産もまだアメリカでの現地生産にはきわめて慎重な態度をとっていたが、水面下で着々と準備していたことがのちに判明する。

Events
出来事 1980

- ホンダがアメリカ・オハイオ州に現地生産工場建設を開設すると発表（1月11日）。小型乗用車を月産1万台生産する能力を持ち、82年から生産開始。これ以降、貿易摩擦を回避する方法として、現地での雇用を生む海外への工場進出が現実味を帯びていく
- 日本カー・オブ・ザ・イヤーがこの年から行われるようになり、第1回目は、マツダ・ファミリア3ドア・ハッチバックが受賞した。このモデルから前輪駆動ハッチバックに生まれ変わったファミリアは大ヒットした

マツダ・ファミリア3ドア・ハッチバック

- フィアット・パンダ発表。フィアットが送り出した小型車のパンダは、シンプルきわまりないデザインで話題となった。商業的にも成功した
- 日米自動車交渉開始。増え続ける日本車の輸入に頭を悩ませるアメリカ政府が日本に輸出の自主規制を求めてきた
- ランチア・デルタ、ヨーロッパ・カー・オブ・ザ・イヤー受賞
- レイモンド・メイズ（1899年生）死去。英国のモータースポーツ振興の重要人物。シングルシーター・レースカーの製作会社であるERAの創設者の一人で、その後、BRMの創設にも加わった
- ホンダがF2レースに復帰。ホンダのV6エンジンを搭載したラルト・ホンダF2がナイジェル・マンセルのドライブでデビューした。これは後のF1復帰に繋がる
- グッドイヤーがモータースポーツから一時完全撤退

Column
ミケロッティ逝く

ジョヴァンニ・ミケロッティ（1921年生）死去（1月）。イタリアの自動車デザイナー、日本の自動車にも日野コンテッサ1300（1964年、市販車）や、プリンス・スカイライン・スポーツ（1960年発表、市販車）、コンテッサ900スプリント（1963年東京ショーカー）などの作品が

日野コンテッサはミケロッティの作だ

自動車クロニクル

昭和55年

1980年

世界一になった日本の自動車生産とアメリカ市場

Column
アウディが"クワトロ"を発表

1980年3月、アウディはクワトロと名付けた4WDクーペを発表した。4WDといえば誰もがオフロード用の厳しいクルマを思い出していた当時、アウディが発表したクワトロには意外な印象を受けた。オンロード用の4WDといえば、英国のジェンセン・インターセプターに先例があったが、まだ一般的ではなかったからだ。

だが、クワトロがWRCで圧倒的な速さを見せたほか、実際にステアリングを握れば、あらゆる路面での素晴らしいハンドリングと安定性に驚かされた。クワトロの成功に触発され、世界中でフルタイム4WD化が進むことになる。

アウディ・クワトロ

クワトロはラリーでも大活躍した

昭和56年

1981年

世界のうごき
- 最初のエイズ患者発見
- フランスで超高速鉄道TGVが開業
- スペースシャトル・コロンビア号成功

日本車の対米輸出自主規制が始まる

- 日産とVWが業務提携を発表。1984年に2月にはVWサンタナの生産を開始する。(1984年に関連事項)

ニッサン・サンタナ

シティとそのトランクに入るバイクのモトコンポ

- ホンダ・シティ1200発売。1200cc3ドアハッチバック、居住性を高めるために車高を高く設計。トールボーイと呼ばれるスタイルがファッション感覚溢れるデザインとして受け入れられヒット
- ホンダが世界で初めてカーナビゲーション(エレクトロ・ジャイロケーター=自動車用慣性航法装置)を製品化
- ポルシェ944デビュー
- 日本が乗用車について対米輸出を規制。増えすぎる日本車にアメリカが反発した結果
- フランツシステム(両手が使えない人が足でペダルを回転させて操舵する)を国産車で初めてホンダ・シビックが採用
- フォード・エスコート、ヨーロッパ・カー・オブ・ザ・イヤー受賞
- マセラティ・ビトゥルボ発表
- GM、スズキに資本参加・業務提携

Column
"強すぎる"ポルシェ

ポルシェがWEC（世界耐久選手権）のタイトル獲得。1987年まで7年連続タイトルを取る。北米を中心としたCan-Amシリーズしかり、ポルシェが徹底してレースに挑んで勝ちまくると、そのレースはどうも廃れる傾向にある。ライバルが弱いからか、ポルシェが強すぎるからか。

WECで活躍する956

- 海外メーカー初の100％出資日本法人としてBMWジャパン発足
- いすゞとスズキ、資本・業務提携
- WRCスウェーデンでアウディ・クワトロ初優勝。ミシェル・ムートンがサンレモ・ラリーに優勝し、女性初のWRC勝者となる
- 初のカーボンファイバー製モノコックを持つマクラーレンMP4/1が、アメリカGPウェストにデビュー
- 日産バイオレット、サファリ・ラリーに3連勝
- ジャッキー・イクス、ルマンで5度目の優勝
- スパ24時間でマツダRX-7が日本車として初の優勝を果たす

Column
トヨタ・ソアラ発売

それまでの日本車には存在しなかったジャンルの高級2ドアクーペとして81年2月に登場。トップモデルは2000GT以来の直6DOHCエンジンは2.8ℓを搭載、価格も200万円台中頃と、当時はかなりの高価格車だったが大ヒットし「ソアラ現象」が起きる。カマロなどのアメリカン・スペシャリティーカーと大差のない価格帯だった。第2回日本カー・オブ・ザ・イヤーを受賞した。

Episode
ホンダがF2復帰後初チャンピオン

81年3月のシルヴァーストーンで初優勝を果たしたラルト・ホンダが、早くもこの年のヨーロッパF2チャンピオンになった。ドライバーはジェフ・リース。

Column
ドリームカーが姿を消した東京ショー

81年の東京ショーではかつてのように大向こうを唸らせる意表をついた"ドリームカー"はすっかり姿を消し、いわゆるショーカーも次の年以降に発売予定の新量産車をややモディファイしたものが主流になった。曰く、トヨタF120（1982年発売のカムリ／ビスタ）、トヨタRV-5（同スプリンター・カリブ）、日産NX-8（同マーチ）、三菱コルディア／パジェロなどがそれである。発売されることなく終わったショーカーは、三菱のシティカー"CV"とベルトーネ・ボディのマツダMX-81、スズキのコミュニティ・ヴィークルCV-1くらいのものであった。

トヨタF120

ニッサンNX-8

自動車クロニクル

昭和57年

1982年

世界のうごき
☐ 日航機羽田沖墜落事故
☐ 米ソ戦略兵器削減交渉（START）始まる
☐ フォークランド紛争

ロータスのひとつの時代が終わる

FRP製フルモノコック構造を採用したエリート、フォードとのF1エンジン開発計画、F1ウィングカーなどなど、様々な新しいアイディアを採用した巨星が逝った。

アンソニー・コーリン・ブルース・チャプマン（1928年5月19日生）が、心臓発作で死去。学生時代にアルバイトで中古車の売買を始め、在庫で残ったオースティン・セヴンを使って製作したスペシャルが、記念すべきロータス1号車となる。

これ以降、友人や知人のレース好きのためにクルマを造ることから始め、ついにF1に進出、F1の有力チームに登りつめた。コンストラクターとしてアマチュアのために多数のコンペティションカーを供給したほか、エリートやエラン、セヴン、ヨーロッパ、エスプリなどのロードカーを生んだ。アイディアマンとして知られ、コンペティションカーに次々と新機軸を投入した。

若き日のチャプマン

ロータス79とチャプマン

Column
世界的な自動車不況

自動車界は長引く世界的な不況に喘いでいた。アメリカのNo.2フォードとNo.3クライスラーは1982年早々に初の無配転落を発表した。日本の国内需要も低迷し、1982年の乗用車生産は688万台、商用車を含めた総生産で1073万台とわずかながら落ち込んだが、世界一の座は揺るがなかった。しかし1983年にはそれぞれ715万台、1111万台と持ち直すことになる。

Episode
トヨタとGMが米国内での小型車共同生産の提携交渉を開始

トヨタとGMが米国内での小型車共同生産の提携交渉を開始。
合意内容は（1）トヨタ・GMが折半出資の合弁会社を設立。（2）GMは遊休工場を利用してトヨタのFWD小型乗用車を1985年発売をめどに当初年間20万台を生産。（3）生産車はGMシボレーを通じて販売する。

Column
日本の交通インフラ拡充

1982年は、日本の交通機関のインフラ拡充が目立った年だ。鉄道では東北新幹線と上越新幹線が開業し、新幹線網が一気に拡充された。また、道路ではそれまで部分的に開通していた中央自動車道が全通し、甲信越方面へのアクセスが改善された。

Episode
出来事 1982

- シトロエンBX、アウディ100、BMW3シリーズ（E30）発表。メルセデスも2ℓ級のコンパクトモデルとして、190シリーズを発表
- トヨタ・カムリ／ビスタ登場（3月）。ターセル／コルサに続くトヨタの前輪駆動車。エンジンを横置きに搭載し、広い室内が印象的
- ニッサン・プレーリー発売（8月）。センターピラーがない広い開口部が話題となった。10月には初代マーチも登場した
- ランチア・ラリー、デルタ・ターボ4×4（のちのデルタ4WD）発表
- ミッレミリアが、ヒストリックカー・イベントとして本格的に復活。ブレシアをスタートして、ローマで折り返す往年のルートを使う
- 排ガスのテストにヨーロッパが定容量採取法（CVS法）を採用
- コンバーチブル・モデルが復活。安全基準をクリアできないとしばらく姿を消していたオープンモデルの復活だった
- マツダが初めてREエンジン（12A型）にターボチャージャーを装着し、コスモ／ルーチェにモデルを追加
- 三菱パジェロ発売。ジープから派生した4WDのSUV（当時はこの呼称はなかった）で、その後じわじわと人気が出て、1990年代には大ヒットする
- トヨタ自動車工業とトヨタ自動車販売が合併し、トヨタ自動車が誕生
- マツダ・カペラ／テルスター、日本カー・オブ・ザ・イヤー受賞
- ルノー9、ヨーロッパ・カー・オブ・ザ・イヤー受賞
- アルファ・ロメオ、F1から撤退
- ヴァルター・レアルWRCチャンピオン

1983年
昭和58年

世界のうごき
- 大韓航空機撃墜事件
- NHKテレビ小説「おしん」
- 田中元首相に実刑判決

ホンダがF1復帰

- ホンダがF1復帰。今回はエンジンのみの供給。7月のイギリスGPにスピリットのシャシーに搭載してテスト参加。10月の南アフリカGPでウィリアムズ・ホンダがデビュー
- 運輸省、新車の車検期間を3年に延長する新車検制度を実施
- ポルシェ・グループB（959の原型）フランクフルト・ショーにデビュー。"スーパー"911の登場と話題になる。ショーに出ただけなのに、気の早いファンが購入を希望してディーラーに足を運んだ
- トヨタ・セリカ・グループBデビュー。WRCに邁進するトヨタがグループBで戦う新レギュレーションのために製作したマシーン
- アウディ100、ヨーロッパ・カー・オブ・ザ・イヤー受賞
- ポンティアック・フィエロ発表。アメリカのメーカーもミドエンジンのスポーツカーを手掛けた
- 三菱シャリオ、いすゞフローリアン・アスカ、ホンダ・バラードスポーツCR-X、スズキ・カルタス発表
- ホンダ・シビック／バラード、日本カー・オブ・ザ・イヤー受賞
- ポルシェがルマンで1〜8位を独占
- ヨーロッパGP（英）でポルシェ製ターボチャージャー付きエンジンがマクラーレンに搭載されてデビュー
- アイルトン・セナがイギリスF3で開幕9連勝
- 英リチャード・ノーブルが"スラスト2"で1019km/hの速度記録達成。ロールス・ロイスの戦闘機用エンジン・エイヴォンを1基搭載

Column
電子制御が技術の中心に

第25回 東京モーターショーの最大の目玉はトヨタFX-1だった。フロントエンジン、後輪駆動のFRスポーツカーだが、特筆すべきは頭の先から足の先までエレクトロニクスによる最適制御を実現していることで、その多くはのちのトヨタ車で具体化された。

自動車クロニクル

昭和59年

1984年

世界のうごき
- グリコ・森永脅迫事件
- ロスアンゼルス・オリンピックで東欧諸国がボイコット
- アップルがマッキントッシュを発売

日産がVWと業務提携

日産の座間工場でフォルクスワーゲンの小型車、サンタナが生産されることになった。

1981年4月にVWとの業務提携を発表した日産は、1984年2月からVWサンタナのライセンス生産を開始した。サンタナは2世代目のアウディ80をベースにしたモデルで、縦置きエンジンによる前輪駆動車だ。エンジンやギアボックスのコンポーネンツを輸入して日産が座間工場で生産したモデルは、ほぼVW版に準じるが、全幅を日本の5ナンバー枠に収めるため、モールの形状を変更したほか、ヘッドランプやグリルの形状にも差異がある。

エンジンは直列5気筒OHC1994cc、直列4気筒OHC1780cc、直列4気筒OHC1588ccターボディーゼルが搭載された。輸入車の雰囲気がありながら200万円台で販売されたため、

ニッサン・サンタナ

人気を博した。1987年に行われたマイナーチェンジの際にDOHCユニットを搭載したXi5アウトバーンが登場。1990年に生産を終了した。

Column
フェラーリ288GTO発表

フェラーリもグループBカーを製作。もっともポルシェ959と同様に、競技用より、投機的な対象として受け入れられた。フェラーリはこれを機に、限定モデルビジネスを積極的に行うようになる。

288GTO

Events
出来事 1984

- ラルト・ホンダF2、12連勝達成
- トヨタ・セリカがサファリ・ラリーで初優勝
- 日本の運転免許保有者が5000万人突破
- 東洋工業がマツダへと社名を変更
- トヨタMR2が日本カー・オブ・ザ・イヤーを受賞。欧州市場で人気を博した
- ランチア・テーマ、フェラーリ・テスタロッサ、ルノー・シュペールサンク発表
- ウィリアムズ・ホンダ、ダラスGPで初優勝。ホンダのF1復帰後、初優勝となる
- F1でニキ・ラウダ(マクラーレン・ポルシェ)が、1975年、77年に続き3度目のチャンピオンに。マクラーレン・ポルシェ16戦中11勝でコンストラクターも優勝
- フォード・コスワースDFVの連続出場記録がドイツGPでストップ
- パリ-ダカールでポルシェ911 4WD優勝
- フィアット・ウーノ、ヨーロッパ・カー・オブ・ザ・イヤー受賞
- クライスラー初のミニバン、タウンアンドカントリーがデビュー。米国ミニバンブームの先鞭

昭和60年

1985年

トヨタがアメリカに工場進出

市場で増え続ける日本車に向けられたアメリカメーカーの強い抵抗感。
それに抗するため、ついにトヨタはGMとの合弁による共同生産を発表した。

1984、85年と、世界の自動車産業は回復の兆しを見せ、1985年には日本の乗用車生産は765万台、商用車を含めた合計では1230万台に達した。

対米輸出の急増に対するアメリカの反発を緩和するために、トヨタとGMは1983年2月に50%ずつの合弁でNUMMIを設立、カリフォルニアのGMフリーモント工場で小型車（カローラ）を生産することで合意に達した。実際にはこの合弁計画は小型車生産を学びたいGM側から提案されたものであった。

この共同生産計画にはアメリカに賛否両論があったが、アメリカ連邦取引委員会は1984年4月に「年産25万台以下、情報交換は合弁事業範囲内に限る」など9つの条件付きで認可を与えた。（日本のショーカー3より引用）

NUMMIでカローラをベースに生産されたシボレー・ノーヴァ

Column
フルタイム4WDが流行

アウディ・クワトロがラリーで大活躍したことにより、スポーティーカーのフルタイム4WDシステムが脚光を浴びた。日本ではどうだったかといえば、1985年10月にマツダがファミリアに日本初フルタイム4WD仕様を発売している。ファミリアのラインナップ中で最も高出力を発揮するターボチャージャー付きエンジンと組み合わされ、スポーツ4WDとして位置づけられた。フルタイム4WDといえば、スバルの十八番のように思えるが、その頃のスバルはまだパートタイム方式だった。

Column
好景気の中の東京ショー

第26回を迎えた1985年の東京ショーは、ガソリン自動車発明100年の大きな節目に当たることもあって、「走る文化、くるま新世代」のテーマのもとに華々しく開催され、130万人に迫る数の観客を魅了した。出品会社262社、出品車両1032台と未曾有の規模に達し、コンセプトカーも8台を数えた。

技術的にはDOHC4バルブ、ミドエンジン、4WD、4WSなどが花盛りで、エンジン、変速機、サスペンション、ステアリングなどの電子的な最適制御の試みがいちだんと進んだ。その意味ではトヨタのFXV、日産のMID4CUE-X、三菱のMP-90X、マツダMX-03、フォード・プローブV（世界初公開）などのコンセプトカーが、デザインもさることながら、内部の多岐にわたる最適制御技術で注目された。日産が限定生産するBe-1と、マツダのフォード・フェスティバの2台のリッターカーがこのショーでデビュー、三菱のデボネアもフルチェンジを受けた。　　　（日本のショーカー3より引用）

自動車クロニクル　　　213

昭和60年

1985年

世界のうごき
□プラザ合意で円高に
□ゴルバチョフがソ連書記長就任
□日航ジャンボ機が御巣鷹山に墜落

トヨタがアメリカに工場進出

Events
出来事 1985

●ポルシェ959発表

●トヨタがルマン初参戦。12位で完走
●スバル・アルシオーネ、ホンダ・トゥディ、ホンダ・レジェンド、ニッサンBe-1発売
●ホンダ・アコード／ビガー、日本カー・オブ・ザ・イヤー受賞
●中国初となるラリー、香港-北京ラリーが開催される
●パリ-ダカールでポルシェ959が優勝
●オペル・カデット、ヨーロッパ・カー・オブ・ザ・イヤー受賞
●ヤマハが国内F2用のV6エンジンを発表

Episode
GPSナビゲーションシステムが登場

東京ショーで、三菱電機がGPSを使ったカーナビゲーションをコンセプトカーのMP-90Xに搭載して発表した。この技術は1990年にマツダ・コスモに搭載されて市販化された。

三菱MP-90X

昭和61年

1986年

世界のうごき
□チェルノブイリ原発事故
□伊豆大島三原山噴火
□スペースシャトル「チャレンジャー号」爆発

ホンダの高級ブランド、アキュラ登場

　この年、ホンダが北米市場（および香港）で新たな販売チャンネルのアキュラ・ブランドを設立、既存のホンダ・チャンネルとは別の富裕層に向けた高級車を扱わせると発表した。第一弾となったのがアコードより上級のマーケットを睨んだ大型セダンおよびクーペのレジェンドと、スポーティーなインテグラで、1990年にはNSXが加わった。アキュラが日本車の高級販売店戦略の先例となり、トヨタがレクサス、日産がインフィニティを新たに設け、展開していった。マツダもこれに続くべく、「アマティ（Amati）」と名付けた新ブランドを立ち上げるべく準備を開始し、

アキュラ・クーペ。日本市場ではレジェンド・クーペの名で売られた

昭和61年

1986年

ホンダの高級ブランド、アキュラ登場

アマティのブランドで販売する4ℓ（W型12気筒といわれる）エンジン搭載の大型セダンを開発中だったが、その後、経済状況が悪化したことを理由に、この計画は撤回された。

出来事 1986

- F1GPでウィリアムズ・ホンダがコンストラクター優勝。以後ホンダ・エンジンは91年まで6年連続タイトル獲得。ドライバータイトルはアラン・プロスト（マクラーレン・ポルシェ）
- アルファ・ロメオ筆頭株主のイタリア政府が株式をフィアットに売却、その傘下に入る。フィアットとコンポーネンツの共用が始まる
- ヨーロッパで電子制御技術による自動車制御技術の共同研究活動「プロメテウス計画」
- BL、ローバーグループPLCに社名変更
- マツダのロータリー・エンジン車生産累計が150万台を達成
- 富士重工といすゞが米国合併生産で提携
- フォード・スコーピオ、ヨーロッパ・カー・オブ・ザ・イヤー受賞
- ニッサン・パルサー／エクサ／ラングレー／リベルタ・ビラ、日本カー・オブ・ザ・イヤー受賞
- パリ-ダカール、ポルシェ959優勝。ドライバーのジャッキー・イクスは、Can-Am、ルマン、パリ・ダカールの3冠を達成
- セリカ・ターボがサファリ・ラリーに3連勝

Column
定着しなかった4WS

4WS（4 Wheel Steering）とは、4輪操舵、すなわち前後輪を同方向および逆方向に操舵できるというシステム。1980年代後半に市場導入した日本車の後輪操舵システムは、日本の自動車技術の先進性を世界にアピールしたが、乗用車においては注目の大きさほど普及はせず、"流行"に終わった。現在では、大型車両や救急車などの特殊車両に採用例がある。乗用車に普及しなかった理由のひとつに、価格上昇がある。また、2輪操舵に慣れたドライバーには違和感があることも挙げられている。

4WSの制御系には機械式と電気制御式があり、機械式はホンダが1987年にプレリュードに搭載している。電気制御式には日産の"HICAS"がある。"HICAS"はスカイラインに装着され、アクティブに後輪を舵角制御するもので同位相だけだったが、スイッチでキャンセルすることができた。マツダも電子制御による車速感応型4輪操舵を市場に投入した。

プレリュード4WD。リアタイヤもステアしている

Column
円相場続騰

前年の9月、ニューヨーク・プラザホテルで行われた先進5カ国蔵相会議で成立した為替レートに関する合意、いわゆる"プラザ合意"は、その後の世界経済を大きく揺り動かした。これはアメリカの高金利政策を起因とする貿易赤字を是正するのが狙いで、ドルはそれまでの1ドル=235円から1年後には120円台まで下落することになった。その結果日本では円高となり、輸出産業は大打撃を受ける。一時輸出が落ち込む円高不況の側面もあったが、日本経済は急拡大、政府の低金利政策もあってやがてバブル経済を引き起こす。

昭和62年

1987年

世界のうごき
- 国鉄民営化でJRグループが発足
- NY株式市場株価暴落"ブラックマンデー"
- 大韓航空機爆破事件

フェラーリF40発表

バブル経済に沸く日本ではクルマも投機の対象となり、中でもフェラーリが限定生産すると発表したF40は、発売前から購入希望者が殺到。

　フェラーリが創業40周年を記念したモデルとして発表したF40は、3ℓ、478psのツインターボ・ユニットを備え、最高速度が320km/hをオーバーするという、さながらグループCカーのような内容を備えていた。日本ではまさにバブル経済の真っ直中、日本向け供給分では到底足りず、欧米に日本のバイヤーがF40の買い付けに奔走することになった。F40はこの年の東京モーターショーに展示され、たいへんな人だかりとなった。ディーラーによる販売価格は4650万円だったが、需要の高まりとともに引き取り価格は鰻登りとなり、2億5000万円という価格も週刊誌に掲載されたほどだ。当初は400台程度の限定生産といわれたが、1992年までに1300台以上が生産された。

Episode
鈴鹿サーキットでF1グランプリ初開催

　ホンダが1983年にF1に復帰、87年シーズンから中嶋悟が日本人初のF1ドライバーとしてロータス・ホンダから参戦するなど好材料が揃い、フジテレビが冠スポンサーとなってテレビ放映されたことからブームが起こった。2006年まで鈴鹿で開催され、2007年はトヨタ傘下の富士スピードウェイに舞台を移した。

ロータス・ホンダ

Events
出来事 1987

- イギリスGPで、中嶋悟が日本人最高位の4位獲得、ホンダエンジン1-4位独占
- フィアット傘下に入ったアルファ・ロメオがアルファ164を発表
- ヘンリー・フォード2世（1917生）死去
- 日産とフォードが特定分野で提携
- 日本の量産車としては初となるECVTを搭載したスバル・ジャスティ発表
- AT車の暴走問題で安全装置の導入を決定、1988年発売の新車から導入
- 日本初のエアバック採用車、ホンダ・レジェンド発売
- 4WS搭載のホンダ・プレリュード発表
- ニッサン・パオ発表。Be-1に続く日産のパイクカー
- 三菱ギャラン、日本・カー・オブ・ザ・イヤーを受賞
- オペル・オメガ、ヨーロッパ・カー・オブ・ザ・イヤー受賞
- クライスラーが苦境にあったランボルギーニを傘下に入れると発表
- ジョアッキーノ・コロンボ（1903生）死去。アルファ・ロメオやフェラーリで多くの名作を生んだ設計者
- BMWがV12エンジンを製作、750iに搭載
- ソーラーカーによる初のレースがオーストラリアで開催。GMサイレンサーが優勝
- マツダ323 4WD（ファミリア）がスウェディッシュ・ラリーで初優勝。これがマツダにとって初めてのWRC制覇
- ポルシェ、ルマンで7連覇

昭和63年

1988年

日産シーマ登場で"ハイソカーブーム"極まる

高価格車にいくらでも買い手が付いたこの時代。
誰の目にも高級そうに見えるシーマは爆発的に売れ、社会現象となった。

好景気に浮かれる1988年は、年明け早々に発売されたシーマが世情を象徴している。当初、セドリック・シーマ/グロリア・シーマと名付けられていたように、セドリックとグロリアのコンポーネンツを使い、曲面を上手く使ったふくよかなデザインの4ドア・ハードトップボディを架装した"ハイソ"なスペシャリティーカーだった。V型6気筒DOHCの3ℓターボチャージャー付き255psユニットを搭載し、テールを下げながら急加速する様が、市中でよく見られた。

すでにこの頃、若者の間ではマークⅡなどちょっと高級なクルマに乗るのがカッコイイとされる"ハイソカーブーム"が起きていたが、それがシーマの登場とともにエスカレート、もう少し年齢層の高い世代までがこぞってシーマに殺到した。バブル経済のなかにあって、日本車の3ナンバー車は特別な存在ではなくなり、それを称して"シーマ現象"なる流行語まで飛び出した。クルマに限らず高いものでも平気で買ってしまう社会現象、それこそがシーマ現象だったのである。(CG45+より一部転載)

ニッサン・シーマ

Events
出来事 1988

- ●日産シルビア、日本カー・オブ・ザ・イヤー獲得
- ●プジョー405、ヨーロッパ・カー・オブ・ザ・イヤー受賞
- ●ポルシェがF1から撤退
  。TAGポルシェとして、マクラーレンにエンジンを供給していた

Column
イシゴニス、ヒーレー逝く

この年、ミニを生んだことで知られるアレック・イシゴニス(1906年生)と、ドナルド・ヒーレー・モーター社創業者でオースティン・ヒーレーを生んだドナルド・ヒーレー(1989年生)が相次いで死去した。小型車に革命を起こした優れた設計家と、量産車のコンポーネンツを使い、安価ながら本格的なスポーツカーを製作した経営者は、英国の自動車産業を支えた2大巨星だった。

オースティン・ヒーレー100

自動車クロニクル

1988年

昭和63年

日産シーマ登場で"ハイソカーブーム"極まる

エンゾ・フェラーリ死去

　1988年8月14日、エンゾ・フェラーリが90歳の生涯を閉じた。

　ここにフェラーリ社を設立するまでのエンゾ・フェラーリの経歴を記しておこう。

　エンゾ・アンセルモ・フェラーリは、1898年2月18日にモデナで生まれた。モデナで板金工場を営んでいた父アルフレードは、大のスポーツ好きで、

エンゾ・フェラーリ

すでにクルマも所有していた。1908年、10歳の時、父に連れられ、兄と自動車レースの観戦に行き、この時の衝撃が彼の人生を決定づけた。目の前で繰り広げられたフィアットに乗るヴィンチェンツォ・ランチアとフェリーチェ・ナッザーロの競り合いにショックを受けたエンゾは、レーシングドライバーになることを将来の夢に抱くようになった。その後いくつかのレースを見たあと、決心を固め、学校を辞めた。

　1916年、父と兄が相次いで世を去り、一家を担う重圧がエンゾの双肩にのしかかったが、目標を諦めることはなかった。第一次世界大戦勃発のころにはスリッパ工場に職を得たが、1918年にひどいインフルエンザにかかり解雇されしまう。これが彼にとってどん底の時期であった。回復後、トリノでCMNという小さな自動車メーカーに雑役夫として職を得た。ここから彼の自動車との生活が始まる。

ワークスドライバーに

　CMN社は払い下げの軍用車を民間用に改造することが生業だったので、完成車を試運転する機会もあり、若きエンゾのレースへの夢はさらにふくらみ、1919年にパルマで行われたヒルクライムで初めてのレース出場を経験した。さらに同年のタルガ・フローリオにも出走し、9位でフィニッシュしている。1923年4月28日にラウラ・ガレッロと結婚したエンゾは、モデナでのアルファ・ロメオ販売権も手に入れた。

　1924年のコッパ・アチェルボで優勝したエンゾは、この初勝利のあと、いくつかのレースで勝利を重ねた実績を評価されて、フルサポートのワークスドライバーとしての待遇を手に入れた。

　1929年に、自らのレーシングフ

ァクトリーであるソシエタ・アノニマ・スクデリア・フェラーリを設立すると、ワークスチームとしてのレース活動を休止していたアルファ・ロメオからクルマとドライバーを引き継ぎ、技術支援も取り付けた。このとき、チームの株の一部はアルファに引き渡したが、同様な取引をボッシュやピレリ、シェルなどとの間でも行い、こうして得た資金でトップクラスのアマチュアドライバーの発掘にも積極的に乗り出した。

スクデリア・フェラーリの成功

スクデリア・フェラーリの創業当時の従業員は50人、この陣容で初年度には22回のレースに参戦して8勝を挙げている。個人に率いられたチームとしてはかつてない規模で、成功を収めるまでの時間も早かった。これもフェラーリの優れたレース運営の賜であることは明白だった。

スクデリア・フェラーリから出場したアルファ・ロメオ

アルファ・ロメオもこの好成績に満足し、レース活動はエンゾ・フェラーリに任せきっていた。だが、1933年にアルファ・ロメオが経営難から国営化されると、アルファはレースからの撤退を表明、フェラーリは新しいレーシングカーが入手できないことになった。そこでフェラーリは、共同経営の一角を担うピレリの仲介によって、アルファから6台のティーポB（P3）の供給と、バッツィ技師と開発ドライバーのマリノーニを派遣させることに成功。これによってスクデリア・フェラーリは完全にアルファのワークスチームとなった。

アルファとの決別

1938年の初頭に、アルファ・ロメオは自らワークス・チームを組織してレースにカムバックする道を選び、スクデリア・フェラーリの株式の80％を買い取り、本拠地もモデナからアルファのポルテッロに戻した。この組織変更により、エンゾ・フェラーリは社長を解任され、スポーティング・ディレクターの肩書を与えられ、社外から招聘されたスペイン人のウィルフレド・リカルトが上司となった。この人事に我慢できなかったフェラーリは、1939年末に

1988年

昭和63年

日産シーマ登場で"ハイソカーブーム"極まる

アルファと別れることを決意したが、その時の交わされた合意事項に、4年間はアルファと競合するレース活動を行わないとの一文があった。

エンツォ・フェラーリは、アルファのチームが買収されたころに、アウト・アヴィオ・コストルツィオーニと名乗る部品製造会社を興していた。1939年12月、2輪のレーシングライダーとして活躍中だったアルベルト・アスカリと、彼の友人のロタリオ・ラニョーニ・マキャヴェリから、ミッレミリアに出るために2台の小型スポーツカーの製作を受注した。フェラーリはこれを機に自らクルマ造りに乗り出すことになった。

第二次大戦が激しくなると、軍事品を生産していたフェラーリに対して、工場を安全な場所に疎開させるように命令が下り、マラネロに移転。この地でアウト・アヴィオ・コストルツィオーニの事業が軌道に乗り、フェラーリの名前をレースに使わないというアルファとの契約も期限切れを迎えた。

ティーポ125がデビュー

第二次世界大戦が終わると、フェラーリは待ちかねたグランプリカー開発に乗り出した。設計者ジョアッキーノ・コロンボの下、1500ccな

フェラーリの第1作となる1947年ティーポ125

がらV型12気筒のレイアウトを持つスーパーチャージャー付きのクルマが計画され、1947年3月12日には、ティーポ125と名付けられた試作第1号車がテストドライブに漕ぎ着けた。

ティーポ125は、1947年5月11日、ピアチェンツァの市街地で行われた60マイル・レースで実戦デビューを果たした。このレースでフランコ・コルテーゼが乗る125は、あと3周を残して燃料ポンプのトラブルでリタイアするまで、後続を25秒も引き離してトップを快走してみせた。その2週間後、ローマでカラカラ浴場を巡るレースに出場したコルテーゼは、メーカーのフェラーリにとって初めての勝利をもたらした。

グランプリレース初勝利

翌1948年5月16日のモナコGPで、フェラーリは初めてグランプリへの公式参戦を開始した。この時期にア

ルファ・ロメオが参戦していなかったことは、フェラーリにとって幸運で、1949年には125とその後継モデルによって、多くのレースに勝利を収めた。だが、1950年、新しいワールドチャンピオンシップが制定され、アルファがグランプリに復帰すると状況は変わり、フェラーリの初優勝は1951年のイギリスGPまで待たなければならなかった。ここでフロイラン・ゴンザレスの駆る4.5ℓV12搭載のフェラーリ375が、並みいるアルフェッタを下した。このとき、エンゾが発した言葉が「私は母を殺してしまった」であった。

エンゾ・フェラーリはスポーツカーレースにも積極的に参戦し、多くの勝利を得ている。また、企業形態としては戦前のアルファが歩んだ道を踏襲し、レースを中心とし、その活躍と勝利によって高めた付加価値を備えた高性能車を少量生産した。

"最も美しいレーシングカー"といわれるフェラーリP4

Column
イタリアGPでの劇的な勝利

エンゾ・フェラーリの逝去から何週間もたっていないモンザのイタリアGPでは、観客が掲げた「エンゾ死すとも、ティフォシは忠誠を誓う」と横断幕がたなびいていた。これに応えたかのように、フェラーリが2台、そろってフィニッシュラインを越えるという劇的な勝利を迎えた。

この年にはアイルトン・セナとアラン・プロストが乗るマクラーレン・ホンダが破竹の進撃を展開、年間16戦すべてマクラーレン・ホンダが勝ちそうな勢いであった。そうしたなかでフェラーリが地元イタリアで勝利。マクラーレン・ホンダが、唯一勝ち損なったのがこのイタリアGPだった。優勝したのはゲルハルト・ベルガー、2位はミケーレ・アルボレート。アルボレートはエンゾ自身が面接して契約書にサインした最後のイタリア人ドライバーだ。

Events
出来事 1988

● フィアット・ティーポ発表

● フォード・プローブ登場。フォードとマツダの共同開発クーペ
● スズキ・エスクード発表。街乗り小型SUVのパイオニア
● ホンダ・コンチェルト発表。ホンダとローバーの共同開発。シビックをベースに上級化

● ニッサンがヒット作連発。シルビア、セフィーロ、マキシマなど
● アウディV8発表。アウディ初のV8モデル
● オペル・ベクトラ発表

自動車クロニクル

昭和64年／平成元年

1989年

日本車のヴィンティッジ・イヤー

活発な経済状態の中で、日本車は次々に新技術を採用するとともに、
それまで踏み込んだことのない新ジャンルにも進出。後世に残る優れたクルマが誕生した。

1989年は日本車にとって最も充実した年、"日本車のヴィンティッジ・イヤー"だったといわれている。その理由は自動車メーカーの技術力と商品力、それを受け入れるユーザー側の購買力が高次元で融合したからだろう。もっともその裏にはバブル経済が絶頂期にあったことはいうまでもない。技術力の結集という意

スカイラインGTR

味で最たる例はスカイラインGT-Rであろう。セラミックス製ツインターボつき2.6ℓ直6DOHCエンジン、アテーサE-TSと呼ばれた電子制御トルクスプリット式4WDで武装した通称"R32GT-R"は走り屋のハートを見事に射止めたクルマだった。

新技術を惜しみなく搭載

新技術はほかのクルマにも多く見られ、三菱のミニカ・ダンガンには1気筒5バルブのDOHC機構が、ホンダ・インテグラには可変バルブタイミング／リフト機構VTECが、レジェンドにはFWDとしては初の実用となるトラクションコントロールTCSが、それぞれ初めて搭載された。トヨタ・ランドクルーザー・ワゴン80系にクロスカントリー車で初めてフルタイム4WDが搭載された点も見逃せない。

マツダはマルチチャンネル化を図るべく、既存販売店に加えて新たにユーノス店、オートザム店を新設、ユーノス店の目玉としてユーノス・ロードスターを販売した。このクルマも"ヴィンティッジ"を語るにふさわしい内容をもち、日本の心情的スポーツカーファンのみならず、輸出先でも忘れかけていたライトウェイト・オープン2シーター・スポーツカーの魅力を改めて知らしめた。

世界の高級車の定義を変えさせたレクサスLS400が、セルシオの名で国内発売された。　　（CG45+より一部引用）

トヨタ・セルシオ

世界のうごき
- 昭和天皇崩御
- ベルリンの壁崩壊
- 中国で天安門事件

Column
消費税導入でクルマの税金が下がる

消費税3％が導入されたが、自動車については1992年3月までは6％の暫定税率が適用された。しかしそれまでは、普通乗用車が23％、小型自動車が18％の物品税が課せられていたので、これが廃止されて消費税に一本化されたことで、クルマの税金は大幅に下がった。特にシーマでブームになった大型の乗用車にますます人気が集まるようになった。

Episode
エラン復活

フランクフルト・ショーでロータスがエランの名を復活させた。新エランはいすゞ・ジェミニ用のコンポーネンツを用いた前輪駆動車だった。

Episode
37年ぶりのルマン優勝

ザウバー・メルセデスC9がルマン24時間で優勝を果たした。前回メルセデスがルマンを制したのは、37年前の1952年のことだった。1952年に、第二次大戦後初めてルマンにカムバックしたメルセデスが持ち込んだのは、開発段階にあった300SLのプロトタイプで、3台出場し、1-2フィニッシュを遂げている。

メルセデス・ベンツC9

Column
ギネスブックに載ったロードスター

1989年2月にデビューしたMX-5ミアータ（ユーノスおよびマツダ・ロードスター）は、2人乗り小型オープンスポーツカー生産台数世界一として、2000年5月にギネスブックに掲載された。これ以前にこの記録を持っていたクルマは、1962〜80年の間に38万7675台を生産したMGBロードスターだが、マツダ・ロードスターは初代（NA型）だけでも8年間に約43万台が生産された。1998年に第2世代（NB型）に発展し、99年10月末時点で生産累計が53万1890台を記録、2004年3月の時点で3月で70万台を達成、2005年8月には第3世代目（NC）に進化。2008年12月末現在で85万7201台と、さらに記録を延ばしている。

Events
出来事 1989

- フォードがジャガーを買収すると発表
- 9月のフランクフルト・ショーで、フェラーリ348、BMW850i、ポルシェ911カレラ2、プジョー605など登場
- オースティン・ローバー・グループ、ローバー・カー・カンパニーに社名変更
- アルファES30 SZ発表。久々にザガート製ボディを持つアルファ・ロメオが復活
- トヨタが英国に生産工場進出
- トヨタ・セルシオ、日本カー・オブ・ザ・イヤー獲得
- フィアット・ティーポ、ヨーロッパ・カー・オブ・ザ・イヤー受賞
- 1000湖ラリーに三菱ギャランVR-4初優勝
- オーストラリア・ラリーでセリカGT-FOURが初優勝
- 89年で富士CGシリーズ休止
- 中嶋悟オーストラリアGPで自己最高タイの4位入賞（87年イギリスGP以来）
- 鈴木亜久里F1デビュー（ザクスピード・ヤマハ）

自動車クロニクル

平成2年

1990年

世界のうごき
□東西ドイツ統一
□TVアニメ『ちびまる子ちゃん』放映開始
□秋山豊寛さんが日本人初の宇宙飛行士

"日本のスーパースポーツカー" NSX登場

欧州の老舗が造るスポーツカーを凌駕する運動性能と
メカニズムを備えたスポーツカーが、日本から発進した。

　1990（平成2）年も、89年に続き興味深いクルマがあとを絶たなかった。その筆頭がホンダNSXである。紛れもないスーパースポーツカーで、オールアルミのモノコックボディを備え、専用のDOHC V型6気筒3000ccのエンジンを搭載していた。また、この手のスーパースポーツカーとしてはめずらしくフルオートマチック・トランスミッション仕様も選択でき、大きなトランクスペースを備えていた。アメリカではアキュラのブランドで販売され、その完成度の高さから既存のスポーツカー・メーカーにとっては、NSXの登場は脅威と感じられた。

　マツダMPVやトヨタ・エスティマが登場したことも大きなトピックだ。いわゆるミニバン・ブームの立役者で、その後の日本車のありかたを大きく変える存在となった。また、2月には極めて欧州的なコンセプトで設計された日産プリメーラが登場している。

Column
鈴木亜久里が日本人初のF1表彰台

　この年、ラルースをドライブした鈴木亜久里は、イギリスGPとスペインGPで6位入賞を果たし、鈴鹿の日本GPではついに3位表彰台に上がった。これは2004年のアメリカGPで佐藤琢磨が3位に入賞するまで、長い間日本人ドライバーとして唯一のF1における表彰台だった。

Events
出来事 1990

- 軽自動車が新規格に移行。排気量がこれまでの550cc以下から660cc以下となり、全長が3.2mから3.3mへと延びた
- 三菱グループが、ダイムラーベンツ・グループと広範囲な提携関係を結んだ
- ホンダがローバーと資本提携で正式調印
- 鈴木自動車、スズキへ社名変更
- 日本の運転免許所有者が6000万人を突破
- 三菱ディアマンテ、日本カー・オブ・ザ・イヤー獲得
- シトロエンXM、ヨーロッパ・カー・オブ・ザ・イヤー受賞
- 大分県日田市上津江町に、オートポリス・サーキット正式オープン
- トヨタがWRCドライバー・タイトルを獲得
- マツダが市販車として初めて、3ローター・ロータリー・エンジンを搭載したユーノス・コスモを発売

Column
改正道路交通法・車庫法案導入

　車庫シールが登場し、路上放置車輌の運転者責任に加えて所有者責任も導入された。このほか、軽自動車についても車庫届出が義務化され、青空駐車の罰金が引き上げられた。施行は改正道路交通法が1991年1月1日、車庫法が1991年7月1日。

09章

「失われた10年」と日本車

1991年

↓

1996年

日本中が浮かれたバブル経済が破綻。
多額の不良債権の処理に追われる暗い時代が始まった。
輸入車市場は萎み、
その環境の中で日本車も変化を遂げていった。

1991年

平成3年

本田宗一郎逝く

世界のホンダを一代で築きあげ、2輪車で世界を制覇した
本田宗一郎が逝った。

　本田宗一郎は自動車修理工から身を起こし、パートナーの藤沢武夫とともに一代でホンダを世界的な企業に成長させた。

　1906（明治39）年、静岡県磐田郡光明村、現在の静岡県天竜市で鍛冶屋兼自転車修理業を営む父儀平、母みかの長男に生まれた。手先が器用で機械好きの少年であった宗一郎は、1922（大正11）年、16歳のときに上京、湯島の自動車修理店アート商会に見習いとして就職した。アート商会の存在を知ったのは雑誌の広告であったという。

　アート商会を経営する榊原真一は、本業の傍ら自らレースに参加するほどのクルマ好きで、若き宗一郎は、主人を手伝ってレース用のクルマの製作にあたった。その中で最も知られているのが、カーチス製の飛行機用エンジンを搭載したレーシングカー、カーチス号で、本田少年はこのクルマのライディング・メカニックとしてレースに参加している。

本田技研設立

　1928（昭和3）年に年季奉公があけた宗一郎は浜松に帰り、アート商会浜松支店を開業、同業者が少なく、優れた技術を持っていたことから自動車修理業は大繁盛した。資金的に豊かになったことで、レーシングカーの製作を手掛け、フォードの4気筒エンジンにスーパーチャージャーを備えたクルマを造り、東京に遠征し、多摩川のレースに出場している。

　1934（昭和9）年、修理業にあきたらず、自ら東海精機という会社を興すと、ピストンリングの製作を開始した。だが、ピストンリングの製作ははかどらず、原因は自分の知識が不足しているからと実感した宗一郎は、1937（昭和12）年、鋳物の基礎知識を学ぶため浜松高等工業機械科（現：静岡大学工学科）の聴講生となった。

　1945（昭和20）年の終戦を迎えると東海精機をトヨタに売却。翌年の10月、浜松に本田技術研究所を設立し、旧陸軍無線機用の小型発電

F1参戦を前に、その試作車と本田宗一郎

世界のうごき
- 湾岸戦争勃発
- ソ連が解体し、ゴルバチョフ大統領辞任
- 雲仙普賢岳で大規模火砕流発生

機に使われていたエンジンを、自転車用補助エンジンに転用して発売した。庶民の手軽な移動手段として大ヒットし、多くのメーカーが同様に原動機付き自転車に生産の目を向けることになった。

1948（昭和23）年9月に、資本金100万円で本田技研工業株式会社を設立。エンジンも自製したオートバイ生産に着手、翌年にはドリームD型を発売。その年の10月には生涯の経営パートナーとなる藤沢武夫が専務として入社し、技術の本田、経営の藤沢という絶好のコンビで会社は大躍進を果たす。1960年代の初めまでに当時最大だった西ドイツのNSUを抜き、世界最大の2輪車製造会社へと発展する。

カブF型

軽トラックで4輪車に進出

話は前後するが、1954（昭和29）年、初めて外遊した本田宗一郎は、マン島でモーターサイクルTTレースを観戦。大きな衝撃を受けた本田宗一郎は参戦を決意し、5年後の1959年にマン島のTTレースに初挑戦を果たす。1961年には、125ccと250ccの両クラスで1～5位を独占するという偉業を成し遂げ、これが欧州におけるホンダの名声を決定的なものとした。

Column
バブル弾ける

1980年代後半から続いたバブル景気がついに弾けた。1990年1月に3万8000円だった日経平均株価は、2002年2月には8000円を割り込んだ。日本は浮かれていた経済活動のツケとして不良債権問題に揺れ、後始末には莫大な資金を投入しなければならないことが表面化。90年代までの長期にわたる経済の停滞は、後に"失われた10年"といわれた。

バブル経済は1985年のプラザ合意による急激な円高に端を発するものだ。為替リスクを嫌った投資資金が日本国内に流入するようになり、そうした企業の含み資産が増加するとその企業の株価が上がり、株式を持ち合う他の企業の株価も押し上げる、というわけで株価は限りなく上がっていった。

ところが1990年に至って地価が急暴落し、必然的に土地を保有する企業の株価が急落し、連鎖的に株価が下がっていったのである。　　　（日本のショーカー4より引用）

自動車クロニクル

平成3年

1991年

本田宗一郎逝く

1963（昭和38）年には、軽トラックのT360で4輪車に進出、東京モーターショーではS360とS500の小型スポーツカーを発表した。4気筒DOHCという高度なメカニズムを持つ小型スポーツカーは、結局S500、S600、S800として生産化された。

1964年にはドイツ・グランプリからF1にも参戦を開始。1.5ℓV12エンジンはもちろん、これを横置きに搭載するシャシーも自製して臨み、翌65年の最終戦のメキシコGPで初優勝を挙げた。1966年から発効した3ℓF1規定の時代では、1967年のイタリアGPで1勝したにとどまり、68年をもっていったん引退するが、ターボチャージャー付き1.5ℓ時代が主流であった1980年代にはエンジン供給者として参戦、圧倒的なパワーによってレースを席巻。1987年に16戦11勝、1988年には16戦15勝を果たし、3ℓの自然吸気に移行した1989年にも16戦10勝し、1991年に宗一郎が亡くなる年までタイトルを獲得し続けた。

本田宗一郎はまた引き際の美しさでも知られている。1973年、まだ66歳の若さながら藤沢副社長ともども引退し、後進に道を譲った。

1989年、日本人として初めてアメリカの自動車殿堂入りを果たした。

Events
出来事 1991

- トヨタ、90年自動車販売でGM、フォードに次いで3位
- 日本でオートマチック限定免許が11月1日から導入された。教習所の技能研修では27時間の教習時間が3時間に短縮
- トヨタ-アウディの日本国内販売提携で合意
- VWがシュコダに資本参加
- スズキ、ハンガリーでの合弁生産に調印
- 旧東独でトラバントの生産打ち切り

トラバント601

- フェラーリ新社長にルカ・モンテゼモロが就任
- VWゴルフⅢ発表
- 改正車庫法が施行され、車庫不足が表面化。駐車場が値上りし、クルマの買い控えが起こる
- ホンダ・シビック／フェリオ、日本カー・オブ・ザ・イヤー獲得
- マツダが東京モーターショーに、水素ロータリー・エンジンを搭載したコンセプトカーHR-Xを出品
- アル・ティーグが"スピード・オ・モーティヴ"で659.8km/hの速度記録、1965年の記録を更新
- ミハエル・シューマッハー、ベルギーGPでデビュー
- WRCでランチア5年連続チャンピオン
- パリ・ダカール・ラリーで篠塚健次郎が初優勝を果たす
- いすゞ・ピアッツァ2代目発表、いすゞは同車でRV以外の乗用車生産撤退を発表

Episode
マツダ787Bがルマンで総合優勝

日本の自動車メーカーにとってルマン初優勝であり、ロータリー・エンジンとして初、非レシプロエンジンにとっても初めての優勝だった。1979年以来ルマンに12回挑戦した結果の勝利であり、この年限りでロータリー・エンジンがルマンから閉め出されることが決定していたので、これが最後のチャンスだった。3台が出場し、他の2台も6位と8位を獲得した。これ以降、2008年の時点でルマンに総合優勝した日本車はない。

マツダ787B

Episode
プリメーラがヨーロッパで2位

1991年のヨーロッパ・カー・オブ・ザ・イヤーを受賞したのはルノー・クリオで、2位にはニッサン・プリメーラが入った。プリメーラの2位は、1963年から始まったCOTYでの、この時点における日本車最上位となり、日本車が欧州で認められた結果として受け取られた。1991年までの日本車の成績を見ると、1973年にホンダ・シビックが3位、1988年にホンダ・プレリュードが3位に入っている。

ニッサン・プリメーラ

Episode
不況下でにぎわいを見せた東京モーターショー

日本の自動車産業もしだいにバブル経済の崩壊による景気後退の影響を受けていくことになるが、この年のモーターショーの時点では、この不況がそれほど深刻になり、かつ長期におよぶとはまだ誰も予想していなかった。その結果、東京モーターショーも会期を12日から15日に延ばし、終了時間も遅らせるなどし、201万8500人が訪れるという未曾有の記録を残すことになる。

この年のモーターショーは「発見、新関係。人・くるま・地球」をテーマとしており、国内各社は安全、環境、リサイクルを追求する実に多くのコンセプトカーを競って出品した。外国勢も負けじとばかりにアウディがワールドプレミアとなる途方もないアヴス・クワトロを持ち込めば、ジャガーもXJ220の生産型をここで正式発表した。BMWはE1プロトタイプをフランクフルト・ショーから運んできたし、GMもHX3ハイブリッド・バンをデトロイトから持ってきた。イタリアのカロッツェリアもピニンファリーナに続いてイタルデザインとザガートがブースを持ち、モーターショーらしい賑やかさを盛り上げた。

それにも増して特筆されたのは、世界の主要自動車メーカーの首脳が"マクハリ"に集結したことで、首脳たちの来日の目的は、日本の自動車産業の敵状視察と、自社製品の日本市場への売り込み、そして来るべき将来に備える提携相手探しであった。実際水面下では幾つもの首脳会談が行われた。

そうしたわけで、直前に発売された多くの国産新型車と内外の膨大なコンセプトカーを展示し、202万人になんなんとする観客を呼び、世界の首脳を集めた1991年の第29回において、東京モーターショーは遂にその頂点を窮めたのであった。

(日本のショーカー4より引用)

自動車クロニクル

平成4年

1992年

世界のうごき
☐「地球サミット」開催
☐東海道新幹線に「のぞみ」登場
☐アメリカで日本人留学生射殺事件

バブル経済崩壊の波紋広がる

悪化した日本の経済状況下で、贅沢を売り物にしたクルマが淘汰され、
優れた小型車が市場に出始めた。

バブル崩壊から1年がたち、日本の自動車界にも甚大な影響が出始める。生産、販売台数は下降の一途を辿った。1991年の新車販売は7年ぶりに前年比割れ、生産も4年ぶりに前年実績を下回った。この年に発表された新型車の数は対前年比で8割程度に減少したが、その内容を見るといわゆる"贅沢車"は影をひそめ、軽自動車をはじめとする実用小型車が目立つようになった。

その一方でバブル期に開発された新型車も数多く出た。マツダMX-6、アスコット・イノーバ、CR-Xデルソル、カローラ・セレス、スプリンター・マリノ、オートザム・クレフ、三菱エメロードなどがそれだが、いずれも短命に終わったのは時代がそうした付加価値車をもはや求めていなかったからである。　　(CG45+より引用)

Episode
車検簡素化など提言

この年、運転免許証の期限延長などが提言された。「世界の中の日本部会」が、車検の簡素化や運転免許証の有効期限を現行3年から6年以上に延長することや、旅券(パスポート)の有効期限を10年に延長することなどをまとめた第三次部会報告を行革審に提出した。

Events
出来事 1992

- 4月から自動車の消費税が6%→4.5%に引き下げ(94年3月まで。以後3%)
- 北海道・千歳市の道央自動車アイスバーンで186台が玉突き衝突事故。2人が死亡し106人が重軽傷
- 1991年の米国自動車販売実績でホンダ3位、トヨタ4位に
- ダッジ・ヴァイパー発表、デトロイトショー(1月)。景気が落ち込むなかで、8リッターV10エンジンを搭載した新時代のコブラというべきスポーツモデルが登場

- ダイハツ、対米輸出の中止を発表
- VWゴルフ、ヨーロッパ・カー・オブ・ザ・イヤー受賞
- 日産マーチ、日本カー・オブ・ザ・イヤー獲得
- 日産、92年末までにオーストラリア首都での現地生産撤退を発表(2月)
- トヨタTS010がルマン2位。ドライバー関谷正徳が日本人として初めて表彰台に上がった
- トヨタがWRCでドライバータイトルを獲得
- 片山右京、南アフリカGPでデビュー(ベンチュリ・ラルース)

平成5年

1993年

オペルが本格上陸

古くは東邦モーターズが、さらにいすゞ自動車が手掛けたオペルを、
ヤナセが取り扱い開始。

1992（平成4）年、輸入車の老舗であるヤナセがそれまでの主力取扱商品であったフォルクスワーゲンとの関係を解消し、オペルの輸入販売を開始することを発表した。このニュースは輸入車業界のみならず日本の自動車業界を驚かせた。この背景には、さらなる販売台数の増加を望むVWと、急速な市場拡大に懐疑的だったヤナセの思惑が噛み合わなかったからと言われる。これにより、1954年からVWを販売していたヤナセが、本国ではVWとはライバル関係にあるオペルを扱うことになり、VWは日本に独自の販売網を整備する道を選んだ。ヤナセの意地もあり、

Episode
**ニッサン・マイクラ（マーチ）が
ヨーロッパ・カー・オブ・ザ・イヤー受賞**

1963年の創設以来、欧州COTYで初めて日本車が1位に輝いた。これまでに最高位は1991年のニッサン・プリメーラの2位だった。

Column
冷戦終結後の落とし子

ハマーが一般向け販売開始。AMジェネラル社生産の全幅2m、車重2.8トンを超える陸軍用大型ジープ"ハンビー"が、東西冷戦後、大きく転換を求められている軍需産業から民間へ走り出した。

Column
フランコ・スカリオーネ死去

イタリアの著名デザイナー（1916年9月26日生）。1952年にヌッチオ・ベルトーネによって見いだされ、この年にフィアット・アバルト1500を手掛けて才能を開花させた。その後、アルファ・ロメオ・ジュリエッタ・スプリント、同スプリント・スペチアーレなどの市販車のほか、エクスペリメンタルカーのBAT5、7、9のデザインを手掛けた。ジュリエッタ・スプリントの大成功により、アルファは量産車メーカーへの転身に成功し、同時にカロッツェリア・ベルトーネも、これを機にデザインの委託だけでなく、ボディ生産をも行う企業へと発展を遂げた。

ベルトーネに8年間在籍したあと、コンサルタントとして独立、アルファ・レース部門を担うカロ・キティに協力し、高性能ロードカーとして企画されたティーポ33ストラダーレのデザインを手掛けている。その後は作品制作の機会に恵まれず、1970年代の半ばごろから消息がわからなくなると、やがて死亡したとの風評が流れだが、偶然のことから消息が判明。そのインタビュー記事が雑誌に掲載されてまもなく、76歳で没した。

自動車クロニクル

平成5年

1993年

世界のうごき
□細川連立内閣発足
□サッカーJリーグ開幕
□皇太子ご成婚

当初はオペルとしては過去最高の販売台数を更新し続けたが、それも長くは続かなかった。

Column
OEM供給本格化

OEM供給とは相手先ブランドで販売する製品を生産すること。車種・車型を整理統合してコスト削減を図るのが狙い。いすゞとホンダではジェミニ（ドマーニ）、ミュー（ジャズ）、アスカ（アコード）、ビッグホーン（ホライゾン）などRV車と乗用車がOEM供給された。他にスズキ／マツダのキャラ（オートザムAZ-1）とマツダ／オートザムのAZ-ワゴン（ワゴンR）、日産自動車とマツダの場合では小型トラックとバンなど各社積極的なOEM生産を展開した。

Events
出来事 1993

- トヨタがWRCでメイクスとドライバーのダブルタイトルを獲得
- ホンダ・アコード、日本カー・オブ・ザ・イヤー獲得
- マツダが東京モーターショーに水素ロータリー・エンジン搭載のコンセプトカー、HR-X2を出品
- 保有の長期化が顕著に。乗用車9.92年。不景気、3年車検、故障の減少などから
- ホンダ、ディスカバリーを販売
- マツダがミラーサイクル・エンジン開発
- クライスラー、三菱株売却で資本提携解消
- 首都高6年ぶり値上げで700円に
- 東京湾にレインボーブリッジが開通
- ビートルがブラジルで復活。ドイツでの生産終了後はメキシコで造られていたビートルが、ブラジルで7年ぶりに生産再開
- MG復活RV8が1月から生産開始
- ランボルギーニ、インドネシアのセトコ・グループに売却

平成6年

1994年

世界のうごき
□「自社さ」連立村山政権発足
□大江健三郎がノーベル文学賞受賞
□松本サリン事件

自動車の消費税率が引き下げ

- BMW、ローバーを買収
- 自動車のフルラップの全面衝突安全基準を設定
- 日野自動車、8月末で乗用車生産から撤退。1953年の日野ルノー以来の乗用車生産に幕
- ミツオカZ ER 01発表、新規自動車会社登録
- 乗用車の消費税率4.5→3%に引き下げ（97年3月まで。以後消費税率5%）
- ゴールド免許、初心者の"若葉免許"登場
- エアコンの冷媒、特定フロン（R12）、代替フロン（R134a）に転換完了
- サンマリノG Pでアイルトン・セナが事故死、F1の安全性が問題に
- フォード・モンデオ、ヨーロッパ・カー・オブ・ザ・イヤー受賞
- 三菱FTO、日本カー・オブ・ザ・イヤー受賞

Column
RAV4とオデッセイ

日本の経済は低迷から脱せず、1994年の国内自動車生産はアメリカを下回り、15年ぶりにトップの座を明け渡した。しかし新型車の数は多かった。なかでもトヨタRAV4とホンダ・オデッセイは日本車の閉塞感を打破する役割を負った。RAV4はそれまでの実用四駆を、"ライトクロカン"の通称で広く世界に普及させた。オデッセイはセダン感覚で気楽に乗れるミニバンブームを本格化させた。

（CG45+から引用）

平成7年 **1995年**

フアン・マヌエル・ファンジオ死去

F1が始まって間もなく、まだ死と隣り合わせだった頃に打ち立てられた5度の
ワールドチャンピオンという記録は、塗り替えられるまで半世紀を要した。

　ファンジオは、1911年アルゼンティン生まれのレーシングドライバー。アルゼンティンおよびその周辺諸国で経験を積み、当時のペロン大統領の提唱により国家的な後押しを得て、1947年にヨーロッパに進出。1950年にF1ワールドチャンピオンシップが始まると、アルファ・ロメオから参戦、この年は2位に終わるが、51年に初のワールドチャンピオンを獲得した。52年シーズンは怪我によって欠場するが、53年シーズンには復帰を果たし、マセラティのステアリングを握り、最終戦のイタリアGPで無敗を続けるフェラーリを下して優勝を遂げた。

　1954年のフランスGPからダイムラー・ベンツがF1グランプリにカムバックすると、同社の名物監督であったアルフレード・ノイバウアーに懇願されてマセラティから移籍、スターリング・モスとともにベンツチームに戦後の黄金期をもたらした。ベンツ時代の54年と55年にワールドチャンピオンのタイトルを得、同社がグランプリから撤退した56年はフェラーリ、57年はマセラティでワールドチャンピオンの座に着いている。

F1で数々の勝利記録を打ち立てる

　グランプリレースだけでなく、ダイムラー・ベンツからスポーツカーレースにも参戦。1958年シーズン序盤のフランスGPにおいて、47歳でF1からの引退を表明した。

　F1GPでの通算24勝は、1968年にジム・クラーク（25回）が更新するまでF1最多勝記録、5度のワールドチャンピオン獲得も、ミハエル・シューマッハーに抜かれるまで半世紀ちかく保持しつづけた最多記録だった。1957年シーズンのチャンピオン獲得時には46歳に達していたが、この記録は今も（2008年現在）で破られていない。

フアン・マヌエル・ファンジオ

自動車クロニクル

平成7年　　　　　　　　**1995**年

世界のうごき
☐ 阪神大震災
☐ 地下鉄サリン事件
☐ 円が市場最高値「1ドル=79円75銭」を記録

フアン・マヌエル・ファンジオ死去

Column
RVの東京ショー

　この年の東京ショーをひと口で表せば"スポーツカーとRVのショー"であった。中でも目玉はホンダのSSM（Sports Study Model）で、明らかに後のS2000を示唆するものであった。ホンダはほかにもピニンファリーナ・デザインのアルジェント・ヴィーヴォを出品したが、これは純粋のスタイリング・エクササイズであった。またマツダのRX-01は後のRX-8を、トヨタのMRJは現行のMR-Sの存在をほのめかすものであった。
　これらに対しBMWは4輪バイクともいうべきJUST4/2を持ち込んで人々を驚かせた。RVでもショーカーの衣をまとった近日発売のクルマが目白押しであった。
（日本のショーカー4より引用）

Column
日本の乗用車生産台数落ち込む

　1995年は日本の自動車保有台数が7000万台を突破したものの、トヨタの普通車生産台数が急激に落ち込んだことで自社の総生産台数はもちろん、日本全体の乗用車総生産台数を761万台まで押し下げた。

Column
可変バルブタイミング機構が普及

　トヨタが連続可変バルブタイミング機構VVT-iを初採用。連続可変バルブ機構では先駆者のホンダは、低速／高速での切り替えを主とするVTECに加えて、片方の吸気バルブを止めリーンバーンを促すVTEC-E（1991年導入）も統合した3ステージVTECをこの年のシビックに搭載した。

Events
出来事 1995

- 阪神大震災が起こり、自動車産業にも影響。4万台減産、ダンロップの工場が被災
- 三菱ディアマンテ発売。新開発2.5ℓリーンバーンエンジンを搭載。三菱はこの年直噴ガソリンエンジンも開発
- ニッサン・スカイラインR33GT-R発売
- 日産座間工場閉鎖
- トヨタ・アバロン発売、アメリカ生産モデル
- トヨタ・コンフォート、タクシー専用車発売
- マツダ、ボンゴ・フレンディー登場。ロフト付きRVワゴン車で、ボタン操作で天井が上がり屋根裏に大人2人が寝られるスペースができる。こうした試みは量産モデルとしては日本初だった
- フィアット・プントがヨーロッパカー・オブ・ザ・イヤー受賞
- ホンダ・シビック／フェリオ、日本カー・オブ・ザ・イヤー受賞。シビックは生産累計1000万台達成
- 6ヵ月点検廃止、12ヵ月点検項目半減。7月の道路運送車両法改正で
- 製造物責任法（PL法）施行
- 関谷正徳がルマンで日本人として初めて優勝。マシーンはマクラーレンF1 GTR。関谷は、1992年にトヨタTS010で2位入賞を果たしている
- 藤本吉郎が日本人として初めてサファリ・ラリーで優勝。マシーンはセリカ・ターボ
- ホンダ・エンジン搭載車がインディで初優勝
- トヨタがWRCで技術規定に違反していたことが発覚

09章／「失われた10年」と日本車

平成8年

1996年

ポルシェ、ボクスターで危機脱出

偉大な成功作の911に頼り切ったモデル構成で1990年代の世界的な不況から不振に陥っていたポルシェに、ようやく救世主が誕生した。

この年はヨーロッパのスポーツカーが立て続けにデビューを果たした。アメリカ生産のBMW Z3、メルセデス・ベンツSLKなどのユーノス・ロードスターよりひとクラス上級をねらったオープン・スポーツ、ジャガーでは初のV8エンジンを搭載したXK8、フェラーリ550マラネロ、プジョー406クーペといったラグジュアリーなもの、また硬派なところではルノー・スポール・スパイダーやロータス・エリーゼがある。

なかでも特に注目を集めたのはポルシェ・ボクスターだ。ボクスターはポルシェでは914以来のミドエンジン・オープン・スポーツカー。エントリーモデルだが、ポルシェならではの運動性能と、BMW Z3やメルセデスSLKを意識した戦略的な低価格（その達成のため、日本型カイゼンが学ばれた）との両立で大ヒットとなり、911の呪縛から逃れられないまま90年代の世界的な不況を迎え、経営危機に陥っていたポルシェの業績回復に大きく貢献した。

Column
ミニバンがファミリーカーの標準に

前年に対して日本の乗用車生産は786万台と微増、だがその内訳はトヨタとホンダが10％に迫る成長を見せたのに対して、日産と三菱が大きく落ち込み明暗を分けた。それぞれ前年の量販車の投入が結果に表れたといえる。この年は日産がブルーバードやステージアで挽回を図るが、トヨタはイプサム、ホンダはステップワゴン、S-MXといった多用途ミニバンを相次いで投入、マツダもデミオをミニワゴンに変え、市場の読みがその後の明暗を分けた。

他に三菱は日本車で初の直噴ガソリンエンジンをギャランに搭載、またリアルタイムに近い渋滞情報を提供するVICSサービスが開始され、カーナビの有用性を大幅に高めた。

（CG45+より引用）

Column
カリフォルニアをGM電気自動車が走る

1996年から自動車を一定以上販売する自動車会社に、カリフォルニアにおける低公害車の販売を義務づけるZEV法が施行されることになっていた（実際は2003年からの実施に延期）。1996年以降のZEV（Zero Emission Vehicle：電気自動車、水素自動車、電池式自動車）の販売台数に応じて州政府からクレジットが付与されるというもの。これを受けて、GMが真っ先に電気自動車EV1をリースの形で販売開始した。カリフォルニアの大気汚染対策車として90年ロサンゼルス・ショーに展示された"インパクト"がその原型である。EV1は1999年まで製造が続けられた。この状況が日本のトヨタ、ホンダにもハイブリッド車の研究をいっそう加速させた。

平成8年　**1996年**

世界のうごき
- 「住専」処理で公的資金6850億円投入
- O-157で集団食中毒
- ペルー日本大使館人質事件

ポルシェ、ボクスターで危機脱出

Column
ダンテ・ジアコーサ死去

　ダンテ・ジアコーサ（1905年生）は、フィアットにあって数多くの優れた小型車を設計したことで名を残している。フィアット設計陣のトップにあったアントニオ・フェッシア教授の部下として、彼が最初に手掛けたのは、1936年に誕生させた500であった。フェッシア教授はその後、自動車だけでなく産業車輛、航空機部門もカバーするフィアット社技術役員の要職につくという優れたエンジニアであった。

　トポリーノの愛称で呼ばれたフィアット500は、それまで自家用車などは高嶺の花と諦めていた庶民層にも購入できる安価で販売され、イタリア人の生活に大きな変革をもたらした。また、エンジニアリングの面でも間違いなく傑作で、価格も維持費も安く、信頼性が高く、キュートなクルマであった。この成功によってフィアットは自動車量産メーカーへと成長を果たした。

　ジアコーサはトポリーノ以降、数々の有名な自動車の設計を手がけている。フィアットでは1100、1400、1100/103、8V、600、ヌォーヴァ500、1800/2100、125、128など、アウトビアンキではプリムラ、A111、A112などが代表作として挙げられる。このラインナップを見ると、安価な小型車にはリアエンジンを採用し、中型車にはフロントエンジンの後輪駆動方式を採用している。小型車の主流が前輪駆動になることが明らかになると、まず、アウトビアンキ・プリムラに用い、その後フィアット128に採用し、フィアットの前輪駆動化を推し進めていった。

　彼の力が発揮されたのは乗用車ばかりでなく、1944年には、ピエール・ドゥジオのプロジェクトであるチシタリアに、フィアット在籍のまま参加した。

Events
出来事　1996

- EU排ガス規制、ユーロⅡ施行。10月以降の量産車に適応
- 1997年から消費税率が3％から5％に引き上げられることにより、クルマの駆け込み需要が増加し、96年の生産台数は増加した
- クラッシュテストの情報提供開始。"カンガルー・バー"見直す動き
- マツダ、フォード傘下に。資本比率33.4％に増大
- ルノー民営化
- クライスラー・ネオン日本発売。右ハンドルのみ。129万9000円から
- トヨタ・キャバリエ発売。GMシボレー製乗用車
- 右ハンドルのジープ・グランドチェロキー販売開始。クライスラーとホンダで取り扱い
- コルベットの"育ての親"ゾーラ・アーカス・ダントフ（1909年生）死去
- 大型自動二輪免許が教習所で取得可能に。バイクに再び乗る大人の"カムバック・ライダー"がブームに
- ホンダ・エンジン、インディ優勝
- トヨタ、インディ参戦
- フォーミュラ・ニッポン開催。F3000から移行
- フィアット・ブラーヴォ／ブラーヴァ、ヨーロッパ・カー・オブ・ザ・イヤー受賞
- 三菱ギャラン／レグナム、日本カー・オブ・ザ・イヤー獲得

10章

自動車業界再編成の嵐

1997年

↓

2008年

環境問題が深刻化して技術開発の高度化が避けられなくなり、
経済もグローバル化が進み、世界を見据えた企業戦略が
不可欠な時代になった。
業界をリードし続けるダイムラー・ベンツとビッグスリーの一角、
クライスラーが国境を越えて合併したことで、
自動車業界は合従連衡の時代へ突入した。

平成9年

1997年

世界のうごき
☐ アジア通貨危機
☐ 山一証券が破綻
☐ 香港返還で「一国二制度」始まる

初のハイブリッド量産車、トヨタ・プリウス発表

ガソリン-電気ハイブリッドカーが量産化されることになり、
いよいよ自動車はガソリン内燃機関以外の動力に向けて走り出した。

ハイブリッドシステムを採用した世界初の量産車が登場した。「21世紀に、間に合いました。」がキャッチコピーだった。プリウスのコンセプトカーが一般に初めて公開されたのは、1995年の東京モーターショーのことだ。内燃機関と電気モーターの2種の動力源を備えるハイブリッドシステムの考え方は古くから存在したが、プリウスのように、それぞれの駆動力を走行状況に応じて組み合わせることが可能となったのは、電子制御技術の成せるわざだ。

プリウスでは燃費効率を高めたアトキンソンサイクル方式のガソリンエンジンと、電気モーターの2種類の動力源を備え、発売当時、28.0km/ℓ（10・15モード）という驚異的な燃費を売り物にした。販売価格は215万円と同クラスの小型車に比べて割高だったが、環境保護という追い風を受けて、幅広く浸透することになった。2000年のマイナーチェンジでは、29.0km/ℓ（10・15モード）に向上、この年から北米市場での販売が始まっている。

日本カー・オブ・ザ・イヤーも受賞した。

Column
消費税増税

消費税が3％から5％に引き上げられた。決定から実施まで長かったため、1996年から駆け込み需要で生産台数が増えていたが、97年は税率引き上げで反動減となった。

Events
出来事 1997

● 主なニューモデルはメルセデスAクラス、Mクラス（SUV）、ポルシェ911（996）、アルファ156、フェラーリ355F1、VWゴルフIV、シトロエン・サーラ、アウディA6、コルベットC5、サーブ9-5など
● 日本で新たな排ガス規制強化策が決定され、2000年から実施されることが明らかになった
● サターン、日本に独自販売ネットで4月発売
● ルノー・メガーヌ・セニック、ヨーロッパ・カー・オブ・ザ・イヤー受賞
● 東京湾アクアラインが開通
● 音速を超える車輛最高速記録達成。ファントム戦闘機エンジンを2基搭載する"スラストSSC"が1228km/h、マッハ1.015を記録
● ヌッチオ・ベルトーネ（デザイナー、1914年生）、百瀬晋六（スバル360の生みの親、1916年生）、富谷龍一（設計者、1908年生）死去

平成10年 **1998年**

世界のうごき
□金融ビッグバン
□和歌山カレー毒物混入事件
□冬季オリンピック長野大会

ダイムラーとクライスラーが合併

大西洋をまたぐ世紀の合併劇は、経済のグローバル化を象徴する
大きな事件として世界中を驚かせた。

　ダイムラー・ベンツとクライスラーが合併、11月にダイムラークライスラーが誕生した。まさかという独米企業の合併劇に業界は震撼し、これ以降、世界中の自動車会社の間で合従連衡が模索されていく。

　1925年に設立されたクライスラーは、30年代にビッグスリーの一角を担う企業に成長した。1970年代初頭の石油ショック後は日本車に押されて経営危機となり、政府からの援助を受けるようになっていた。90年代に入ってからは構造改革が進んで経営は好転していたが、買収の噂がたびたび持ち上がっていた。そこに合併による相乗効果、車種、技術の補完をもくろむダイムラーが手をさしのべ、合併が成立した。しかし大型車中心のクライスラー車は、その後に起きた石油製品の値上がり傾向をもろに受けた形で低迷が続き、業績が悪化した。またアメリカの大企業ならではの従業員の年金問題なども、影を落とした。

　企業風土の違う2社はぎこちなさが消えないまま、大きな成果を生むことはなかった。大西洋をまたぐ世紀の合併劇は、2007年にクライスラーが売却される形で終焉を迎えた。

Episode
軽自動車規格改定

　この年、軽自動車が新規格に切り替わり、エンジンは660ccのままだが、ボディが衝突安全性を高める理由で3.40×1.48mへと拡大された。こうしたリッターカーに迫る内容を得て、三菱はミニカ、トッポBJ、パジェロ・ミニを、ダイハツはミラ、ムーヴ、テリオスキッド、オプティを、スズキはアルト、ケイ、ワゴンR、ジムニーを、ホンダはライフ、ホンダZを、スバルはプレオを、と続々と新型車を投入、軽自動車は以後黄金時代を築く。

Events
出来事　1998

- MCCスマート、ルノー・クリオ、ニュー・ビートル登場
- アルファ・ロメオ156、ヨーロッパ・カー・オブ・ザ・イヤー受賞。フィアットの傘下に入り、誕生した156。日本市場でも成功した
- ロールス・ロイスがBMWに買収される。だが、VWが横槍を入れたことから、BMWとの間で激しい争奪戦になる（その顛末は1999年の稿を参照）
- トヨタ・アルテッツァ、日本カー・オブ・ザ・イヤー受賞
- 日本で2輪車にも排ガス規制が始まる（平成10〜13年規制）。2ストロークモデルが次々姿を消し、スクーターも4ストローク化が急速に進む
- フェルディナント・アントン・エルンスト（フェリー）・ポルシェ（1909年生）死去
- 自動車ナンバー希望番号制導入

自動車クロニクル

1999年

平成11年

自動車業界再編成が進む

ロールス・ロイス争奪戦は、BMW-ロールス・ロイスとVW-ベントレーという分離買収で決着した。日本でも日産とルノーが資本提携を結んだ。

日産自動車が
フランスのルノー傘下に

販売不振によって、2兆円の有利子債務を抱え、存亡の危機にあった日産自動車は、1999年3月、フランスのルノーとの資本提携を締結し、その傘下で経営の立て直しを図ることになった。

最高経営責任者としてルノーから送り込まれたのは、同社副社長のカルロス・ゴーン（レバノン系ブラジル人）であった。"コストカッター"の異名を持つゴーン副社長は、同年10月に「日産リバイバルプラン」を発表し、大規模なリストラを推進した。2000年には社長となり、村山工場（東京都）などの工場閉鎖し、資産の売却や人員の削減のほか、子会社の統廃合やサプライヤー統合、原材料の仕入の見直しなど、社内の機構改革が断行された。荒療治が功を奏し、販売台数は増加に転じ、国内シェアでは第2位の座に復し、2003年6月に負債を完済するに至った。現在（2007年末）、ルノーは日産株式の44.3%を、日産はルノー株式の15%を保有する。

VWとBMWの
ロールス・ロイス争奪戦

1998～99年にかけて、自動車会社同士の企業買収が盛んに行われた。なかでも目立った動きをしたのが、フェルディナント・ピエヒが率いるフォルクスワーゲン・グループだ。

1998年に、ロールス・ロイス社の売却を決めた親会社のヴィッカースは、BMWとの協議を重ね、同年4月に3億4000万ポンドで売却すると発表した。だが、翌99年5月に、VWが横やりを入れたことでこの決定が覆り、6月にはVWが4億3000万ポンドで買収することが確定した。

だが、この決定に対して、航空部門のロールス・ロイスPLC社が異議を唱えた。同社は、1971年にロー

Column
Car of the Century

20世紀の自動車でもっとも優れた1台を選出するというCar of the Centuryが決定した。世紀のクルマはフォードT型となった。2位ミニ、3位シトロエンDS、4位VWビートル、5位ポルシェ911。同時に選ばれた20世紀の自動車人は以下の結果に。デザイナー＝ジョルジェット・ジウジアーロ、経営者＝フェルディナント・ピエヒ、エンジニア＝フェルディナント・ポルシェ、企業家＝ヘンリー・フォード一世。

世界のうごき
- 東海村核燃料工場で臨界事故
- 欧州統一通貨ユーロ導入
- NATO軍がユーゴスラビア空爆

Events
出来事 1999
- ハイブリッドカーのホンダ・インサイト登場
- 軽自動車が大幅に生産増
- 電気自動車の実験投入相次ぐ
- フォード・フォーカス、ヨーロッパ・カー・オブ・ザ・イヤー受賞
- トヨタ・ヴィッツ／ファンカーゴ／プラッツ、日本カー・オブ・ザ・イヤー受賞

ルス・ロイスが倒産した際に自動車部門と分社化された企業で、英国の象徴でもある"ロールス・ロイス"の名を守るためとして、自動車部門が海外の企業に買収される際には、拒否権を発動できることになっていたのだ。BMWも海外の企業には違いないが、RR-PLCは、BMWとジェットエンジンに関して提携関係にあり、ドイツにBMWロールス・ロイス（現：ロールス・ロイス・ドイツ）なる合弁会社を有しており、これでBMWが優位に立った。

結局、ヴィッカースは1999年7月28日に、ロールス・ロイスの名とロゴマークの使用権を4000万ポンドでBMW社に売却することを決定。VWには、イングランド南部のクルーに本拠を構える会社と工場、そしてベントレーのブランドが引き渡された。これにより、1931年にロールス・ロイスに買収されて以来、常にRRの陰に隠れがちであったベントレーが再び独立を果たした。

VWは、BMWからエンジンの供給を受けて、ロールス・ロイスの名で2002年末まで生産を行っていたが、2003年には社名をベントレー・モーターズに変更し、ベントレー・ブランドだけの生産に移行、2002年のパリ・サロンで初公開したコンチネンタルGTの生産を開始した。また、ロールス・ロイスのブランドを引き継いだBMWは、サセックス州グッドウッドにロールス・ロイス・モーターカーズを設立し、2003年からファンタムの生産を開始した。

フォードがPAGを発足させる

アメリカのフォードも活発に企業買収を行い、この99年にスウェーデンのボルボを傘下に収めている。すでに傘下に収めていたアストンマーチンとジャガー、それにリンカーンを加えてプレミア・オートモーティブ・グループ（PAG）を発足させ、その後、BMWから入手したランドローバーをPAGに加えた。

だが、このPAG構想は、やがてフォード本体の経営不振から縮小を余儀なくされ、2007年にアストンマーチンを手放し、2008年にはランドローバーとジャガーをインドのタタ・モータースに売却した。

平成12〜13年

2000 〜 2001年

トピックス

2000年
平成12年

世界のうごき
- 米大統領選で開票が混乱
- ITバブル弾ける
- 雪印乳業食中毒事件

出来事 2000
- EU排ガス規制・EURO3施行。EURO4は2005年から実施と発表
- BMW、ローバーの経営悪化から、英投資グループ、フェニックス・コンソーシアム(代表者はジョン・タワーズ。元ローバーグループ会長)に僅か10ポンド(約1660円)で売却。その際、当時ローバーの一部門だったランドローバーはフォードに売却された
- ダイムラークライスラーが三菱の株式34％を取得して傘下に入れる
- 日産が富士重工株をGMに売却、資本解消
- トヨタ・ヤリス(日本名ヴィッツ)、ヨーロッパ・カー・オブ・ザ・イヤー受賞。日本車のCOTY大賞受賞は1993年のニッサン・マイクラ(マーチ)以来
- ホンダ・シビック／ストリーム、日本カー・オブ・ザ・イヤー受賞
- トヨタ・オリジン発表。観音開きドアやグリルなど、初代クラウンのイメージを再現
- スズキ・スイフト発表。初代はKeiがベース
- ニッサン・ブルーバード・シルフィ発表
- アルファ・ロメオ147発表
- ヴィーマックRD 180発売。日英合作の少量生産スポーツカー
- ニッサン・ハイパーミニ発売。2人乗りの電気自動車。日産初の軽自動車
- ファイアストーン、タイヤ表面の剥離で3商品をリコール。エクスプローラ車種の事故発生率が高いと問題が発覚
- GM、オールズモビル・ブランド廃止を発表
- ヤナセがルノー車の輸入権を返上。販売は最低3年間継続
- ヤナセがオペル／シボレーの輸入権を日本GMに譲渡、販売は引き続き行う。キャデラック、サーブの輸入・販売も行う
- チャイルド・シートの使用が義務化4月1日に施行。6歳未満の幼児
- 東京都、「環境確保条例」として、都のPM規定に満たないディーゼル車の通行を禁止(12月)。ディーゼル車のイメージ低下
- 日産、販売店をレッド、ブルー・ステージの2チャネルに整理。2005年4月からは完全併売、実質1チャネルに集約

2001年
平成13年

世界のうごき
- 9.11同時多発テロ
- 小泉内閣成立
- イチローがメジャー1年目で首位打者に

出来事 2001
- ニュー・ミニが登場。BMWがミニのブランドを手に入れて、オリジナル・ミニのイメージを投影した小型車を製作。好調な販売を見せる
- ホンダWGPで通算500勝を達成(500cc、ヴァレンティノ・ロッシ)
- パリ・ダカール・ラリーで初の女性ドライバー優勝。ドイツ人のユタ・クラインシュミット(三菱パジェロ)
- ホンダ・フィット、日本カー・オブ・ザ・イヤー受賞
- アルファ・ロメオ147、ヨーロッパ・カー・オブ・ザ・イヤー受賞
- ベントレー・アルナージ登場
- GMは韓国の大宇を買収
- 佐藤琢磨がイギリスF3選手権でチャンピオンに。マカオGPで優勝。いずれも日本人初

Column
ハイブリッド車増殖

トヨタが前年に登場した2世代目エスティマにもハイブリッド機構を搭載し、エスティマ・ハイブリッドとして発売。また、ホンダも前年に登場したシビックにハイブリッド仕様を設けた。

平成14年

2002年

世界のうごき
- 欧州単一通貨ユーロが流通開始
- 日朝首脳会談で拉致被害者帰国
- サッカーワールドカップ日韓共催

排ガス規制強化でスポーティカー消える

環境問題はモデル構成にも影響を与えた。ミニバン隆盛で角に追いやられがちだったスポーティーカーに温暖化が引導を渡した。

この年、軽自動車に平成14年度の排出ガス規制が発効、さらに普通車の排ガス規制が強化されることが明らかになった。軽以外の乗用車については、2005年から平成17年度規制が実施されることになったが、この規制をクリアするためには対策コストを要するため少量生産車、すなわちスポーティーモデルで生産・販売を終了するモデルが相次ぎ、トヨタ・スープラ、ニッサン・シルビア、同スカイラインGT-R、ホンダ・プレリュード、マツダRX-7が市場から消えていった。マツダ製フォード車も2002年末で販売終了した。

トヨタとホンダが燃料電池自動車発売

この年の代表的なクルマは、第3世代に進化したニッサン・マーチと、ニッサン・エルグランドに対抗するトヨタ・アルファードだろう。マーチのように小型の優れたクルマが現れた一方で、大きなサイズのミニバンがさらに豪華になったのが印象的だ。

環境面では、限定リース販売ながら、燃料電池自動車トヨタFCHVとホンダFCXが世界で初めて発売されたことも忘れてはならない。さらにクルマの"電子装備"は進化を遂げ、トヨタ・ウィル・サイファにはトヨタが提供するテレマティクスサービス"G-BOOK"対応のカーナビが初搭載されていた。

この年、いすゞは1992年に乗用車生産から撤退したあと、OEM供給を受けていたアスカ(アコード)とフィリー(エルグランド)の販売も終了、残るいすゞ乗用車はSUVのみとなった。

トヨタ・スープラ

Events
出来事 2002
- トヨタがついにF1に参戦。車体も含めて1社体制で臨んだ
- 1月、三菱のトレーラーからタイヤが脱落し、母子3人が死傷する事故。欠陥車放置が大問題になるきっかけとなった
- プジョー307、ヨーロッパ・カー・オブ・ザ・イヤー受賞
- ホンダ・アコード、日本カー・オブ・ザ・イヤー受賞
- ダカール・ラリーで三菱パジェロに乗る増岡浩が優勝

平成15年

2003年

省資源技術がさらに加速

CO₂削減のため、ハイブリッド車の増加、またそれ以外の低燃費技術が盛んに開発された。ヨーロッパではディーゼルの革新が進んだ。

省燃費車への対応が急務となった各自動車メーカーは次々にその成果を市販車に搭載してきた。トヨタはクラウン・セダンにマイルド・ハイブリッドと呼ばれるシステムを搭載したモデルを追加したほか、プリウスの2世代目を発売した。

スズキも軽自動車としては初となるハイブリッド車を発表した。ハイブリッド・システムを搭載したのは新登場したツインと名付けられたモデル（通常のガソリンエンジン搭載モデルも存在）で、いわば軽自動車のホイールベースと全長を短縮した2人乗りのコミューターであった。

片バンク休止機構も登場

ガソリン車で低燃費を探る動きも活発化し、ホンダは得意の可変バルブタイミング・リフト機構をさらに発展させる。2000年の初代ストリームにVTECに連続位相可変機構のVTCを組み込んだi-VTECを登場させたあと、2003年にはそれに直噴ガソリンエンジンを組み合わせたi-VTEC Iを発表した。また、同年に発表したインスパイアには、V型6気筒の片バンク3気筒を休止させる可変シリンダー機構（VCM）を搭載した。この技術は今日、両バンクの4気筒燃焼という中間ステップも設け、現行のインスパイアV6に搭載されている。

日本ではまだ一般化していないが、欧州ではCO₂の発生量が少ないことから、さらにディーゼル・エンジンを搭載したモデルが増え続けた。

ホンダ・インスパイアV6

Column
クラウンにはマイルドハイブリッド

クラウン・セダンに採用されたこのシステム（THS-M）は、既存の1G-FE型エンジンをベースにしたもので、停車時にエンジンを自動停止（アイドルストップ）するとともに、発進時にはモーターで車輌を走行させながらエンジンを再始動。さらに、ブレーキング時のエネルギーを回収する回生機能を組み合わせたシステムだ。

プリウスが搭載しているシステムより簡略化されているが、その分、既存の車種にも搭載できると発表されていた。黒塗りのフォーマルセダンとして使われることの多いクラウンにハイブリッド仕様が加わったことで、官庁街にさらにハイブリッド車の姿が増えた。

世界のうごき
- 米軍がイラク侵攻
- 新型肺炎SARSが集団発生
- 養老孟司『バカの壁』

Events
出来事 2003

- 三菱、欠陥車問題が原因となって、ダイムラーから提携関係打ち切りが示唆される。実際の提携解消は2005年
- ルノー・メガーヌ、ヨーロッパ・カー・オブ・ザ・イヤー受賞
- スバル・レガシィ、日本カー・オブ・ザ・イヤー受賞

2004年
平成16年

世界のうごき
- 自衛隊をイラクに派遣
- スマトラ島沖地震
- 鳥インフルエンザ発生

WRC（世界ラリー選手権）が日本初開催

- フィアット・パンダ、ヨーロッパ・カー・オブ・ザ・イヤー受賞
- ホンダ・レジェンド、日本カー・オブ・ザ・イヤー受賞
- ホンダ、双発6座のビジネスジェット機"ホンダ・ジェット"を試作、12月米で初飛行。ターボファンエンジンもホンダ自製

Column
ロボットが速さを競う

史上初の無人自動車レースが開催される。"グランドチャレンジ2004"と名付けられたこの競技は、完全自立型ロボット車でロスアンゼルス-ラスベガス間の200km以上を一切の外部からの航法援助や誘導なしで走らせるというもの。参加資格はアメリカのチームのみに限られた。完走はなく、レース距離の1/10も到達できなかった。

Column
欠陥車問題で提携解消

三菱は欠陥車問題でリコール隠しを認め、信用を失墜。販売不振から収益を悪化させた。

Column
小型車生産が拡大

日本の2003年生産台数は前年割れだったが、2004年は回復を見せた。だが、新型車発表は低調ぎみで、軽自動車が全体を支える構造に変化はなかった。ちなみに1994年には全体の生産台数に占める軽の割合は10%だったが、2004年には15.6%まで伸びているのだ。

軽自動車以外を見ても、小型車の新顔が多く、トヨタ・パッソ、ダイハツ・ブーン、トヨタ・ポルテ、ニッサン・ティーダ／ティーダ・ラティオ、マツダ・ベリーサ、三菱コルト・プラス、スズキ・スイフトと小型車志向が鮮明だ。

スズキ・スイフト

自動車クロニクル

平成17年

2005年
ポルシェがVWの筆頭株主に

ポルシェがフォルクスワーゲンを傘下に収めたのは
驚きだった。いわば兄弟のような強い結びつきを持つ両社らしい動きだった。

　VWビートルの設計者はフェルディナント・ポルシェ博士で、息子のフェリー・ポルシェはVWビートルのコンポーネンツを使ってポルシェ356を製作した。そしてVWアウディ・グループを率いていたのがポルシェ博士の孫のフェルディナント・ピエヒ。両社の結びつきは深い。

　そう分かっていても、2005年9月にポルシェ社がVWの発行済み株式の20%を取得して、VWの筆頭株主になるという発表に世間は驚かされた。

敵対的買収に対抗

　取得価格は30億ユーロ（当時のレートで約4000億円）で、VWとの長期的な提携強化と、VWを敵対的買収から守るという狙いがあったとされている。これまで、ドイツ政府はVW株1株主あたりの議決権を20%までと規制し、VWを買収から守ってきたが、EC委員会はこの規制の見直しを求めており、もし撤廃されれば、VWが敵対的買収の危機に晒されることになる。これに先手を打つ形でポルシェが友好的な買収に出たわけだ。

　VW株は地元のニーダーザクセン州も20%を保有している。

　ポルシェはその後もVWの株式を買い進め、2009年1月5日に、出資比率（議決権ベース）が50%を超えたと発表。ポルシェは資本参加から3年3カ月でVWを子会社化した。

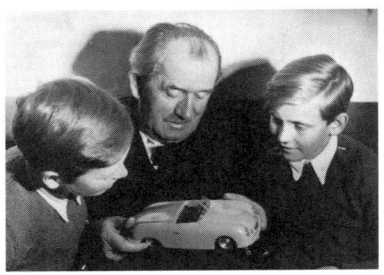

356プロトタイプを持つポルシェ博士とファミリー

Column
1001ps、400km/hのクルマ

　400km/hを目標に1999年ごろから開発がスタートしたブガッティのスーパーカーは、2005年の東京モーターショーで生産型が発表され、2006年6月からデリバリーが始まった。ブガッティS.A.S.を傘下に収めるVWが総力を挙げて開発にあたり、8ℓのW型16気筒エンジンは1001ps／6000rpm、1250Nm／2200～5500rpmを発生、7速のDSGギアボックスによって4輪を駆動し、407km/hの最高速度を誇る。300台を上限として限定生産されて、2007年7月の定価は1億9900万円（税込）だ。生産をエットーレ・ブガッティ時代と同じフランスのアルザスで行うため、VWは工場と本社機構を置くべく、エットーレ・ブガッティの別邸跡を購入するという凝りようだった。

世界のうごき

- 郵政解散総選挙で自民党が大勝
- JR福知山線脱線事故
- 耐震強度偽装事件発覚

Column
衝突安全基準が厳格に

日本が衝突安全基準にオフセット衝突の基準を導入。1994年のフルラップ衝突と合わせ、両方の衝突基準をもつ世界で最も厳しい基準となる。新型車で2007年9月、現行車で09年9月以降に発売のものから実施。

Episode
レクサスが日本でも開業

北米を手始めに海外でトヨタの高級車販売ネットワークとして成功を収めたレクサスが、日本市場でも開業された。「ハイグレード車はドイツ車」といった考えが浸透した市場にトヨタが投じた一石だった。

モデルはレクサスGS、SC、ISの3モデルで、当初は苦戦を強いられたが、翌年以降レクサスGSハイブリッド、LS460、LSハイブリッドを相次いで投入。トヨタ・セルシオの後継モデルであるLSの登場により事態は好転したようだ。

レクサスLS460

Column
中国の自動車生産拡大進む

中国で自動車が初の輸出超過になった。1〜10月統計。60%がトラック、乗用車が16%。輸出先はシリア、アルジェリア、ベトナムなど。

Events
出来事 2005

- EUが新排ガス規制のEURO4を2005年から実施
- トヨタ・プリウス、ヨーロッパ・カー・オブ・ザ・イヤー受賞。欧州でもハイブリッドが認知された証
- GMによるフィアットとの株式買い取り問題が表面化。和解金としてGMがフィアットに15億ユーロと10%の持ち株を返還、離別の道を選ぶ
- GM、フォードが石油価格高騰によって売り上げが大幅減。GMは生産量世界一の座をトヨタに譲る。GMとフォードのダイエットが始まる
- 売り上げが減ったGMが、富士重工との資本提携を解消(10月)。トヨタが8.7%を、残りは富士重工が自社株買い取り
- 燃料電池車のホンダFCX、カリフォルニアで世界初の個人リース開始

ホンダFCX

- 三菱、ダイムラークライスラーと提携解消。相次いだ欠陥車問題が引き金
- マツダ・ロードスター(2世代目)、日本カー・オブ・ザ・イヤー受賞
- フェルナンド・アロンソ(ルノー)24歳でF1最年少チャンピオンに。72年のエマーソン・フィッティパルディ(25歳)以来の記録更新

2006年

平成18年

"皇帝" ミハエル・シューマッハーが引退

彗星のようにF1にデビューし、セナ亡き後のグランプリを10年以上にわたって背負ってきたシューマッハーは、その絶対的な強さから皇帝の異名を得た。

1950年に現在のF1グランプリレースが始まって以来、最強のドライバーといわれた男、ミハエル・シューマッハー。低迷していたフェラーリを常勝チームにカムバックさせた。アイルトン・セナが事故死した1994年にベネトン・フォードでワールドチャンピオンの座についたが、これはドイツ人ドライバーとして初の偉業だった。250のグランプリレースに出場し、前人未踏の幾多の記録を生んだ。

F1デビュー1年後の1992年ベルギーGPに初優勝してから、2006年中国GPで優勝するまで、通算91勝を上げる。この成績はアラン・プロストの通算51勝を抜き、もちろん歴代1位。以下にいくつか記録を並べてみよう。〔 〕内はそれ以前の記録を示す。

●ワールドチャンピオン獲得回数：7回(2003年)歴代1位〔フアン・マヌエル・ファンジオの通算5回〕。
●ワールドチャンピオン連続獲得回数：5回(2000～04年)歴代1位〔フアン・マヌエル・ファンジオの連続4回〕。
●ポールポジション回数：69回、歴代1位〔アイルトン・セナの65回〕。
●ファステストラップ回数：76回(歴代1位)〔アラン・プロストの42回〕。
●年間勝利数：13勝、歴代1位〔自身の11勝〕。

フェラーリ時代のシューマッハー

Column
スーパーアグリ発進

F1にスーパーアグリ・チームが参戦。代表：鈴木亜久里。エンジンはホンダが供給し、ドライバーは佐藤琢磨と井出有治でスタート。しかし資金難から2008年シーズンの途中でF1から撤退してしまった。

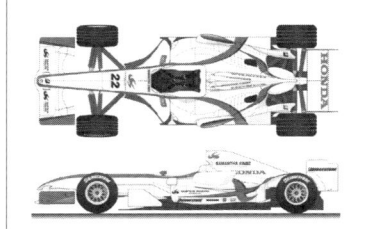

世界のうごき

- □ サダム・フセイン元大統領処刑
- □ ライブドア事件で堀江貴文社長を逮捕
- □ 北朝鮮が日本海にミサイル発射

Column
ホンダは空へ

ホンダが双発6座のビジネスジェット機"ホンダ・ジェット"を一般公開。7月28日、アメリカ・ウィスコンシン州の実験機のイベント、EAAエアベンチャーにて。

Column
トヨタ・グループの生産拡大

2006年には、トヨタ車の生産が急上昇した。トヨタ単体で382万台となり、ダイハツ工業と日野自動車を含むトヨタ・グループ全体での総数でも975万台と、1990年の史上最高値995万台に迫った。

Events
出来事 2006

- ルノー・クリオ、ヨーロッパ・カー・オブ・ザ・イヤー受賞
- 苦しい経営を続けるGMが、3月にスズキの持ち株20%から3%を残してスズキに売却。いすゞの7.9%保有分もすべて放出、日本メーカーとの資本関係を解消
- トヨタがケンタッキー工場でカムリ・ハイブリッドの現地生産を開始
- 7月、ホンダ・インテグラ生産終了(国内向6月末終了)。ホンダの市販スポーツカーはS2000のみとなる
- ホンダのF1参戦体制が変わり、車体も含めたオールホンダ体制での参戦となる。ジェンソン・バトンがハンガリーGPで優勝
- マツダがRX-8水素ロータリー・エンジン車の限定リース販売を開始
- 新燃費規制実施(12月)。2015年度までに乗用車の平均燃費を04年度比較で23.5%改善(2004年発売の乗用車の平均燃費13.6km/ℓを15年度には16.8km/ℓに引き上げる)。主な目的はCO_2削減
- ガソリンなどの化石燃料に代わる代替燃料が注目を浴び始める
- レクサスLS460、日本カー・オブ・ザ・イヤー受賞
- 福岡県で飲酒による事故で子供3名死亡。飲酒運転への関心が高まる
- 2輪車の排ガス規制がさらに強化される。平成18~20年規制。コールドスタート方式で従来規制値に対してCO、HCとも最大で85%、NOxも50%という大幅な削減義務
- ホンダがF1でボンネヴィル・クラス別世界記録達成。F1マシンでフライングマイル:397.360km/h(246.908mph)、フライング1km:397.481km/h(246.983mph)。ドライバーはアラン・ファン・デル・メルベ。エンジンは3リッターV10エンジン

自動車クロニクル

平成19年

2007年

GM vs トヨタの頂上決戦

トヨタが世界販売台数でついにGMに追いつく時がやってきた。結果はGMに軍配が上がったが、しかしその差はわずか3000台あまりに過ぎなかった。

2008年1月23日、世界が固唾をのんで見守っていた2007年の自動車販売世界一の座が明らかになった。この日、トヨタ（ダイハツ工業と日野自動車を含む）の世界販売台数が936万6418台であったことが発表されると、世界の目はGMの発表を注視するようになった。GMの数字は936万9524台（前年比3%増）で、これにより僅か3106台の差でGMが世界一の座を守った。

1〜6月の実績ではトヨタがGMを抜き、上半期で初の世界首位に立ったが、GMは夏以降に新興国市場で猛追し、1〜9月の累計では小差ながらトヨタから首位を奪還、前年比約6%増と追い上げたトヨタを振り切ってGMが逃げ切りに成功した。

2007年の世界生産台数では、GMの928万台に対し、トヨタは20万台以上多い951万台と、初の世界首位になっていることから、GMが首位の座から滑り落ちるのは確実と予想されていた。これにもかかわらずGMの販売が勝っていたのは、在庫の販売に力を入れたことの表れとみられている。

トヨタは2003年には2位に

トヨタが世界販売台数で、2位のフォードを抜いたのは2003年のことだ。その後、毎年50万〜70万台の台数を増やし続けGMを猛追していた。トヨタが販売世界一になることには、大きなニュースバリューがあったに違いない。なにしろNHKは、12月23日午後10時50分ごろ、「07年の自動車販売台数でトヨタ自動車が米ゼネラル・モーターズ（GM）を抜き、初めて世界一になった」という内容のテロップを流したほどだ。これはいささか早とちりで、24日午前0時のニュースで「販売台数で肩を並べた」と改め、「正確には世界一になっていませんでした」と訂正した。

GMの首位は1931年から

GMはガソリン価格の高騰という荒波の被害を被り、自国市場での販売が低迷している。これに対しトヨ

シボレー・インパラ

250　　10章／自動車業界再編成の嵐

世界のうごき

- □「消えた年金」問題発覚
- □食品偽装が次々に発覚
- □郵政民営化スタート

タは、2008年の計画を世界生産で995万台、世界販売で985万台としていることから、2008年こそトヨタとGMの座が入れ替わる可能性が高いと予想されている。

GMは1931年にフォードから世界首位の座を奪い取って以来、実に76年間にわたって守り通してきた座をなんとか守り通したことになる。ちなみにトヨタにとって初のクルマであるトヨダAA型が生産されたのは1936（昭和11）年のことだから、トヨタが自動車メーカーとして産声を上げたときには、すでにGMは世界の頂点に君臨していたわけだ。トヨタはこれまで首位に立ったどのメーカーよりも若い。

トヨタ・カローラ

Column
F1で最年少記録

セバスチャン・ベッテル（1987年7月生）が、F1において数々の最年少記録を樹立。最年少入賞：19歳349日（第7戦アメリカGP、BMWザウバー）。最年少ラップリーダー：20歳89日（第15戦日本GP、トロ・ロッソ）。

Episode
アストン・マーティンをフォードが売却

フォード傘下で改革され、アストン・マーティン史上で最も好景気と言われるほどの繁栄を遂げた同社の将来を担ったのは、WRCやスポーツカーレースなどで活躍するコンペティションカー・スペシャリストのデイヴィド・リチャーズと、アメリカおよびクウェートの投資会社グループ。

新しい時代に踏み込んだアストン・マーティンだが、同時にひとつの長い歴史も幕を閉じた。それは7月に伝統あるニューポート・パグネル工場が閉鎖されたことだ。50年間にわたって生産を続けてきた煉瓦造りの工場で、ヴァンキッシュのラインだけが残されていた。今後は、もはや会社としては関係がなくなったフォードのケルン工場に併設されたラインで生産される。ニューポート・パグネルにはショールームと修理工場だけが残り、工場の跡地は宅地として売却される予定だ。

これがアストンマーティンの本社だった

自動車クロニクル

平成19年

2007年

GM vs トヨタの頂上決戦

Column
水素ロータリーを推進するマツダ

水素とガソリンが併用可能なマツダRX-8が初めて海外でデモ走行。マツダは、2006年8月22日からノルウェーで開かれたエネルギー展ONS2006に、RX-8ハイドロジェンREを出品。ノルウェー初の水素ステーションを利用してデモ走行が実施された。RX-8ハイドロジェンREは、水素でもガソリンでも走行できる「デュアル・フューエル・システム」を採用した実験的な車輌で、2004年10月には認定を受けてナンバーを取得、現在はリース販売の形でデータを収集中。

RX-8ハイドロジェンRE

Events
出来事 2007

- ダイムラーとクライスラー合併解消。注目されていた大型合併は長続きしなかった。ダイムラーは赤字のクライスラーを米投資グループのサーベラスに売却。ドイツ側はダイムラーに社名変更、乗用車部門はメルセデス・ベンツ・カーズへと社名変更した
- 日本、JC08モードが導入される。10・15モードに比べより実走行に近い排ガス測定モードで、燃費は、例外はあるものの、1割ほど落ちると言われる。2011年3月まで10・15モードと混在、4月から一本化
- ディーゼル排ガス基準強化。粒子状物質60％削減など、欧州より厳しい基準に。2009年からすべてのディーゼル車新車が対象
- ニッサンGT-R発表
- ホンダ・フィットが日本カー・オブ・ザ・イヤー受賞
- ルイス・ハミルトンがF1デビュー。最終戦までアロンソ、ライコネンとチャンピオン争いをするが、ライコネンが逆転優勝
- WRCでセバスチャン・ローブ（仏・シトロエン）4連覇。トミ・マキネンに並び歴代タイ記録達成
- バイオエタノール燃料の本格導入始まる。現在のクルマでは、シーリング等の問題から混合比3％から順次高めていく計画
- 廃木材からバイオエタノールを製造する世界初の施設が1月大阪府堺市に完成。年間1400klを生産し、ガソリンの添加剤として販売
- 温暖化危機からカーボンフリーとなるバイオエタノールが注目を集め、世界的にトウモロコシなど食物の価格上昇
- 世界初のハイブリッド鉄道車両、小海線で営業開始
- 9月頃からアメリカの低所得者向け住宅ローン＝サブプライムローン問題や原油高の影響で、世界経済に影響
- 欧州内の出入国自由化、東欧9カ国に拡大し、冷戦時代の「鉄のカーテン」消滅。入国審査を撤廃し、往来を自由化する「シェンゲン協定」が、12月21日ポーランド、チェコなど東欧9カ国にも拡大

平成20年

2008年

アメリカ発の自動車不況が世界を襲う

世界的な金融不況が自動車産業を直撃。アメリカのGMとクライスラーが経営破綻の危機に陥り、世界中で大幅な減産を余儀なくされた。

GM、クライスラーが存亡の危機

アメリカ発の世界的な金融危機の影響を受けて、世界的に未曾有の自動車不況が起こった。アメリカ市場でのクルマ販売が著しく減少し、北米を主要マーケットとしていたアメリカのメーカーが大打撃を被ったほか、欧州や日本のメーカーも大きな販売減に陥った。

最大の被害者となったのは、いわゆるビッグスリーといわれるアメリカのGM、フォード、クライスラーであった。これら3社は、以前から販売不振による経営難に悩んでいたところに、今回の金融危機が追い打ちを掛けることとなり、年内には経営破綻に陥ることが確実視されるまでに財務状況が悪化した。GMとクライスラーは政府に救済を求め、公的資金による174億ドル（1兆5500億円）のつなぎ融資が決まった。

経営危機に直面したことで、3社は大規模なリストラ策を断行。フォードは資金調達のために、インドのタタ・グループへジャガーとランドローバーを売却したほか、マツダの株式も20％売却（持ち株13％まで減少するも筆頭株主のまま）に加え、ボルボについても売却の検討に入っている。GMは、同社としては最古であるウィスコンシンのジェーンズビル工場を閉鎖したほか、富士重工とスズキの株式を売却、さらにサーブの売却を検討している。

加速する減産

世界的な自動車販売の落ち込みによって世界中のメーカーが減産に入った。日本のメーカーも例外ではなく、国内8社も9月以降に大幅な減産を強いられた。

日本自動車工業会が発表した2008年1〜12月の日本の自動車製造台数は1150万台程度と、9月以降の減産にもかかわらず、前年の1159万台と比べてほぼ横ばいに留められた。2009年も、販売の減少が避けられないことから、在庫調整のために減産が続き、32年ぶりに年産で900万台を割り込み、1977年以来の低水準が予想されている。

大規模な減産を受けて、自動車会社や部品製造業で派遣や期間工などの非正規労働者の大量解雇が断行され、大きな社会問題となった。

2008年

平成20年

アメリカ発の自動車不況が世界を襲う

トヨタの2008年世界自動車販売が世界第1位に

　GMと激しい世界自動車販売が世界第一位を争うトヨタ自動車も減産を強いられたが、そうしたなかで、トヨタは会社創立以来はじめて、世界販売台数で第1位の座に着いた。

　主力の北米市場での落ち込みが激しかったGMは、前年比10.8％減（9月以降の対前年比実績は21％減）となり、835万5947台（速報値）であった。これに対して、トヨタは前年比4％減の897万2000台（ダイハツ工業、日野自動車を含む。1月20日発表）で、会社創立以来、初めての1位の座に着いた。

　これによりGMは、1931年にフォードから首位を奪って以来、77年間にわたって守り続けてきた世界首位を、トヨタに明け渡すことになった。

　しかしながら大幅な減産によってトヨタの収益は大きく下落。トヨタ自動車単体の販売台数は、北米市場が244万台（13％減）、欧州が112万台（10％減）、日本は147万台（7％減）で、2009年3月期の営業損益が戦後初の赤字に転落することになった。

　トヨタ（ダイハツ、日野を含む）の2008年1～12月の世界生産台数は、922万5236台（対前年比97.1％）で、内訳はトヨタ単体が821万818台（96.2％）、ダイハツが90万8202台（同106.1％）、日野が10万6216台（同99.4％）である。

Column
2008年新車販売34年ぶりの低水準

　少子高齢化、若年層のクルマ離れ、そして世界的な金融危機も重なり、日本国内の新車需要が対前年比5％減の508万台となった。これは、ピークだったバブル経済期の1990年の777万台の65％にあたる。

Column
ガソリン価格乱高下

　道路特定財源の暫定税率が3月31日に失効し、税額が引き下げられた。5月には再度施行され、再び元の税率に戻り、価格が引き上げられた。この混乱によって、ガソリンの買い控えと買いだめが起こった。さらに、世界的投機の影響で8月には、レギュラーガソリンの価格が過去最高の185.1円に急騰。しかし、世界的な不況に伴って原油価格が下落し、2009年1月には全国平均106円台となった。

　暫定税率とは、1973～1977年度の道路整備五ヵ年計画の財源を確保するために施行されたものだ。1974年度から、揮発油1kℓにつき、揮発油税が4万8600円、地方道路税が5200円と、本来の税率と同額の暫定税率が適用され、本来の2倍の税率となっている。これは30年以上延長されていた。

世界のうごき
□リーマン・ショック、世界に波及
□北京オリンピック開催
□冷凍餃子、事故米など食の安全が問題に

Event
出来事 2008

- 「京都議定書」CO_2削減の実行期間開始（4月1日）。日本は排出量を1990年度比で6％削減義務を負う。日本の排出量は2006年度時点で13億4100万トン（90年度比6.4％増加）。目標達成には12％の大幅削減が必要
- ホンダが燃料電池車初の量産車「FCXクラリティ」リース販売（11月）。1号車は環境省に納車

ホンダFCX

- ハイブリッドの使用に向けてリチウム注目。リチウムはチリ、ボリビアを中心に南米に偏在。他にオーストラリア、中国、ロシアなど。自動車に使うには絶対量が不足しているとの見方もある
- 日本の交通事故死者さらに減少、2008年は5155人に。「5500人以下」政府目標を2年前倒しで達成
- ベルトーネが破産。イタリアの老舗カロッツェリアのひとつが破綻した。ピニンファリーナも経営危機が噂された

ベルトーネの黄金期を築いたヌッチオ・ベルトーネ

- ポルシェがVW株を引き続き増資。75％取得を目標に

- トヨタが富士重への出資比率を8.7％から16.5％に引き上げ（4月）。富士重は軽自動車生産から撤退を表明。トヨタとのスポーツカー共同開発に着手
- 日本カー・オブ・ザ・イヤーにトヨタiQ

トヨタiQ

- ヨーロッパ・カー・オブ・ザ・イヤーにオペル／ヴォクスホール・インシグニア。2位はフォード・フィエスタ、3位はVWゴルフ

オペル・インシグニア

- インドのタタ、「ナノ」生産工場建設を巡って妨害を受け、工場地を移転。発売は2009年に延期
- ダカール・ラリー、出発の前日にアルカイダによるテロの脅威で中止
- 自動車不況でモータースポーツ撤退が相次ぐ。ホンダは2008年をもってF1撤退。スズキとスバルがWRCから、川崎重工業はMotoGPから撤退

スバルはWRCには欠かせない存在だった

自動車クロニクル

平成20年

2008年

アメリカ発の自動車不況が世界を襲う

Event
出来事 2008

- ポール・フレール（1917年生）死去。享年91。1960年ルマン24時間の優勝者。レーシングドライバー引退後はジャーナリストに転身。日本のメーカーとのかかわりが深かった深かった

  ランボルギーニP400ミウラをテストしたときのP.フレール

- ホンダ・ジェット、北米に続き、欧州での受注開始
- ホンダ・カブ・シリーズ、発売50年で世界生産累計6000万台達成
- スーパーアグリ、資金難でF1から撤退（5月）
- 松下がナショナルからパナソニックへ商標を統一
- 日本で後部座席のシートベルト着用義務化（6月）
- 北京ショーで新型車発表相次ぐ。アジアの中心市場として注目集まる

Column
モータースポーツで続々と新記録

- F1でルイス・ハミルトンがワールドチャンピオンを獲得。初の黒人チャンピオンで、数多くの新記録を伴ってのタイトル獲得。史上最年少ドライバーズ・チャンピオン：23歳300日。史上最年少ポイントリーダー：22歳96日。史上最年少ハットトリック（1レースで、ポールポジション獲得、決勝でのファステストラップ、優勝）：22歳266日。初参戦から連続3位以内：9回（歴代1位）。参戦初年度3位以内：12回（歴代1位）。参戦初年度ポールポジション：6回（歴代1位）。参戦初年度の入賞：15回（歴代1位）。参戦初年度優勝：4回（歴代1位タイ）
- セバスチャン・フェッテル（Sebastian Vettel、1987年7月生）が、F1最年少優勝。2007年に2個のF1新記録数を樹立したフェッテルは、第14戦イタリアGPで最年少優勝記録を更新した（21歳73日）。また、この優勝は、最年少ポールポジション、最年少表彰台、最年少ポール・トゥ・ウィンでもあった
- BMWがF1カナダGPで初勝利、参戦42戦目のこと。ドライバーのクビサはポーランド人としても初

- セバスチャン・ローブ（シトロエン）が、WRCで前人未踏の5年連続のチャンピオン

  メキシコ・ラリーで勝利を祝うローブ

- ダニカ・パトリックが、インディカーシリーズで初の女性優勝者に。ツインリンクもてぎで開催された第3戦ブリヂストン・インディジャパン300マイル

  ダニカ・パトリック。かつてインディ500のピットは女人禁制だった

- ナイト・レース開催。2輪のWGPがカタールで、F1はマレーシアGPでともに初開催

10章／自動車業界再結成の嵐

参考文献

「CAR FACTS AND FEATS」	Guinness Superlatives刊
「The Beaulieu Encyclopedia of the Automobile」	The Stationery Office刊
「自動車の世紀」	折口 透 著　岩波新書
「世界の自動車」	奥村正二 著　岩波新書
「自動車ガイドブック」	社団法人 日本自動車工業会 発行
「トヨタ博物館紀要」	トヨタ自動車株式会社 トヨタ博物館 編集発行
「20世紀の国産車」	国立科学博物館
「日本自動車史Ⅰ」「日本自動車史Ⅱ」	佐々木烈著　三樹書房
「奇想の20世紀」	荒俣 宏著　NHK出版
「日本自動車史年表」	GP企画センター編　グランプリ出版
「自動車ガイドブック」	（財）日本自動車工業会編
「AUTOMOBILE REVUE」	
「自動車と私　カールベンツ自伝」	カール・ベンツ著 藤川芳朗訳　草思社
「日本のショーカー1,2,3,4」	高島鎮雄＋菊池憲司著　二玄社
「CG45＋」	二玄社
「Car Graphic」	二玄社
『日本自動車工業史年表』（CG連載）	青山順著
『人間自動車史』（CG連載）	高島鎮雄著
「Super CG」	二玄社

写真

二玄社　資料室（CG Library）	

ほか、自動車について記された様々な刊行物、メーカー広報資料を参考にさせていただきました。
執筆制作：自動車文化検定テキスト制作班（伊東和彦＋崎山知佳子）

改訂版
自動車クロニクル

初版発行	2009年3月25日
著者	自動車文化検定委員会 テキスト制作班
発行者	黒須雪子
発行所	株式会社二玄社 〒101-8419 東京都千代田区神田神保町2-2
営業部	〒113-0021 東京都文京区本駒込6-2-1 電話03-5395-0511
URL	http://www.nigensha.co.jp
装幀・本文デザイン	倉田デザイン事務所
印刷	株式会社　シナノ
製本	株式会社　積信堂

JCLS (株)日本著作出版権管理システム委託出版物
本書の無断複写は著作権法上の
例外を除き禁じられています。
複写希望される場合はそのつど事前に
(株)日本著作出版権管理システム
(電話03-3817-5670　FAX03-3815-8199)の
了承を得てください。
Printed in Japan
ISBN978-4-544-40033-5